L'ASSAINISSEMENT COMPARÉ

DE PARIS

ET DES

GRANDES VILLES DE L'EUROPE

PUBLICATIONS DE LA CHAMBRE SYNDICALE DES PROPRIÉTÉS IMMOBILIÈRES
DE LA VILLE DE PARIS
18, Avenue de l'Opéra, 18

L'ASSAINISSEMENT COMPARÉ

DE PARIS

ET DES GRANDES VILLES DE L'EUROPE

BERLIN, AMSTERDAM, LA HAYE, BRUXELLES; LONDRES

TOUT A L'ÉGOUT — CANALISATION SÉPARÉE
ÉPANDAGE — TRAITEMENT CHIMIQUE — FILTRATION

PAR

Edmond BADOIS
Vice-Président de la Société des Ingénieurs civils de France
CHEVALIER DE LA LEGION D'HONNEUR
ET
Albert BIEBER
INGENIEUR CIVIL
Ancien Directeur des Études à l'École Centrale des Arts et Manufactures.

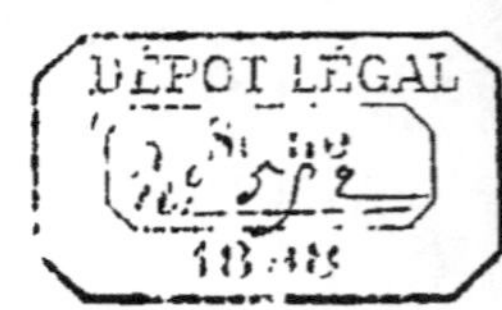

PARIS
LIBRAIRIE POLYTECHNIQUE BAUDRY ET Cie, ÉDITEURS
15, rue des Saints-Pères, 15
Maison à Liège, 21, rue de la Régence

1898

AVANT-PROPOS

La Chambre Syndicale des Propriétés Immobilières de la Ville de Paris, sur l'initiative de son éminent Président, M. Boucher d'Argis, constitua, vers la fin de l'année 1896, une Commission technique pour faire l'étude comparative des procédés d'assainissement pratiqués à Paris et dans les grandes villes de l'Europe, notamment à Londres, Berlin, Amsterdam et Bruxelles.

Délégués pour remplir cette mission, avec l'assistance et le concours de M. Mourgues, directeur de la Chambre Syndicale, nous devions visiter à l'étranger les cités importantes qui ont résolu le problème de la salubrité urbaine; réunir les mémoires, publications, arrêtés, règlements, rapports officiels dont nous pourrions obtenir communication; traduire ces documents, les classer, les analyser, et, par comparaison avec le système projeté pour Paris, en tirer une conclusion raisonnée.

A ces renseignements divers se sont ajoutées les conférences nombreuses et courtoises que nous avons eues, dans les villes faisant l'objet de notre étude, avec les Directeurs et les Ingénieurs, Chefs des principaux Services. Qu'ils veuillent bien trouver ici l'expression de notre gratitude.

Avons-nous besoin d'assurer le lecteur que nous avons accompli la mission qui nous était confiée, avec la ferme volonté de rechercher la vérité dans la question complexe et si peu connue de l'Assainissement des Villes.

Notre conviction très nette, fondée sur la comparaison des grandes cités visitées, est qu'il est possible de doter Paris d'un mode d'Assainissement supérieur à tout ce que nous avons vu, moyennant qu'on revienne aux principes rationnels dont on n'aurait jamais dû s'écarter.

Notre meilleure récompense serait d'y avoir contribué.

L'ASSAINISSEMENT COMPARÉ

DE PARIS

ET DES GRANDES VILLES DE L'EUROPE

BERLIN, AMSTERDAM, LA HAYE, BRUXELLES, LONDRES [1]

EXPOSÉ

L'administration municipale de Paris s'est fait autoriser par une loi à supprimer les fosses d'aisances et à exiger le rejet à l'égout public de toutes les eaux usées dans les habitations, y compris les matières excrémentielles.

Les conséquences de ces dispositions occasionneront des dépenses considérables aux propriétaires par les modifications à faire subir à leurs immeubles, par l'obligation de payer annuellement une taxe onéreuse, et par l'augmentation excessive de l'abonnement d'eau de la maison, en raison du volume imposé pour faciliter l'expulsion des déjections et le lavage des égouts.

Ces prescriptions constituent donc une lourde charge pour la propriété bâtie, et elles ont été édictées en prenant pour motif les nécessités de l'hygiène publique.

Personne n'est intéressé davantage à la salubrité de la Ville que ceux qui tirent leurs revenus de la location de leurs immeubles, et rien de ce qui est à faire pour l'amélioration de l'hygiène de la cité ne peut les laisser indifférents.

Mais la manière dont s'organise à Paris le Tout à l'Égout donne-t-elle satisfaction aux règles de cette hygiène que l'on proclame si nécessaire ?

---

(1) *Publié dans « La Chambre des Propriétaires » (Bulletin de la Chambre Syndicale des Propriétés Immobilières de la Ville de Paris) et les Rapports présentés au 3ᵐᵉ Congrès annuel de la Propriété bâtie de France, tenu à Paris en 1897.*

Les égouts sont largement ouverts sur la voie publique, leur pente est très faible, les collecteurs sont d'une grande longueur et se réunissent en un canal unique qui débouche en un seul point de la périphérie.

Ce réseau d'égouts, lorsqu'il recevra les eaux ménagères et les déjections alvines de 90,000 maisons, ne formera-t-il pas une fosse unique et gigantesque, régnant sur la superficie entière de la capitale et répandant l'infection par des milliers de bouches ?

Sous prétexte de diluer les vidanges et de les rendre inoffensives, n'aboutira-t-on pas au résultat de salir inutilement toute l'eau qui circulera dans Paris ?

Ce fleuve nauséabond, il faudra le relever ensuite à grands frais pour en opérer l'épandage sur des terrains choisis dans le voisinage de la ville, et au milieu des campagnes d'agrément, afin d'en effectuer l'épuration.

Ces conditions sont-elles acceptables au point de vue de l'hygiène ?

Si oui, il y aurait encore à apprécier, au point de vue de l'économie générale, comment devrait se réaliser l'opération. — Si non, quelle serait la valeur de ce système basé sur une erreur qu'il faudrait tôt ou tard reconnaître ? On aurait gaspillé inutilement de gros capitaux et ce serait à recommencer. Il faudrait recourir à de nouvelles dépenses pour atteindre le but inéluctable de l'assainissement que l'on a en vue.

Pour résoudre ces questions, nous nous sommes tracé le programme suivant :

1° Examiner en général le problème de l'assainissement des villes ;

2° Étudier, par des exemples puisés dans d'autres grandes cités, les systèmes employés et les résultats obtenus ;

3° Discuter la convenance des différentes solutions selon les conditions locales;

4° Comparer les principes appliqués dans ces villes avec ceux qui servent de base aux projets de la Ville de Paris;

5° Rechercher la solution la plus favorable pour l'assainissement de Paris.

TITRE PREMIER

L'ASSAINISSEMENT DES VILLES EN GÉNÉRAL

Il faut tout d'abord exposer d'une manière générale et préciser les différentes questions que comporte l'assainissement d'une grande Ville; énoncer en un mot le problème à résoudre.

M. de Freycinet a résumé ces questions dès 1870 dans son ouvrage intitulé : *Principes de l'Assainissement des Villes*.

Nous ne saurions mieux faire que de reproduire les termes mêmes dont s'est servi cet auteur :

« Partout où les hommes vivent réunis en grand nombre, il
« se développe parmi eux des causes d'insalubrité. Sans parler
« des industries variées que leurs besoins font naître, et dont
« l'effet a été apprécié ailleurs, leurs habitations rapprochées
« les unes des autres, empêchent la circulation de l'air et la
« disparition des miasmes; leurs rebuts quotidiens souillent le
« sol et les eaux du voisinage : enfin leurs dépouilles mortelles,
« accumulées dans des espaces resserrés, deviennent un sérieux
« danger pour les vivants.

« Ces causes varient d'intensité suivant l'importance des
« agglomérations. Dans les petites localités et à plus forte raison
« dans les maisons isolées de la campagne, l'influence des
« agents naturels, qui tendent toujours à rétablir l'équilibre
« que l'homme a détruit, suffit ordinairement avec quelques
« précautions simples, pour protéger la santé des habitants.

« Mais, à mesure que la population augmente, la salubrité
« se trouve de plus en plus compromise et, dans les grands
« centres, le soin de la préserver devient pour les administra-
« tions publiques une tâche considérable. Celles ci cherchent à
« atteindre le but, soit par des travaux qu'elles exécutent direc-
« tement, soit en imposant à la propriété privée certaines
« sujétions. Tel est en grande partie l'objet de la « Voirie Muni-
« cipale », branche essentielle de l'administration, de laquelle
« on peut dire que son extension est une mesure de la civilisa-
« tion des peuples. »

Donc, dès que les centres urbains atteignent une certaine importance, des travaux et des règlements spéciaux deviennent nécessaires pour assurer l'assainissement des voies publiques et des habitations, et pour faire disparaître en peu de temps les immondices de toute sorte provenant de la vie domestique.

En principe, l'assainissement repose tout d'abord sur l'établissement d'une abondante distribution d'eau répondant largement aux besoins de la maison et des services publics. — Sous ce rapport on est conduit parfois à créer deux canalisations distinctes; l'une d'eau potable. aussi pure et aussi fraîche qu'il est possible, réservée aux usages domestiques; l'autre, d'eau moins essentiellement pure et fraîche, affectée aux services publics tels que le lavage des rues, des cours et des égouts, l'alimentation des bouches d'incendie, des jets d'eau, des lavoirs, des cabinets d'aisances, etc.

Comme complément de cette distribution d'eau, il faut assurer l'évacuation des eaux impures ayant servi aux habitations et aux nettoyages de la rue et aussi des eaux pluviales et il faut pourvoir à l'expulsion rapide de toutes les impuretés, débris de toute nature provenant de la vie domestique, ou qui jonchent le sol, poussières, boues, déjections des animaux, enfin des eaux-vannes et des vidanges.

Ce but est rempli principalement:

a) Par les canaux souterrains dits égouts, constituant un ou plusieurs réseaux dont les ramifications s'étendent sous toute la ville;

b) Par les différents procédés d'enlèvement des détritus solides de tous genres;

c) Par les divers systèmes de vidange.

Nous supposons ici que l'alimentation d'eau est établie avec abondance et que, distribuée partout convenablement et mise à la libre disposition de chaque propriété, cette eau a rempli son rôle sanitaire. Nous donnons, comme point de départ aux études qui vont suivre, le moment où se constitue *l'eau usée*, souillée d'impuretés et chargée des matières susceptibles d'être entraînées par elle.

Le problème de l'assainissement des villes comporte aussi une action sur le sol lui-même lorsqu'il est humide et malsain et sur les cours d'eau qui le sillonnent. Nous nous occuperons de ces deux questions dans le cas seulement où elles se trouveront en corrélation directe avec les autres parties de notre étude.

CHAPITRE PREMIER

Les Eaux usées.

Les eaux dont tout service d'assainissement doit assurer l'évacuation proviennent soit des maisons d'habitation, soit de la voie publique, soit des établissements industriels. — On peut les classer ainsi :

1° *Les eaux pluviales* comprenant d'une part celles qui coulent des toitures ou tombent dans les cours et arrière-cours des maisons, et d'autre part celles que reçoivent les rues, chaussées, places publiques, etc.

2° *Les eaux d'arrosage* public, de lavage des ruisseaux, auxquelles s'ajoutent celles des fontaines d'agrément, des squares et des promenades.

3° *Les eaux ménagères*, résultant des opérations du ménage pour la cuisine, les soins de propreté et de la toilette, le nettoyage de la maison, le lavage du linge, etc.

4° *Les eaux vannes* et chargées de matières excrémentielles découlant des water-closets, fosses ou tinettes.

5° *Les eaux industrielles* des usines ateliers et fabriques.

I. — LES EAUX PLUVIALES

Les eaux de pluie ou météoriques sont naturellement presque pures, et elles concourent grandement à l'assainissement des cités.

Lorsqu'elles tombent, elles ont déjà enlevé aux couches d'air supérieures une partie des gaz nuisibles, des fumées et des poussières qui s'y trouvaient et ont ainsi rendu l'atmosphère plus pure et plus salubre; si on les recueille alors pour en faire l'analyse on y remarque une grande quantité de gaz dissous, de 20 à 40 centimètres cubes par litre d'après Péligot, et quelques matières en dissolution ou en suspension telles que nitrates, sulfates ou chlorures, des composés ammoniacaux ou alcalins, notamment de la chaux et de la magnésie, de l'oxyde de fer et de l'iode, enfin des substances organiques; l'analyse microbiologique y décèle aussi la présence d'un certain nombre de colonies microbiennes.

L'eau de pluie recueillie au-dessus des villes est d'ailleurs moins pure que lorsqu'elle est prise en pleine campagne et surtout en mer. Dans les villes manufacturières on y trouve de l'acide sulfurique, provenant des fumées de houille.

Mais, quand ces eaux pluviales s'écoulent dans les ruisseaux des cités populeuses, elles se sont chargées d'impuretés rencontrées sur les toitures et dans les chéneaux des maisons, d'immondices de toute sorte empruntées aux surfaces des chaussées et trottoirs, et elles sont devenues nuisibles.

Les quantités d'eau de pluie qui tombent et qu'il faut évacuer, varient beaucoup suivant les localités et suivant le climat, l'altitude, l'orientation des vallées et les saisons. Si l'on veut établir des moyennes, il faut distinguer: 1° les moyennes annuelles des hauteurs d'eau tombée, lesquelles, pour une contrée donnée, s'éloignent en général assez peu d'un chiffre caractéristique moyen, résultant d'une assez longue période ; 2° les moyennes mensuelles ou celles de saison; 3° les averses quotidiennes, les pluies d'orage ou diluviennes qui ne durent que quelques heures ou souvent même quelques minutes. Ces considérations ne sont pas indifférentes pour apprécier les moyens d'écoulement à prévoir.

Pour le climat de Paris, les constatations faites sur les hauteurs d'eaux de pluies tombées par an sont généralement comprises entre 0^m450 et 0^m700, les moyennes mensuelles varient de 0^m020 à 0^m120 et même 0^m150.

Quant aux pluies journalières, sans parler des phénomènes extraordinaires et exceptionnels, les moyennes d'eau tombée oscillent entre 0^m005 et 0^m010. Certaines pluies intenses fournissent près de 0^m025 de hauteur d'eau en vingt-quatre heures, et à certaines heures 0^m005 par heure. Enfin les grandes pluies d'orage, qui durent il est vrai rarement plus de 15 à 17 minutes, apportent quelquefois pendant ce temps 0^m015 à 0^m020 de hauteur d'eau, soit 0^m001 environ par minute.

Dans d'autres pays de l'Europe, les moyennes annuelles atteignent et dépassent 1^m200 à 1^m500 ; les moyennes mensuelles des périodes pluvieuses 0^m150 à 0^m200, les moyennes journalières 0^m080 à 0^m120.

En France, l'Ingénieur de l'assainissement doit compter avoir à écouler dans certaines journées un volume d'eau de pluie de 500 m. c. par hectare de surface et par 24 heures ; soit environ 6 litres par seconde et, à certains moments, le cinquième de ce volume, soit 100 m. c. *par heure* et par hectare, soit environ 30 litres par seconde et par hectare de surface totale.

Dans certaines contrées pluvieuses, il faudrait compter

davantage ; ainsi à Brooklyn on a admis 69 litres par seconde et par hectare.

II. — LES EAUX D'ARROSAGE ET DU SERVICE PUBLIC

Quelle que soit la nature des eaux employées aux lavages des ruisseaux, à l'arrosage des rues, à l'extinction des incendies, à l'alimentation des fontaines d'ornement et des squares, il est certain que ces eaux se chargent d'impuretés, qu'elles entrainent des matières organiques, recueillies sur les chaussées, et qu'elles constituent alors des eaux plus ou moins fermentescibles.

Il est difficile d'en établir la composition chimique qui est très variable suivant l'état des surfaces des différents quartiers, la densité de la population, suivant les modes de pavage adoptés et le mode de nettoiement des rues. Il est clair que l'arrosage des chaussées empierrées par exemple doit fournir davantage de boues que celui des chaussées pavées en grès, pavées en bois ou recouvertes d'asphalte.

La quantité de ces eaux dépend naturellement de l'ampleur de la distribution, du luxe plus ou moins grand avec lequel se fait l'arrosage dans chaque ville, et aussi des alternatives de périodes pluvieuses et sèches.

Cependant le volume moyen des eaux consacrées aux services publics varie assez peu dans une même ville parce qu'il répond à des besoins permanents de propreté et de salubrité. Il varie davantage d'une ville à l'autre selon l'importance de la cité, le rapprochement et la hauteur des maisons, la densité de la population, le nombre des animaux employés aux transports urbains, en un mot selon les conditions de l'occupation du sol.

Les faits établis par l'expérience des trente dernières années permettent de reconnaître une tendance générale des capitales et des principales villes à augmenter constamment le volume d'eau affecté à ces services jusqu'à atteindre un chiffre qui ne serait pas très éloigné de 300 à 350 litres par habitant et par jour, en dehors des eaux nécessaires aux besoins privés qui, comme nous le verrons plus loin, ne sauraient, en moyenne, être moindres que 75 à 100 litres par jour.

Disons donc en passant et pour n'y plus revenir, que les besoins généraux d'une grande cité paraissent ne pouvoir être satisfaits que par l'apport d'un volume moyen journalier de 400 à 450 litres par habitant.

Les villes de moyenne et de faible importance peuvent certainement se contenter d'une alimentation d'eau beaucoup plus modeste, mais ce ne sont pas ces villes que nous considérons dans l'étude présente.

III. -- LES EAUX MÉNAGÉRES

Nous avons défini ces eaux comme étant le résultat des opérations du ménage, pour la cuisine, les soins de propreté et de la toilette, le nettoyage de la maison, le lavage du linge, etc. Elles forment une classe bien à part, et doivent être considérées en dehors des eaux-vannes que fournit aussi l'habitation par les cabinets d'aisances.

L'eau apportée au ménage doit être particulièrement pure et fraîche puisqu'elle sert à la boisson et à là préparation des aliments comme à la toilette, c'est-à-dire aux exigences les plus impérieuses de la vie humaine et de l'hygiène.

Mais aussi c'est le véhicule de toutes les causes d'impureté que comportent les conditions de notre vie civilisée.

La composition finale des eaux ménagères est très complexe, mais elles renferment toujours une forte proportion de matières organiques, graisse, débris terreux et végétaux, savon, essences de toutes sortes, dont le mélange est susceptible d'entrer promptement en décomposition et doit être en conséquence rapidement éloigné non seulement de l'habitation, mais aussi de la cité et autant que possible sans contact avec l'air respirable.

Quel peut être, comme volume, l'importance de ces eaux dans le service d'assainissement d'une grande ville? Certains auteurs ont cru pouvoir la fixer à vingt litres par jour et par habitant. Mais ce chiffre est loin d'être l'expression des besoins toujours croissants d'une bonne hygiène. Les familles et les populations se persuadent de plus en plus de la nécessité pour la santé générale des soins de propreté: l'usage fréquent des ablutions et des bains entre peu à peu dans les mœurs en attendant qu'il devienne la règle générale. Il faut donc prévoir de ce chef une plus grande consommation d'eau et compter sur une dépense sinon immédiate au moins prochaine de 40 à 60 litres par jour et par habitant, auxquels il faut ajouter l'eau nécessaire aux cabinets d'aisances.

IV. — LES EAUX-VANNES

Les eaux-vannes sont celles découlant des water-closets, fosses ou tinettes et chargées de matières excrémentielles.

Nous ne pouvons, dans l'exposé général que nous poursuivons, entrer dans la discussion, même sommaire, de l'évacuation des vidanges, mais nul n'ignore la loi du 10 juillet 1894 qui a édicté l'obligation pour la Ville de Paris de conduire à l'égout les produits des cabinets d'aisances. Il nous faut donc considérer les eaux-vannes comme le véhicule des *excreta* humains. A ces eaux provenant des habitations, il faut joindre celle des lavoirs, urinoirs, chalets publics de nécessité et celle des hôpitaux. Et, sans insister sur leur nature, tout particulièrement nuisible et même nocive, examiner leur composition et leur volume dans le système général de l'assainissement.

Wolff et Lehmann ont donné la composition chimique moyenne des excréments humains, variable d'ailleurs selon l'âge, le sexe, et même les conditions de l'existence de chacun. Nous l'indiquons ici à titre de renseignement.

Proportion en tant pour cent des matières excrémentielles non additionnées d'eau.

NATURE	Eau	Matières organiques	Azote	Acide phosphor.	Potasse	Chaux	Magnésie	Soude	Acide sulfurique	Chlore et Fluor	Silice
Matières fécales fraîches	77.20	19.80	1.00	1.10	0.25	0.62	0.36	0.16	0.08	0.01	0.19
Urines fraîches.	96.30	2.40	0.60	0.17	0.20	0 02	0.02	0.46	0.01	0 50	»
Mélange des deux	93.50	5.10	0.70	0.26	0.21	0.09	0.06	0.38	0.05	0.40	0.02

Frankland donne les chiffres suivants pour les quantités de matières de vidanges produites par personne et par jour en tenant compte de la proportion des femmes, des vieillards et des enfants :

KILOG.

Produits solides 0 09
—   liquides. 1 17
Produit journalier total. 1 26

D'autre part il indique que 1.000 kilos de cette matière contiennent :

en azote 0 k. 373 dont { dans les liquides . . 8 k. 317 / dans les solides . . 1 » 056

L'eau nécessaire pour la dilution et l'expulsion de ces produits hors de la maison ne saurait être estimée à moins de 35 à 50 litres par jour et par habitant avec les solutions préconisées pour l'application du système du Tout à l'Egout. Mais il est facile de se rendre compte que cette quantité pourrait être réduite par l'emploi raisonné d'autres solutions.

V. — LES EAUX INDUSTRIELLES

Les eaux provenant des usines, ateliers et fabriques sont de nature très différente suivant le genre d'industrie qui les produit. Tantôt elles seront acides, tantôt alcalines ou ammoniacales, souvent elles contiendront des matières putrides, d'autres fois des produits créosotés ou autres ; elles seront froides ou chaudes et chargées de sels divers ou de résidus organiques.

De toute manière, elles présentent presque toujours pour la salubrité des inconvénients sérieux et la question s'est posée de savoir si l'on devait les admettre ou non dans les égouts. Il semble que l'obligation devrait toujours être imposée aux industriels de les épurer ou modifier par leurs propres moyens, avant de les rejeter, rendues inoffensives, dans les canalisations publiques ou dans les cours d'eau.

CHAPITRE II

Évacuation hors la ville des eaux usées.

Avant l'établissement des égouts, les eaux des maisons s'écoulaient généralement au ruisseau et de là au cours d'eau.

Les fosses d'aisances recueillaient les eaux-vannes et les matières de vidange, quand celles-ci n'étaient pas simplement rejetées dans des puisards qui les absorbaient.

Avant le XIXᵉ siècle, il faut remonter à l'époque de la grandeur romaine pour trouver à Rome un système spécial d'évacuation, les *cloaques* qui écoulaient vers le Tibre toutes les déjections de la Ville. Entre ces deux périodes, il n'est question, à part quelques essais ou applications isolées, d'aucun travail important ayant quelque analogie avec les réseaux d'égouts actuels.

Les grandes pluies étaient le principal agent de la salubrité publique. Elles lavaient les ruisseaux et entraînaient les boues et immondices que le service de la voirie n'enlevait qu'imparfaitement.

Il est vrai que l'eau était apportée dans les villes avec parcimonie ; il fallait que les habitants allassent la quérir au fleuve ou au puits, ou bien qu'ils eussent recours aux porteurs d'eau. Les eaux usées étaient de ce fait en moindre proportion ; en outre, la population était moins dense, les maisons moins élevées et moins

rapprochées et les espaces découverts infiniment plus nombreux ;
c'étaient de tout autres conditions d'existence qu'aujourd'hui.

Quoi qu'il en soit, l'accroissement des agglomérations urbaines
a déterminé la création des égouts. Ils étaient destinés primitivement à recevoir exclusivement les eaux pluviales et d'arrosage
et les eaux ménagères jetées à la rue. Paris fut la première ville
du monde, et elle est restée longtemps la seule, qui ait fait servir
ces galeries souterraines au logement des conduites de la distribution d'eau et des accessoires relatifs à d'autres services spéciaux, tels que les fils et tubes de correspondance télégraphique
et téléphonique.

Les administrateurs et les ingénieurs de cette ville ont été
plus loin encore, et leur objectif serait de rendre les égouts le
réceptacle de toutes les eaux souillées y compris des vidanges.

Y a-t-il lieu d'accepter rationnellemeut ce système pour
Paris ? Ne doit-on pas au contraire grouper d'une autre manière
les diverses natures d'eaux usées pour les évacuer par des canalisations différentes ?

Tel est le problème qui se pose.

Nous espérons que les faits et renseignements que nous
avons réunis apporteront des éléments sérieux de discussion
et seront une contribution utile pour l'indication de la meilleure
solution à adopter.

I. — LES ÉGOUTS

Les égouts sont des conduits souterrains appropriés à l'écoulement des eaux usées. — Ils ont donné naissance à un système
spécial de construction, capable de satisfaire aux conditions
qu'ils doivent remplir. Leur tracé suit celui des rues dont ils
reçoivent les eaux en même temps que celles des habitations.
Leurs dimensions, forme et pente, sont en corrélation avec les
volumes d'eau qu'ils doivent écouler, et c'est ainsi qu'on a créé
des types de grandeur différente ; les plus petits viennent s'em-
brancher sur les plus grands qu'on nomme collecteurs, secondaires ou principaux, et l'ensemble forme ce qu'on a appelé un
réseau d'égouts.

Ces constructions ont pour principe essentiel d'être imper-
méables et d'isoler complètement les eaux souillées pour
qu'elles ne puissent pas se répandre dans les terres environnantes
et les nappes d'eau rencontrées. S'il n'en était pas ainsi, les égouts
seraient une cause d'infection et d'humidité pour le sous-sol de
la Cité.

L'expérience a conduit à donner aux égouts des formes arrondies et une hauteur suffisante pour le passage des ouvriers, quand ils doivent être visités. Ils sont en général maçonnés, revêtus à l'intérieur d'un enduit en ciment bien lissé pour assurer l'étanchéité et favoriser l'écoulement de l'eau, ou bien construits en tuyaux de grès vernissés lorsqu'ils ne sont pas visitables.

Pour les uns comme pour les autres, il faut prévoir des moyens de curage et de nettoyage quand la pente ne suffit pas à l'entraînement des matières solides jusqu'à leur débouché.

Ce débouché est le plus souvent un cours d'eau, mais quelquefois on est amené à créer un débouché artificiel et à refouler les eaux au loin au moyen de pompes élévatoires.

Un réseau d'égouts peut être établi suivant deux principes différents.

Dans le premier cas, on ne donne aux conduits que la section jugée nécessaire pour évacuer les eaux des habitations et celles du lavage des rues ou des pluies de peu d'importance et l'on se débarrasse des eaux de fortes pluies par les ruisseaux qui les conduisent vers les cours d'eau, ou par des déversoirs convenablement aménagés en divers points et qui remplissent le même but.

Dans le second cas, les égouts ont tous une section calculée pour recevoir non seulement les eaux usées, mais aussi la totalité des eaux pluviales et souvent alors on les agrandit assez pour pouvoir y loger les conduites d'eau, celles d'air comprimé et les cables ou fils électriques. Ils constituent alors de véritables galeries dont le but est de faciliter les différents services de la voirie urbaine.

Le premier système permet d'employer, conjointement avec les égouts maçonnés, des conduits de diamètre restreint, ce qui donne lieu à une grande économie dans les dépenses d'établissement, mais il exige que l'on puisse effectuer le curage de ces conduits, mécaniquement ou automatiquement, par l'eau d'égout elle-même ou par des chasses produites par l'eau de la distribution publique. Il a aussi l'avantage d'une grande rapidité d'exécution.

Le système des égouts à grande section, tout en étant une installation de luxe dont se glorifient les villes qui peuvent l'établir ainsi, comporte d'ailleurs quelques avantages spéciaux. La pose des conduites d'eau et leur entretien deviennent très faciles et ne nécessitent plus le creusement de tranchées sous la voie publique. Les égouts sont parcourus journellement par des équipes d'ouvriers qui en effectuent la visite et le nettoyage, et ils rendent des services importants dans la vie de la cité. Mais il faut, dans ce cas surtout, éviter avec soin d'en vicier davantage l'atmosphère, car tout travail y deviendrait dangereux.

Entre ces deux systèmes adoptés par deux des grandes capitales de l'Europe, le premier par Berlin, le second par Paris, peuvent se placer diverses combinaisons empruntant à l'un ou à l'autre une partie de leurs dispositions, soit pour les égouts secondaires, soit pour les artères principales.

Quel que soit le parti auquel on s'arrête, le tracé d'un réseau d'égouts est naturellement une conséquence immédiate des reliefs que présente le sol. Les collecteurs suivent en général les parties basses de la Ville et reçoivent sur leurs parcours les eaux de tous les égouts secondaires. Dans les villes importantes, ils atteignent de très grandes proportions et un développement d'autant plus considérable que les agglomérations sont moins denses et moins compactes ; aussi établit-on souvent des collecteurs secondaires, desservant les régions élevées ou écartées. On peut citer comme exemple les collecteurs des Coteaux et du Nord à Paris. A Londres le réseau d'égouts est divisé en trois zones : les régions basse, moyenne et haute, et chacune d'elles est desservie par des collecteurs spéciaux.

Du rôle qu'ont à remplir les collecteurs, il résulte qu'ils sont toujours d'une grande longueur et n'ont le plus souvent qu'une pente très faible ; le grand collecteur d'Asnières ne présente sur une partie de son parcours qu'une pente de 0 m. 26 à 0 m. 30 par kilomètre. Avec des déclivités aussi minimes, les vitesses sont très réduites et de plus, elles varient aux diverses heures de la journée, sous l'influence des différents débits.

Elles se maintiennent à Paris (collecteurs d'Asnières et de Monceau) entre 0 m. 25 et 0 m. 45 par seconde et l'on a constaté dans des collecteurs de moindre importance des vitesses inférieures.

Or le ralentissement de la vitesse est une cause de formation des dépôts, de sables d'abord, de vases ensuite, et enfin des matières légères en suspension. De plus, avec peu de vitesse, le parcours prend un temps considérable et les matières putrescibles fermentent. Il y a donc un grand intérêt à éviter les pentes trop réduites auxquelles conduit l'adoption des longs collecteurs.

Ces considérations ont déterminé les ingénieurs de Berlin à adopter une combinaison toute différente, que son auteur a désignée sous le nom de *système radial*.

Il consiste à diviser la ville en plusieurs circonscriptions ou secteurs d'après la topographie et à constituer dans chacune de ces subdivisions un réseau d'égouts indépendant des autres, avec son collecteur particulier dont les eaux se rendent à une usine spéciale dans chaque secteur, pour être refoulées par des pompes jusqu'aux lieux d'utilisation de ces eaux.

Les avantages du système sont surtout sensibles dans les villes situées en terrain plat. Les collecteurs ont la moindre longueur possible et peuvent recevoir une forte pente sans que cela oblige à les descendre trop profondément dans le sol; l'écoulement des eaux y est rapide, les branchements secondaires peuvent être formés de conduites fermées de faible diamètre et recevoir sans inconvénient les matières excrémentielles, en même temps que les eaux ménagères ; enfin, quand on a en vue l'utilisation agricole, la répartition des eaux à utiliser se fait plus facilement puisque l'on peut chercher les surfaces nécessaires tout au pourtour de la ville au lieu d'être limité à un seul côté, celui où aboutirait le collecteur principal.

Sans insister ici sur les caractères différents de ces solutions, nous dirons encore qu'on désigne sous le nom de *système unitaire* ou du *Tout à l'Égout* celui dans lequel toutes les eaux usées, y compris les eaux-vannes, sont réunies avec les eaux pluviales pour leur évacuation commune et *système séparé* celui dans lequel les égouts ne reçoivent que les eaux de pluie et de lavage des rues, et où l'on procède à l'évacuation des eaux-vannes et des eaux ménagères par une canalisation spéciale.

En décrivant en détail quelques-unes des applications qui ont été faites dans plusieurs grandes villes, nous aurons l'occasion d'entrer dans la discussion des avantages et des inconvénients de chaque système.

II. — LES EAUX D'ÉGOUT

Le rôle des égouts étant variable suivant les villes, et les eaux qu'ils sont destinés à évacuer se composant tantôt de l'intégralité des eaux souillées, tant de la voie publique que de l'habitation, tantôt seulement d'une partie de ces eaux, on conçoit qu'il doive se présenter des écarts très considérables dans la composition chimique des eaux d'égout. Il est évident, par exemple, que dans les villes pratiquant la vidange à l'égout, les eaux seront plus chargées d'impuretés que lorsque ce système n'est pas adopté. Mais, dans une même ville et pour un même quartier, l'analyse décèle encore des différences très grandes suivant l'époque de l'année et même suivant l'heure de la journée Cette question a été étudiée dans ses moindres détails par Alfred Durand-Claye qui a montré par de nombreuses analyses que l'eau d'égout de Paris est plus chargée pendant les mois pluvieux de la manvaise saison que pendant les mois de la saison d'été et que la quantité de dépôt solide contenue dans un mètre cube d'eau d'égout, variable d'une heure à l'autre, atteint son maximum sensiblement à l'heure où le débit lui-même passe par un maximum. Les quelques analyses ci-après n'ont donc pour but que de donner l'indication du caractère général de ces eaux.

Durand-Claye donne les chiffres suivants pour la composition moyenne des eaux du collecteur de Clichy pendant toute une année :

Dans un mètre cube,

Matières volatiles ou combustibles organiques	Azote.	. 0 k. 043
	Autres matières organiques.	0 k. 690
	Acide phosphorique. .	0 k. 017
	Potasse . . .	0 k. 035
	Soude .	0 k 071
	Chaux. .	0 k. 403
Matières minérales	Magnésie. . .	. 0 k. 021
	Résidu insoluble dans les acides	. 0 k. 652
	Alumine, etc.	} 0 k. 393
	Produits non dosés.	
		2 k. 327

La somme des impuretés se répartit à peu près également entre 1 k. 169 de matières suspendues et 1 k. 158 de matieres dissoutes. Dans la somme totale, les matières organiques volatiles ou combustibles forment environ le tiers, soit 0 k. 733.

Des analyses plus récentes; faites par M. Albert Lévy à l'Observatoire municipal de Montsouris sur les eaux des collecteurs de Clichy et de Saint-Ouen, prises aux débouchés mêmes de ces collecteurs, mais *après séparation des matières en suspension,* ont donné les résultats suivants :

Dans un mètre cube,

		Collecteur de Clichy	Collécteur de St-Ouen
Azote	nitrique.	2 gr. 5	2 gr. 1
	ammoniacal. . . .	18 gr. 1	22 gr. 9
	organique.	6 gr. 4	1 gr. 7
Matière organique.		52 gr 1	58 gr. 5
Chlore		62 gr. 0	97 gr. 0
Chaux	des carbonates alcalino terreux.	169 gr. 0	209 gr. 0
	totale.	174 gr. 0	217 gr. 0
Acide sulfurique.		121 gr. 0	210 gr. 0
Résidu sec a 180° . .		607 gr. 0	981 gr. 0
Matière volatile		178 gr. 0	297 gr. 0
		1.221 gr. 1	1.950 gr. 2

On remarque que les eaux du collecteur de Saint-Ouen sont beaucoup plus souillées que celles des collecteurs de Clichy. Ce fait s'explique par le déversement dans le collecteur de Saint-Ouen des matières de vidange provenant de la voirie de Bondy. D'ailleurs leur composition chimique varie beaucoup et la teneur en chlore y présente des sauts brusques qui indiquent la présence variable de matières animales en décomposition. Par la comparaison des deux analyses ci-dessus, on peut avoir une idée de l'effet produit par l'addition aux eaux d'égout de la totalité des vidanges ; l'aggravation de leur impureté est loin d'être négligeable.

En regard des chiffres précédents, on peut placer ceux donnés par Frankland pour la composition moyenne des eaux d'égout de Londres, soit par mètre cube :

Azote organique soluble	45 gr.
— ammoniacal	46 „
— insoluble	9 „
Carbone organique	44 „
Chlore	104 „
Autres matières dissoutes	420 „
— insolubles	634 „
	1.288 gr.

Ici la proportion d'azote est plus forte que dans les eaux d'égout de Paris. Londres pratique la vidange à l'égout et l'eau de la distribution y est employée pour une part prépondérante aux usages domestiques. Les ruisseaux n'y sont pas lavés comme à Paris, et l'enlèvement des produits du nettoiement des chaussées et du balayage s'opère au tombereau et non par le jet à l'égout des détritus de la voie publique.

La *température* des eaux d'égout, contrairement à ce qui se remarque pour la composition chimique, ne varie guère dans le courant d'une même journée et ne se modifie sensiblement qu'avec les changements de saison. En hiver, ces eaux sont toujours plus chaudes que celles de la rivière et leur température ne descend jamais au dessous de $+3°$ ou $4°$; en été, elles sont au contraire plus froides que celles-ci et la différence de température peut atteindre jusqu'à 5 degrés.

III. — VENTILATION DES ÉGOUTS

Une différence capitale existe entre les égouts grands ou petits, formant galeries souterraines où l'eau s'écoule en cunette, et ceux formés de conduits circulaires de petit diamètre, disposés de manière à pouvoir écouler l'eau à tuyau presque plein. Les premiers sont dits visitables ou égouts ouverts; les seconds sont dits non visitables ou égouts fermés. Il y a lieu d'insister sur cette division fondamentale et l'on comprend tout de suite que le problème de l'aération n'a pas la même importance dans les deux systèmes. En effet, pendant leur trajet à travers les égouts ouverts, les eaux peuvent subir des modifications de composition sous l'effet d'actions chimiques. Il a été constaté par MM. Wurtz, Brouardel et Charles Girard, lors de l'examen de la commission d'enquête instituee en 1880 par le ministre de l'agriculture et du commerce, que, dans les égouts ouverts mal ventilés, il se produit un degagement d'acide sulfhydrique dès que le courant de l'eau est faible. Quand l'air arrive en abondance, cet hydrogène sulfuré s'oxyde rapidement et il se forme du sulfate d'ammoniaque inodore et non volatil. Il est donc de toute nécessité d'assurer une bonne ventilation des égouts visitables, car autrement la circulation des ouvriers y deviendrait dangereuse, sinon impossible.

Le plus ordinairement, la ventilation se fait simplement par les bouches d'égouts et par les regards qui restent ouverts pendant la visite des ouvriers dans les galeries; fréquemment aussi, on l'établit au moyen des tuyaux de descente des eaux pluviales des maisons bordant la rue en mettant ceux-ci en communication directe avec l'égout. Il faut veiller alors à ce que l'orifice supérieur de ces tuyaux ne se trouve ni à proximite, ni en contrebas des fenêtres ou mansardes des habitations. Dans les égouts fermés, lorsqu'ils sont bien établis, l'air n'est qu'en faible volume; quelques précautions simples suffisent à en assurer l'échappement et cela ne peut donner lieu à aucune préoccupation sérieuse.

CHAPITRE III

Évacuation des résidus de la vie domestique et des vidanges.

L'éloignement des détritus de toute sorte qui proviennent de la vie domestique donne lieu à diverses questions, dont nous allons indiquer les principales.

I. — LES ORDURES MÉNAGÈRES

Tout d'abord il faut considérer à part les résidus solides de la cuisine et autres de la maison constituant les ordures ménagères. Leur enlèvement est effectué généralement par des tombereaux. Quelquefois cela constitue un service municipal, d'autres fois les propriétaires doivent assurer en partie cet enlèvement ou s'entendre avec des entrepreneurs spéciaux.

A Paris, avant 1870, tous les résidus domestiques secs pouvaient être jetés dans la rue de 7 heures du soir à 7 heures du matin. Depuis l'ordonnance du 24 novembre 1883, ces détritus doivent être déposés dans un récipient spécial et non versés sur la voie publique. Tout le monde connaît le service de ces boîtes dites *poubelles* que l'on descend chaque matin au moment du passage du chariot qui en recueille le contenu. — On a amélioré ainsi les conditions de salubrité de la rue, mais au détriment de celles de l'habitation ; aussi pour remédier à cet inconvénient quelques propriétaires installent-ils maintenant dans leurs maisons des récipients généraux que les concierges sont astreints de tenir à la disposition des locataires à certains moments de la journée.

Suivant l'étendue des villes et les habitudes, les moyens varient de faire disparaître ces immondices, auxquelles s'ajoutent les résidus des marchés, les boues, les détritus de toute sorte.

Dans la plupart des cas, cela constitue une charge considérable pour la voirie. S'il s'agit d'une petite localité, les cultivateurs des environs trouvent quelquefois avantage à venir chercher ces matières qu'ils utilisent comme engrais. Mais lorsque la population dépasse un certain chiffre et que la cité s'agrandit, les frais d'enlèvement et de transport s'accroissent au point de n'être plus couverts par la valeur fertilisante des *gadoues* et le problème se pose aujourd'hui pour la plupart des grandes Villes de s'en débarrasser coûte que coûte, même en les brûlant.

La question s'étudie partout, en Amérique aussi bien qu'en Europe, mais elle attend encore une solution satisfaisante malgré les nombreux essais qui ont été déjà tentés.

II. — LES VIDANGES

Il n'y a pas encore bien longtemps que toutes les maisons étaient pourvues de fosses ; les matières excrémentielles et les eaux-vannes y étaient recueillies et la vidange se faisait à des époques plus ou moins éloignées.

Mais, depuis l'apparition des water-closets, la tendance est de supprimer les fosses d'aisances et d'avoir recours soit à la vidange par canalisation dont les principaux systèmes sont ceux de Waring, de Berlier, de Liernur et de Shone, soit à l'envoi direct de la vidange à l'égout.

Fosses fixes. — La création des fosses d'aisances remonte à une époque assez reculée. Par un arrêté en date du 13 septembre 1533, leur emploi fut déclaré obligatoire à Paris. C'était alors des reservoirs formés d'une simple excavation dans le sol, laissant par conséquent les liquides s'infiltrer librement dans les terres environnantes. Un décret impérial en date du 10 mars 1809 réglementa le mode de construction des fosses. Bien que l'étanchéité des maçonneries soit formellement prescrite, il est rare que cette condition soit remplie, car les enduits, même bien faits, s'attaquent en peu de temps et n'empêchent plus le sol environnant d'être imprégné de matières fécales en décomposition. En outre, ces fosses produisent des émanations qui s'échappent par les tuyaux d'évent, dégagent des gaz nauséabonds pendant les opérations de la vidange, laquelle est d'ailleurs une grande cause d'incommodité, car elle ne peut s'effectuer que de nuit avec le matériel connu.

Fosses mobiles. — Pour remédier à une partie de ces inconvénients, on a imaginé les fosses mobiles. Ce sont des tonneaux étanches contruits en bois ou en fer, d'une contenance normale de 250 litres que l'on installe dans un caveau spécial. — Mais ces appareils, en raison de leur capacité restreinte, ne permettent pas l'usage d'une quantité suffisante d'eau ; et malgré toutes les précautions prises les débordements ne sont que trop fréquents.

M. Brouardel a signalé un autre danger qu'ils présentent au point de vue de l'hygiène.

« Les fosses mobiles, dit-il, sont rarement munies de tuyaux « d'évents. Il en résulte que lorsque les matières tombent par « le tuyau de chute elles chassent hors du tonneau une grande « quantité de gaz. Par suite le caveau des fosses et les caves « voisines sont bientôt remplies d'émanations infectes. »

Tinettes filtrantes ou système diviseur. — La tinette filtrante est une fosse mobile munie d'une cloison perforée et d'un tuyau d'écoulement des liquides vers l'égout. Elle est supposée retenir la partie solide des excréments, tout en laissant écouler les eaux vannes ; mais en réalité les choses ne se passent pas ainsi et les solides sont entraînés, après désagrégation, avec l'eau allant à l'égout. Il en résulte que, sans préserver efficacement les galeries d'égout de l'infection qu'on redoute pour elles, cet appareil maintient au bas du tuyau de chute une source de mauvaises odeurs et il n'est pas surprenant que malgré l'appui que lui donna Belgrand, le système diviseur n'ait pas réalisé toutes les espérances qu'il avait fait naître.

III. — LA VIDANGE PAR CANALISATION

Arrivons maintenant aux systèmes qui adoptent une canalisation spéciale ·pour l'évacuation de la matière de vidange ; mais nous n'en dirons que peu de mots, devant revenir sur la question avec tous les détails qu'elle comporte à l'occasion de l'étude particulière des systèmes d'assainissement de quelques-unes des grandes villes de l'Europe. Nous remarquerons seulement que ces systèmes comportent le plus souvent l'addition des eaux ménagères et des autres eaux usées de l'habitation, — et qu'ils sont accompagnés d'appareils spéciaux et de dispositions caractéristiques pour la réception des eaux et des vidanges des maisons.

Le *système Waring* repose sur l'emploi d'une canalisation spéciale de faible diamètre pour l'évacuation des eaux ménagères et de vidange, à l'exclusion des eaux pluviales. L'écoulement se produit par simple gravitation. Les conduites sont presque exclusivement en poterie vernissée et les branchements communiquent directement avec elles, sans l'interposition d'aucun diaphragme ou d'aucune fermeture hydraulique. Des réservoirs de chasse placés à l'origine des conduites permettent le lavage journalier de ces dernières. Enfin, la ventilation du réseau est assurée par un certain nombre de prises d'air et par des cheminées d'appel s'élevant jusqu'au-dessus des toits. Ce système a été appliqué en premier lieu en 1879 à Memphis, aux États-Unis.

Le *système Berlier*, repris et amélioré par la Compagnie de salubrité de Levallois-Perret, est basé sur l'emploi d'une canalisation métallique dans laquelle on maintient un vide relatif a l'aide de machines aspirantes. Cette canalisation est mise en communication avec des caisses métalliques de petit volume placées dans les caves des maisons, et dans lesquelles aboutissent les tuyaux de chute des cuisines et des cabinets d'aisances.

L'orifice du tuyau d'évacuation de ces caisses est maintenu fermé par un clapet en caoutchouc qu'un flotteur soulève quand la caisse renferme une certaine quantité de liquides. L'écoulement se fait alors à l'appel du vide jusque dans une cuve ou réservoir clos placé dans l'usine. Là, les produits sont repris pour être traités par tel procédé qui conviendra le mieux aux conditions locales. Afin d'empêcher toute cause d'obstruction de la conduite, l'intérieur des caisses est agencé de manière à retenir tous les corps solides dépassant un certain volume et à faciliter l'écoulement des matières fluides.

Dans le *système Liernur*, on ne prend que les eaux des vidanges, des urinoirs et water-closets. Les eaux pluviales et ménagères s'évacuent par les égouts ordinaires. Une canalisation spéciale est disposée pour aspirer les matières et les conduire à l'usine. Pour cela, sous le sol des carrefours, sont placés des réservoirs métalliques en communication d'une part, par des tuyaux secondaires, avec les branchements privés et d'autre part, par la conduite maîtresse, avec l'usine d'aspiration. En reliant le réservoir alternativement avec les conduits qui reçoivent les vidanges et avec les pompes aspirantes, on détermine l'écoulement d'abord des maisons aux réservoirs, puis de ceux-ci, à l'usine. Les produits sont ensuite repris pour être transportés à distance et traités ou employés directement comme engrais.

Le système de vidange imaginé par l'ingénieur anglais *Shone* repose sur l'emploi de l'air comprimé. Ici la totalité des eaux usées de la maison est évacuée par conduite spéciale. Ces eaux se rendent d'abord dans un petit réservoir (placé au bas du tuyau collecteur) et se vident par l'amorcement d'un siphon dans la conduite publique. Elles se rendent ensuite dans un autre réservoir de plus grande capacité situé en certains points de la canalisation. La vidange de celui-ci est faite au moyen d'un éjecteur à air comprimé qui fait passer les matières dans la conduite principale. La manœuvre du robinet à air de l'éjecteur est commandée par un flotteur, en sorte que le fonctionnement de l'appareil est automatique.

IV. — LA VIDANGE A L'ÉGOUT

Le Tout à l'Égout est maintenant trop connu pour que nous insistions sur son histoire et sur son principe. — Rien de plus simple au premier abord que de jeter directement les déjections des cabinets d'aisances dans l'égout après les avoir noyées, diluées dans un flot d'eau.

Mais, dans la pratique, le problème se complique singulièrement, même au seul point de vue technique. Et pour être établi rationnellement, le Tout à l'Égout exige plusieurs conditions essentielles :

1° L'aménagement spécial de la maison en vue de cette application ;

2° Une très abondante distribution d'eau dans tous les quartiers et à tous les etages des habitations ;

3° Un système d'égouts approprié, dont les pentes, les dimensions et les dispositions soient telles que les eaux souillées sortent rapidement de la cité avant toute fermentation et sans pouvoir infecter l'air de la rue ;

4° Un moyen d'utilisation convenable de ces eaux souillées ;

5° Une dépense modérée n'aggravant les charges du contribuable que dans la juste mesure des services qui lui sont rendus.

Si l'une ou l'autre de ces conditions fait défaut, la vidange à l'égout offre plus d'inconvénients que d'avantages et la déception ne peut tarder à suivre son installation.

CHAPITRE IV

Que faut-il faire des eaux d'égout ?

Que les égouts reçoivent ou non les matières de vidange, leurs eaux sont naturellement chargées d'une proportion notable de composés organiques ; aussi doit-on les en débarrasser, avant de les rejeter dans un cours d'eau ; mais d'autre part ces impuretés constituent en réalité des principes fertilisants dont il y a lieu de chercher à tirer parti pour l'Agriculture.

Nous venons de résumer en quelques mots la question hygiénique qui s'est posée depuis un demi-siècle devant toutes les Administrations des grandes cités. Celles-ci ne peuvent se soustraire aux devoirs qui leur sont imposés par la préoccupation du bien-être et de l'état sanitaire des agglomérations humaines dont elles ont la charge, elles ne doivent pas non plus troubler la salubrité des rivières qui vont porter leurs eaux à d'autres centres de population. Mais, en outre, ces administrations ne peuvent pas se désintéresser de l'obligation de restituer à l'agriculture les précieux éléments de fertilisation du sol renfermés dans les produits de la vie urbaine.

Les grands centres, en effet, exercent sur les populations des campagnes une attirance incontestable favorisée le plus souvent par l'édilité qui trouve dans l'accroissement de la cité des avantages et des ressources de tous genres.

Aux campagnes qui se dépeuplent au profit de la prospérité des villes, il est dû en échange la protection des intérêts agricoles. Et ce serait faire un calcul égoïste et contraire à la solidarité humaine, ce serait commettre une injustice en même temps qu'une faute économique que de chercher à éluder cette obligation.

Les agriculteurs donnent aux villes les produits alimentaires nécessaires à la consommation urbaine: le pain, le vin, la viande, les légumes et les fruits, etc. Ils doivent en recevoir, dans la mesure la plus complète possible, tout ce qui est de nature à favoriser leur labeur : les sous-produits ultimes et les engrais dont ils ont besoin pour la production de nouvelles récoltes et de nouvelles denrées.

Il faut laisser perdre le moins possible de cette richesse et nous ne saurions admettre la thèse qu'une ville a satisfait à ses obligations publiques, lorsqu'elle déverse ses eaux d'égout dans la rivière après une épuration stérile.

L'*utilisation* la plus complète qu'il se peut des résidus de la Cité doit être à notre avis le but final de l'Assainissement des Villes. — Il faut regretter qu'on ne le comprenne pas toujours ainsi et que l'objectif des ingénieurs se borne parfois au problème restreint de l'*épuration*.

L'épuration peut être mécanique, chimique ou se faire par épandage sur le sol.

I. — L'ÉPURATION MÉCANIQUE

L'épuration mécanique consiste, à vrai dire, en une simple décantation, suivie parfois d'une filtration. Pour la décantation, les eaux sont amenées dans de vastes bassins où les matières solides qu'elles tiennent en suspension se déposent dès que le liquide s'y trouve à l'état de repos relatif. Il est évident qu'un pareil mode de procéder ne peut produire que des résultats très imparfaits, car il laisse subsister dans l'eau non seulement toutes les matières en dissolution, organiques ou minérales, parmi lesquelles par conséquent des éléments putrescibles, mais aussi toutes les matières solides ténues. Lorsqu'on fait suivre la décantation d'une filtration à travers des substances inertes telles que du coke, du sable, etc., ce n'est plus l'épuration mécanique proprement dite. Les eaux subissent alors une sorte d'aération qui détermine un commencement d'oxydation des matières organiques, sans en produire la combustion complète.

II. — L'ÉPURATION CHIMIQUE

Les différents procédés d'épuration chimique produisent en général la clarification, mais non, à vrai dire, l'épuration des eaux. Ils reposent sur l'addition de substances ayant la propriété de déterminer la précipitation, non seulement des matières en suspension, mais aussi d'une partie de celles en dissolution. — A ce sujet MM. Schlœsing et Durand-Claye se sont exprimés comme suit dans leur rapport au Congrès international d'hygiène de Paris de 1878 :

« Le nombre des systèmes de clarification chimique est con-
« sidérable. Nous citerons parmi les principaux : la chaux, le
« sulfate d'alumine, le phosphate d'alumine, le système A. B. C.
« (mélange complexe d'argile, de sang, de charbon, de chaux,
« de sel d'alumine) les dissolutions acides de phosphates natu-
« rels (procédé Knab), les sels de magnésie, les chlorures et
« sulfates de fer, le système Holden (sulfate de fer, chaux et
« charbon) modifié à Reims par l'emploi de lignites pyriteuses
« naturelles et l'addition de phosphates de chaux dissous, etc.
« Le Dr Frankland, dans le rapport sur la pollution des
« rivières dans les bassins de la Mersey et de la Ribble, a
« résumé de la manière suivante les très nombreuses analyses
« auxquelles il s'est livré :

RÉACTIFS	QUANTITÉ POUR CENT DE MATIÈRES ÉLIMINÉES PAR LES RÉACTIFS		
	Carbone organique dissous	Azote organique dissous	Matières organiques suspendues
Chaux.	23 à 36 0/0	10 a 66 0/0	61 à 97 0/0
Procédé A. B C.	26 a 35 0/0	50 à 59 0 0	87 à 96 0/0
Chaux et chlorure de fer .	50 0/0	37 0/0	99 0/0
Sulfate d'alumine	1 0/0	18 0,0	79 0/0
Système Holden (sulfate de fer, chaux et charbon)	3 a 13 0/0	0 0/0	100 0/0
Moyenne.	28 0/0	37 0/0	90 0/0

« Il conclut à l'exclusion de tout cours d'eau de liquides con-
« servant de telles impuretés et restant encore si riches en élé-

« ments fermentescibles, caractérisés par le carbone et l'azote
« organiques. »

Des expériences plus récentes faites à la station d'essais de
Lawrence, dans l'état de Massachussetts, ont confirmé ces résultats. Elles ont montré que, même dans les meilleures conditions,
la précipitation chimique par les réactifs qui ont été employés
laisse encore une proportion du tiers des matières organiques
azotées dans l'eau.

Ce n'est pas, à notre avis, une raison de déconseiller les études
pour l'épuration chimique des eaux d'égout.

Le progrès est possible dans cette voie comme dans toute
autre et il ne faut pas perdre l'espoir de découvrir un mode de
purification plus parfait.

Quelques essais nouveaux ont été faits récemment :

Le procédé d'épuration Howatson comporte deux opérations
successives. Dans la première on emploie une matière spéciale
nommée « ferozone » pour produire la précipitation des solides
en suspension. Cette matière contient surtout des sels de fer,
sulfate et oxyde magnétique et renferme en outre des sulfates de
chaux, de magnésie et d'alumine.

Dans la deuxième partie de l'opération on effectue l'épuration
des liquides par filtration sur une matière appelée polarite qui a,
d'après sir Henry Roscoë, la composition suivante :

Oxyde magnétique de fer .	53 85
Silice.	25 50
Chaux	2 01
Alumine	5 08
Magnésie	7 55
Humidité	5 41
	100 00

Ce procédé a été appliqué dans plusieurs villes d'Angleterre,
en particulier à Huddersfield où l'on épure par jour, par ce
moyen, 22.500 mètres cubes d'eau d'égout.

Nous citerons aussi le procédé Hermite dans lequel on produit
un liquide antiseptique par l'action du courant électrique sur
de l'eau de mer ou, à son défaut, sur une dissolution de chlorure
de magnésium et de chlorure de sodium.

Le liquide obtenu sert à stériliser l'eau d'égout dans la canalisation même de la Ville.

.III. — L'ÉPANDAGE SUR LE SOL

Tous les procédés de précipitation chimique ne donnent qu'une épuration incomplète, et ont en outre le tort de ne tirer qu'imparfaitement parti des éléments fertilisants renfermés dans les eaux d'égout. Pour atteindre ce résultat, il faut, de l'aveu général, avoir recours à l'épandage sur le sol.

Celui-ci peut se pratiquer à des volumes plus ou moins grands sur une même surface et le résultat obtenu sera fort différent suivant les cas. On fera dans ces conditions :

De l'utilisation complète,

De l'épuration,

Ou de la filtration.

En principe l'action du sol est toujours la même : combustion lente de la matière organique ou nitrification de l'azote organique qu'elle contient ; mais cette action comportera :

a) L'utilisation, quand le volume d'eau d'égout épandu sur une surface appropriée sera assez restreint pour que les sels minéraux résultant de la nitrification soient à peu près complètement absorbés par les cultures du sol.

b) L'épuration, quand, par un arrosage plus intense, une partie seulement de ces sels sera absorbée par les plantes, tandis que la majeure partie restera en dissolution et s'en ira avec l'eau.

c) Enfin la *filtration*, quand l'opération se pratiquera dans des bassins restreints spécialement aménagés pour obtenir une nitrification rapide et plus ou moins parfaite, la surface du sol étant alors exempte de toute culture.

De la nitrification. — Le mécanisme de l'épuration par le sol a été décrit par M. Schlœsing et Muntz en 1876. M. Schlœsing l'expose ainsi qu'il suit dans le rapport qu'il a présenté avec M. Bérard à la Commission de l'assainissement de Paris, en 1880 :

« Toute matière organique doit se résoudre par combustion « en acide carbonique, eau, ammoniaque, acide nitrique et principes « cipes minéraux. Cette combustion, ainsi que l'a montré « M. Chevreul, ne s'effectue *qu'au contact d'un milieu minéral* « *alcalin* qui fixe l'acide nitrique en produisant des nitrates. « Quand la combustion de la matière organique s'opère en présence « sence d'une quantité d'oxygène insuffisante, la résolution ci-« dessus indiquée est retardée par un phénomène intermédiaire « nommé putréfaction ou combustion incomplète qui a pour « effet de produire des gaz encore combustibles, l'oxyde de car-

« bone, l'hydrogène sulfuré, des carbures d'hydrogène qui infec-
« tent l'atmosphère, ainsi que des liquides également infects et
« dont la combustion s'achève ultérieurement. Mais quand cette
« même combustion est opérée au contact d'un excès d'oxygène,
« la matière organique se transforme presque directement en
« éléments minéraux et inoffensifs. Le ferment nitrique, être
« microscopique se présentant sous l'aspect de corpuscules
« arrondis, ressemblant aux corpuscules brillants que M. Pas-
« teur a découverts dans les eaux, est l'agent principal de la
« combustion complète et directe. »

La présence de l'air est donc indispensable au développement
du ferment nitrique, et, pour favoriser son action, on cherchera
autant que possible à provoquer l'aération du sol. A cet effet, le
terrain devra être assez perméable et présenter une épaisseur
suffisante au-dessus de la nappe d'eau souterraine ou de la couche imperméable sous-jacente pour que l'eau d'egouttement
puisse s'écouler rapidement, soit par la pente naturelle du sous-
sol, soit par un drainage artificiel. L'irrigation ne devra avoir
lieu que par intermittence, de manière à donner au sol la possibilité de s'aérer dans l'intervalle de deux opérations. Enfin, la
surface devra être ameublie et renouvelée périodiquement par
des râclages, hersages ou labours, pour faire disparaître les dépôts boueux superficiels qui tendent à obstruer les interstices du
sol et empêcher l'infiltration des eaux.

Avant la découverte du ferment nitrique, on croyait que les
plantes jouaient un rôle actif dans la décomposition des matières
organiques de l'eau d'égout, mais en réalité, elles s'assimilent
seulement les principes fertilisants créés par la nitrification de
ces matières ; on comprend donc que, pour obtenir une utilisation réelle, il faille se garder de forcer la dose d'eau fournie aux
terres. Toutefois les plantes interviennent aussi par une action
en quelque sorte mécanique, car elles facilitent l'évaporation de
l'eau versée sur le sol et contribuent de la sorte à sa diffusion.

Des surfaces d'épandage. — Ces principes généraux
s'appliquent à l'un quelconque des trois modes de traitement
précités des eaux d'égout normales et n'interviennent en rien
dans leur distinction. Celle-ci est surtout caractérisée par le
volume à assigner à l'irrigation dans chacun des cas considérés.
Ainsi, on peut dire que lorsqu'il s'agit de l'utilisation agricole,
on ne doit guère dépasser la dose de 8.000 à 10.000 mètres cubes
par hectare et par an. Quand on n'a en vue que l'épuration, on

,peut aller jusqu'à 40.000 mètres cubes et même au delà. M. de
Freycinet a depuis longtemps donné les chiffres suivants :

10.000 mètres cubes à l'hectare, maximum du profit agricole
et excellente épuration.

20.000 mètres cubes à l'hectare, profit moyen et épuration
convenable.

40.000 mètres cubes à l'hectare, profit très faible, maximum
du volume à épurer.

Quant à la *filtration*, elle permet de purifier des volumes
beaucoup plus considérables. Des expériences poursuivies pendant plusieurs années à la station d'essais de Lawrence, aux
Etats-Unis, il résulte que sur des filtres formés d'une couche de
gravier et sable d'environ 1^{m}50 d'épaisseur, on peut épurer jusqu'à 170.000 mètres cubes d'eau d'égout par hectare et par an,
à la condition de prendre certaines précautions, telles que
d'abriter les bassins pendant l'hiver, d'opérer par doses régu-
lières et régulièrement espacées, et d'enlever de temps en temps
les dépôts boueux qui se forment à la surface du filtre.

On voit donc que la capacité d'absorption d'un sol n'est pas
indéfinie. Lorsqu'on force les arrosages au delà de la limite
compatible avec la nature du terrain sur lequel on opère, on
s'expose à en détruire le pouvoir épurant, ainsi que l'a démontré
M. Schlœsing. Et si, d'autre part, on pratique l'irrigation d'une
manière continue, sans permettre à la terre de récupérer l'air
nécessaire à la nitrification, on aboutit à la formation d'un
marécage n'ayant aucune vertu pour l'épuration et ne pouvant
produire que des ajoncs.

En rappelant les principes exposés ci-dessus, notre intention
ne pouvait être de résumer les opinions diverses et souvent contradictoires qui ont été émises sur ces questions. Il nous suffit
d'avoir énuméré d'une façon sommaire les principaux problèmes
dont se compose l'assainissement d'une grande ville, et d'avoir
ainsi déterminé quelques points de repère pour la suite de
l'étude pratique que nous nous proposons de poursuivre.

TITRE II

L'ASSAINISSEMENT DE BERLIN

Pour juger avec fruit des travaux qui ont été exécutés depuis vingt ans dans le but d'obtenir l'assainissement de Berlin, il est nécessaire de connaître et de ne pas perdre.de vue les conditions initiales de l'œuvre à réaliser.

Nous donnerons donc, dans un premier chapitre, quelques détails succincts sur la topographie générale de cette capitale et sur les circonstances particulières à la contrée; nous résumerons ensuite quelques documents concernant l'alimentation et la distribution d'eau; enfin nous exposerons le thème général du système adopté pour l'assainissement.

CHAPITRE PREMIER

Renseignements généraux.

I. — TOPOGRAPHIE, POPULATION, ÉTAT ANCIEN

Berlin est situé dans une plaine sablonneuse que traverse la rivière Sprée et que des collines peu élevées bordent à faible distance, formant une vallée dont la largeur varie de 5 à 6 1/2 kilomètres.

Environ les deux tiers de la ville sont situés en terrain plat. La rivière dans son cours, de l'est à l'ouest, partage cette partie à peu près également, mais vers le nord le terrain s'élève graduellement à l'approche des limites de la ville, et dans les points les plus élevés, la différence de niveau atteint environ 17 mètres. Le niveau moyen de la Sprée est à la cote 32 mètres (au-dessus du niveau de la mer Baltique); celui de la majeure partie des rues se tient à la cote 35, soit donc seulement une différence de

3 mètres. Ces conditions étaient peu favorables à l'établissement de la *canalisation* (1).

Les limites urbaines établies le 30 mars 1878 donnent à la ville une superficie de 6.337 hectares et un périmètre de 44 kil. 4. Son étendue de l'est à l'ouest est de 10 kil. 3 et du nord au sud de 9 kil. 2. Mais, dans la surface totale, la propriété bâtie n'entre que pour 2.089 hectares ; 1.350 hectares sont occupés par les rues, routes, places et voies ferrées ; 194 hectares par les cours d'eau, et enfin 2.704 hectares par des terrains vagues ou encore livrés à la culture ou bien transformés en parcs ou promenades.

A son entrée dans la ville, la Sprée est déjà navigable ; son cours est extrêmement lent ; le débit moyen, en temps ordinaire, est de 46 mètres cubes par seconde ; dans les périodes de sécheresse il descend jusqu'à 15 et même 12 mètres cubes ; pendant les crues il peut atteindre 180 mètres cubes.

La hauteur de pluie tombant dans l'année est d'environ 580 millimètres.

La nappe souterraine est à peu de profondeur dans le sol ; on la rencontre en général aux environs de la cote 31 m. 50.

La population de Berlin a subi un accroissement très rapide, surtout dans les vingt dernières années. En 1840 elle n'était que de 322.620 habitants, y compris la garnison de 18.700 hommes ; en 1875, elle atteignait bien près d'un million (964.240), enfin aujourd'hui elle dépasse 1.660.000 habitants. Dans les parties les plus denses, on compte un habitant par 16 mq. 5 ; dans les parties peu peuplées un habitant par 91 mètres carrés de surface.

Un des caractères distinctifs de cette cité consiste dans la grandeur des immeubles et le nombre relativement faible des propriétaires.

Le recensement de 1895 a accusé un nombre de 23.857 maisons possédées par environ 22.000 propriétaires. Le chiffre moyen d'habitants par maison s'élevait à 70.

Comme terme de comparaison on comptait à Paris, au 31 décembre 1895, pour une population de 2.600.000 âmes, 86.117 maisons possédées par environ 50.000 personnes ou sociétés. C'est en moyenne par maison 30 habitants.

---

(1) Les Berlinois ont consacré le terme *canalisation* pour désigner leurs égouts composés pour les 4/5 de conduites en poterie de diamètre variant de 0m21 à 0m48, et pour le surplus, d'égouts maçonnés formant collecteurs, dont la hauteur intérieure n'excède pas deux mètres.

Ce simple rapprochement suffit pour faire apprécier la différence considérable qui existe entre les deux villes quant au
régime de la propriété bâtie.

Il y a une trentaine d'années, Berlin ne possédait que quelques rares égouts. La plupart des rues étaient sous le rapport de
la salubrité et de la voirie dans un état lamentable et recevaient
toutes les déjections. « Des chaussées mal pavées, » dit Durand-
» Claye, « étaient bordées de fossés, profonds parfois de 0 m. 80,
» où s'écoulaient lentement, avec les eaux de pluie, les eaux mé-
« nagères et souvent les urines et les vidanges ; des ponceaux en
« charpente donnaient accès aux maisons. D'une circulation
« difficile le jour, les rues devenaient dangereuses la nuit. Les
« eaux se déversaient directement dans la Sprée, et la rivière, à
« travers la ville, coulait lente et fétide. Pous les vidanges, les
« maisons avaient des fosses fixes ou, le plus souvent, de sim-
« ples puits perdus, qui répandaient les matières fécales et
« surtout les liquides dans le sous-sol. La nappe souterraine
« si voisine du sol, s'imprégnait naturellement des matières
« organiques en décomposition échappées des puits des maisons.
« Quant à l'alimentation d'eau, elle se faisait en grande partie à
« l'aide de puits privés ou publics, établis dans la nappe souter-
« raine. »

Cet état de choses, si compromettant pour la santé publique
(la mortalité s'élevait alors à 30 décès pour 1.000 habitants),
dura jusqu'en 1873. C'est alors que les autorités municipales de
Berlin décidèrent de procéder à l'exécution du projet de canalisation proposé par M. Hobrecht. Les travaux, commencés en
août 1873, sont aujourd'hui à peu près terminés. La viabilité est
devenue excellente ; les chaussees sont bien pavées, un certain
nombre sont asphaltées ou pavées en bois ; les trottoirs sont
régularisés, et toutes les eaux usées trouvent leur écoulement
rapide par les conduites à ce destinées.

Le développement du réseau d'égouts était au 1er avril 1895
de 775 kilomètres. Le coût des travaux d'assainissement, comprenant la canalisation, les stations élévatoires et les conduites
de refoulement, n'a été que de 68.500.000 marcs, soit 85.625.000
francs.

Au point de vue sanitaire, les conséquences furent immé-
diates, et au fur et à mesure de l'avancement des travaux, la
mortalité s'est amoindrie rapidement jusqu'à n'être plus aujour-
d'hui que de 20,2 pour 1.000.

Comment un résultat aussi considérable a-t-il été atteint dans un délai aussi restreint et avec une dépense relativement peu élevée ! Doit-on en faire honneur à l'emploi du Tout à l'Egout comme certaines personnes l'ont prétendu ? — Ne doit-on pas plutôt l'attribuer pour la plus grande part à l'organisation même d'un service d'expulsion rapide hors de la Cité de tous les ferments malsains?

Quoi qu'il en soit, il faut reconnaître que les conditions locales rendaient le problème particulièrement difficile.

En effet, pour la majeure partie, les rues de la ville ne présentent presque pas de pente naturelle et la nappe souterraine se trouve à peu de distance de la surface du sol. La ville subissait tous les ans une extension notable ; les installations devaient donc se prêter à des développements ultérieurs faciles ; de plus, tout était à faire à la fois, et il fallait adopter un système permettant l'exécution rapide des travaux.

Il n'est que justice de rendre hommage à l'auteur du projet et à tous ceux qui l'ont aidé à le mettre à exécution du résultat remarquable qu'ils ont obtenu, du talent et de la science qu'ils ont apportés à l'étude de l'ensemble comme des moindres détails.

II. — ALIMENTATION ET DISTRIBUTION D'EAU

Berlin est alimenté par une distribution d'eau qui est la propriété de la ville et dont elle fait elle-même l'exploitation.

Les eaux sont prises d'une part dans le lac de Gross-Muggel, à environ 16 kilomètres de la capitale, et d'autre part dans le lac de Tegel qui ne se trouve qu'à une distance de 9 kilomètres; les installations sont faites pour pourvoir à un service journalier de 250.000 mètres cubes.

Les eaux sont élevées dans plusieurs réservoirs par deux groupes d'usines. Le premier, composé des usines du Stralauer Thor et de Charlottenbourg, sert à élever la totalité du volume d'eau distribuée, et l'autre, formé des usines de la Belforter Strasse et du Tempelhofer Berg, reprend une partie des eaux pour les refouler dans les quartiers hauts de la ville.

En 1803, le volume total fourni par ces usines pendant l'année dépassait de peu de choses 40 millions de mètres cubes (en moyenne, 110.000 mètres cubes par jour.) Sur ce volume, 84 0/0 étaient distribués dans la zone inférieure et 16 0/0 dans la zone supérieure. Sur l'ensemble de 40 millions de mètres cubes, les services publics de la ville n'ont pris que 5.290.000 mètres cubes (moyenne journalière 14.500 mètres cubes), tandis que les besoins privés ont absorbé 34.500.000 mètres cubes, le restant a été employé dans les usines mêmes de la distribution.

En ramenant la consommation de l'année à une moyenne par jour et par habitant, on trouve qu'elle correspond à un volume de 67 l. 13 ; mais cette moyenne varie entre des limites assez étendues. Le maximum s'est produit au mois d'août, il a été de 100 l. 49 et le minimum, au mois de décembre, est descendu à 46 l. 02.

En dehors des eaux fournies par la distribution, la ville est encore alimentée par de nombreux puits, tant dans les rues que dans les cours des maisons. L'appoint que ceux-ci apportent doit être assez considérable à en juger par la différence entre le cube d'eau pure fournie par le service de la distribution et le cube d'eau souillée enlevé par les pompes des usines élévatoires, en tenant compte des eaux pluviales et des effets de l'absorption par le sol et de l'évaporation.

Les chiffres que nous avons relatés plus haut, sont tirés du Rapport de l'Administrateur des eaux de la Ville pour la période du 1er avril 1892 au 31 mars 1893, que nous avons pu nous procurer.

Nous croyons devoir reproduire à titre de renseignements très instructifs les documents suivants qui résument les comptes financiers de cette exploitation.

Au 31 mars 1893. — 22.638 propriétés étaient desservies par la distribution d'eau. Tous les abonnés recevaient l'eau par compteurs (compteurs dits de vitesse, type Siémens en général). Ne faisaient exception que 136 établissements publics.

Le volume d'eau consommé se répartit comme suit :

	Quantité consommée m c.	Pourcentage 0/0
1° Consommation particuliere pour les besoins des Usines : alimentation, nettoyage, condensation, arrosages de plantations, etc.	296.533	0.741
2° Services publics (gratuits).		
a) mesuré au compteur.		
Arrosage de 94 squares et parcs	264.986	0.662
Lavage de monuments publics	261	0 001
14 jets d'eau.	702.079	1.754
Alimentation de 7 Cabinets publics (non reliés aux égouts)	9.754	0.024
Alimentation de la station militaire de la place Potsdam	200	0.060
A l'Administration des égouts.	1 306 450	3.263
A reporter. . .	2.580.263	6.445

b) par estimation.	*Report.* . .	2 580.263	6.445
Lavage des ruisseaux		82.056	0.205
Pour le besoin du Service des incendies . . .		4.382	0.011
Arrosage des rues		1.115.060	2.783
Pour le lavage de 140 Cabinets publics . .		745.620	1.868
Pour 26 colonnes « Urania »		7.600	0.019
A ajouter pertes par fuites.		1.052.155	2.658
3° Eau vendue aux habitants de la Ville. . . .		34.448.786	86.011
Total		40.035 922	100.000

Soit en groupant les chiffres ci-dessus :

1° Pour les besoins particuliers des Usines . .		296.533 mc.
2° Gratuitement pour les Services publics . .		5.230.603
3° Contre paiement.		31.448.786
	Total égal . . .	40.035 922

CONSOMMATION MOYENNE PAR HABITANT ET PAR JOUR

Années	Dans toute la ville	Zone inférieure	Zone supérieure
1890-91	62,41 litres	62.78 litres	60 26 litres
1891-92	62.27 —	62.01 —	63 73 —
1892-93	67 13 —	66 74 —	69 26 —

Les recettes de l'année se sont élevées à 6.813.378 marks 84 et les dépenses à 4.320.570 marks 01.

Comme il a été distribué 40.035.922 mètres cubes d'eau, le prix de vente moyen est de 0 mk 17018 (0 fr. 2127) le mètre cube et le prix de revient de 0 mk 10814 (0 fr. 1352) le mètre cube.

Les éléments des chiffres de recettes et de dépenses sont les suivants :

RECETTES

1° Vente de l'eau		6.602.656.41 marks
2° Location des compteurs		109.677.27
3° Branchements de maisons		86 745 65
4° Intérêts et locations de locaux		5.853.67
5° Recettes diverses		3 932.69
6° Rentrées pour terrains vendus		4 513.15
Total		6 813 378 84 marks

DÉPENSES

Nature des Dépenses	Dépenses en marks	Pour-centage	Dépenses en marks par 100 mc.
Frais d'administration	169.748.97	3.92	0.128
Dépenses d'exploitation.	1 219.492.03	28 17	3 004
— Extraordinaires	6.306.60	0.14	0.015
— Ateliers	83.816.71	1.94	0 209
Amortissement et intérêts . . .	2.838 091.01	65 55	7 088
Pensions et indemnités.	7.601.57	0.18	0.018
Pour vente de terrains. . .	4 513 15	0.10	0 011
Totaux . .	4 320.570 01	100.00	10 773

On remarquera la somme considérable affectée aux amortissements et intérêts qui forme les 65.55 0/0 de la dépense totale,
en voici le détail :

AMORTISSEMENTS ET INTÉRÊTS

a) *Amortissements.*

Sommes totales

1° Sur l'emprunt fait au fonds des Invalides de l Etat pour
l'achat de la distribution d'eau, s'elevant à 18 861 000 marks — 801.000.00

2° Pour la part de la distribution d'eau dans l'emprunt
de la Ville de 1876 se montant a 9 910.800 marks . . . . . . — 212.720.00

3° Pour la part de la distribution d'eau dans l'emprunt
de la Ville de 1878 montant à 815.36) marks. . . . — 16.959.00

4° Pour la part de la distribution d'eau dans l'emprunt
de 1886 se montant à 2.313.33) 62 . . . . — 25.296.00

TOTAL DES AMORTISSEMENTS . . — 1.055.975.00

b) *Intérêts.*

En tenant compte de l'amortissement pour l'emprunt du
fonds des Invalides de l'État (au taux de 4 1/2 0/0 du 1er decembre 1891 au 31 mai 1892 sur 18.861.000 mks) . . . . . . — 425.372.50

Du 1er juin au 30 novembre 1892 sur 18.060.000 mks . . — 40 .350.00

Soit pour l'année . . . . — 830 722.50

Intérets sur 9.910 800 emprunt à 3 1/2 0/0 1876 . . . . — 347.928.00

— 815 300 — 3 1/2 — 1878 . . . . . — 20.587.60

— 2 288.081.62 — 3 1/2 — 1886 . . . . — 80.042.96

Intérêts sur 13 225.398.82 à 3 1/2 0/0
emprunt de 1870 pour un an . . . . . — 462.898 mks 87

Intérêts sur 808.836.03 du même emprunt pour un an, en tenant compte des
intérêts partiels gagnes dans la vente
s'elevant à 5.179.35 . . . . — 22.820 91

485.718 mks 78

Interets de la somme versee par les
caisses de la Ville, au compte du nouvel
emprunt sur une somme de 4.906 635.58
à 3 1/2 0/0 du jour des versements,
jusqu'au 1er janvier 1898 . . . . — 52.694 97

538.413 mks 75

Dans cette somme sont compris les
intérêts de 1.466.250 m. du reste de
l'amortissement plus rapide à 3 1/2 0/0
pour le fonds des Invalides de l'Etat, a
déduire . . . . — 44.618 80

Reste . . . . . — 493.794 mks 95 — 493.794.95

TOTAL DES INTÉRÊTS . . . . . — 1.782.116.01

RAPPEL DES AMORTISSEMENTS . . . . — 1.055.975.00

TOTAL DES AMORTISSEMENTS ET INTÉRÊTS . . . . . — 2.838.091.01

III. — SYSTÈME GÉNÉRAL DE L'ASSAINISSEMENT

L'ensemble comporte l'assainissement des maisons, celui de la rue et de la ville, l'évacuation des produits de déjection, et l'utilisation des eaux usées.

A Berlin, l'arrosage des rues est peu important ; il ne se fait que pendant six mois de l'année et au tonneau.

Les détritus du balayage des chaussées sont enlevés au tombereau de même que les ordures ménagères.

Quant à l'évacuation des eaux usées, les considérations que nous avons rappelées au paragraphe premier conduisirent à substituer au système ordinaire des égouts collecteurs généraux, recevant en fin de compte la presque totalité des eaux usées de la cité, un système basé sur la subdivision de la ville en plusieurs circonscriptions, dont chacune est pourvue d'un réseau d'égouts indépendant, ou plutôt de conduites fermées de petite section *réunissant d'abord* les eaux des habitations, y compris les vidanges, et *recevant en second lieu* les eaux pluviales.

Ces circonscriptions, groupées autour du centre de la ville, ont reçu de l'auteur du projet le nom de systèmes radiaux. Il est clair que par ce moyen on peut réduire grandement la longueur des collecteurs et leur donner par suite une meilleure pente. L'extension de la ville ne donnera lieu qu'à l'agrandissement des secteurs de la périphérie ou à l'addition d'autres sections; enfin, le trajet que les eaux usées ont à parcourir jusqu'aux pompes élévatoires étant beaucoup moindre, les matières putrescibles n'auront pas le temps d'entrer en fermentation et seront d'autant mieux appropriées à une *bonne et réelle utilisation agricole*.

Cette vue générale domine toute l'économie du projet.

La ville est divisée en douze systèmes radiaux. La canalisation est composée pour les quatre cinquièmes de conduites en poterie et, pour le surplus, d'égouts maçonnés de section suffisante pour écouler toutes les eaux des maisons et des rues.

Mais, par une combinaison spéciale, les eaux des pluies lorsqu'elles sont peu intenses, sont mêlées aux eaux souillées et sont avec elles refoulées aux champs d'épandage; tandis que les eaux d'orages et des pluies exceptionnelles, dépassant un certain volume et, par conséquent, un niveau limité dans la canalisation, sont rejetées dans la rivière et les canaux qui traversent la ville, avant d'atteindre les puisards des usines de refoulement, et cela au moyen de déversoirs et de conduites accessoires, dont la conception constitue un des caractères originaux de cette œuvre remarquable.

Les eaux souillées se rendent aux puisards des stations élévatoires, sont reprises par les pompes et envoyées dans les conduites de refoulement. Celles-ci se divisent en plusieurs branches dont chacune va gagner au loin un point haut des parties à irriguer commandant ainsi tous les terrains environnants.

En réalité, et quoi qu'on en ait dit, Berlin pratique, *non le Tout à l'Égout*, comme nous le comprenons en France, mais bien le principe de la *séparation* effective : 1° des *eaux nocives*, usées dans les maisons ou souillées par le premier lavage des chaussées, *qui sont envoyées aux champs d'épandage,* et 2° des *eaux* qui peuvent être considérées comme *assez peu nuisibles* pour que leur *déversement direct* dans les cours d'eau n'offre aucun inconvénient.

De plus, Berlin s'est proposé de réaliser *l'utilisation agricole complète;* aussi comme nous le verrons, les surfaces consacrées à l'irrigation sont considérables et toutes les dispositions sont prises en conséquence.

Ainsi donc, drainage direct de toutes les eaux de la maison, y compris les vidanges, dans la canalisation, laquelle reçoit également les eaux de pluie, mais pour les évacuer en partie séparément ; puis, envoi des eaux souillées sur des champs d'épandage pour y utiliser le plus complètement possible leurs principes fertilisants ; — telle est la donnée générale du problème d'assainissement que nous étudions.

CHAPITRE II

Assainissement des habitations.

I. — CONSIDÉRATIONS GÉNÉRALES

Autant était difficile à résoudre le problème de l'assainissement des rues de la ville de Berlin, dans l'état où elles se trouvaient il y a vingt-cinq ans, autant les conditions locales ont favorisé l'établissement d'une bonne hygiène pour les maisons.

L'horizontalité presque parfaite de la superficie du sol sur les deux tiers de la cité, qui créait un obstacle naturel très sérieux à l'établissement des égouts, devait être une circonstance heureuse pour l'établissement des installations sanitaires dans les habitations.

En effet, les constructions urbaines élevées sous l'empire de besoins peu variables, ont obéi à un programme presque uniforme ; le nombre des étages, leur hauteur, leur division se sont trouvés semblables ,sans que les architectes aient cherché cette similitude qui résultait de la force des choses. Cela devait être d'autant plus marqué à Berlin que l'accroissement de la population a été plus rapide ; de nouveaux quartiers se créaient incessamment par la nécessité d'assurer le logement à une immigration annuelle de 40 000 à 60.000 habitants.

Toutes les maisons d'une égale hauteur forment, sur un sol de niveau, des alignements de grande longueur arrasés au même plan supérieur. L'eau distribuée à ces immeubles parvient donc partout aussi à même hauteur et par conséquent sans variation sensible de pression aux points d'utilisation des étages de même numéro. — Son écoulement, une fois réglé, fournit à peu près toujours le même débit et les appareils de distribution sont naturellement similaires et fonctionnent partout avec une régularité pareille.

On est loin de rencontrer ces conditions favorables dans les villes plus accidentées.

Une autre cause d'uniformité se rencontre à Berlin. Elle résulte du mode de construction des maisons qui sont bâties pour la majeure partie en briques, recouvertes d'un enduit de ciment. La pierre est très rare et réservée aux monuments de grand luxe.

On comprend que la conformité des matériaux conduise aussi à la conformité d'architecture.

Enfin, la constitution de la propriété vient à son tour apporter un élément favorable aux installations sanitaires. Nous avons dit déjà que les immeubles de Berlin sont très vastes et détenus par un nombre relativement restreint de propriétaires. Chaque maison représente un capital important dont le possesseur n'a aucune des préoccupations du petit propriétaire de Paris, pour lequel toute dépense d'entretien ou de modification à son immeuble emporte une partie notable du faible revenu qu'il en retire et dont il a besoin pour sa modeste existence.

On comprendra donc aisément que les règlements de police sanitaire aient trouvé dans un pareil milieu, une facilité d'exécution toute spéciale, sans qu'il soit besoin pour l'expliquer de

faire intervenir « l'espi it de discipline propre au caractère alle-
mand » comme le croit M. Launay dans la note qu'il a publiée
sur l'assainissement de Berlin (Annales des Ponts et Chaussées,
septembre 1895).

Mais il faut dire aussi que ceux qui ont eu la charge d'édicter
ces règlements les ont mûrement étudiés pour les rendre pratiques et simples, pour en écarter toute mesure tracassière et
toute dépense inutile ou injustifiée. — La rigueur des prescı ip-
tions n'a pas effrayé les propriétaires, et ils ont acquiescé sans
protestation, lorsqu'ils se sont rendu compte qu'on n'exigeait
d'eux que des sacrifices supportables, en échange d'avantages
certains pour la salubrité de leurs maisons et de résultats précis
pour l'amélioration de la cité et de la santé publique.

Les ordonnances de police dont nous parlerons ci-après ont
donc été appliquées avec ensemble et elles ont eu une heureuse
influence sur l'hygiène de Berlin.

Une autie cause encore contiibue grandement à la salubrité
de la ville, c'est l'aération naturelle des habitations maintenue
énergiquement par l'administration. Tout est mis en œuvre par
elle pour empêcher l'excès de rapprochement des constructions.
Jusqu'à ces dernières années, il était interdit d'édifier des bâtiments sur plus des trois quarts de la surface dont on disposait ;
un quart au moins devait rester entièrement libre, soit en cours,
soit en jardins. Aujourd'hui la proportion des espaces libres à
réserver est augmentée et portée au tiers de la surface du terrain
et l'on ne peut bâtir que sur les deux autres tiers, quelle que soit
d'ailleurs la disposition qu'on adopte pour le plan de l'immeuble.

II. — PRESCRIPTIONS RÉGLEMENTAIRES POUR L'ASSAINISSEMENT INTÉRIEUR DES MAISONS

L'uniformité que les considérations qui précèdent expliquent
pour la plus grande partie des maisons de Berlin, sauf dans
quelques-uns des anciens quartiers, se reproduit tout naturellement dans les dispositions des canalisations destinées à l'évacuation des eaux usées dans l'intérieur des habitations.

L'appareillage est peu compliqué et se renferme dans un petit
nombre de types qui donnent satisfaction aux prescriptions des
règlements administratifs et des ordonnances de police !

Ces prescriptions d'ailleurs se résument, en fait, en un petit
nombre de règles simples et pratiques :

1° Tout appareil destiné à servir d'écoulement aux eaux souillées ne doit pas recevoir de débris solides ;

2° A chaque appareil d'évacuation doit être adjoint un robinet d'eau permettant de le mouiller et nettoyer ;

3° Tout conduit faisant communiquer l'orifice d'un appareil d'évacuation avec la colonne de descente doit être muni d'un siphon hydraulique ;

4° Toute colonne de descente des eaux ménagères est ventilée par son prolongement jusqu'au-dessus du toit de la maison ;

5° Ces colonnes de descente doivent être placées à l'intérieur des murs et non à l'extérieur pour éviter la congélation de l'eau et, en tout cas, être mises à l'abri de la gelée ;

6° Les cuvettes, postes d'eaux et autres appareils doivent être tenus toujours propres et sont soumis à l'inspection des agents de la salubrité ;

7° Les water-closets sont soumis à des règles analogues et doivent de plus être disposés pour recevoir l'eau à volonté, sans indication de quantité, pourvu qu'elle assure la propreté ;

8° Les tuyaux collecteurs des conduites d'évacuation se prolongent jusqu'à la canalisation publique de la rue et sont obligatoirement munis d'un clapet métallique automatique placé au droit d'un regard facilement visitable, et immédiatement avant la sortie de l'immeuble.

Nous allons donner sur ce sujet quelques détails complémentaires.

III. — COMMUNICATION DE LA MAISON AVEC LA CANALISATION

Par ordonnance de police du 14 Juillet 1874, la jonction des immeubles avec l'égout de la rue est obligatoire et la conduite qui établit cette communication doit recevoir toutes les eaux souillées de la maison : eaux ménagères et de vidange ; eaux de pluie tombant sur les versants intérieurs du toit et dans les cours et jardins. Les fosses d'aisances sont interdites partout où la canalisation existe. Seules, les eaux de pluie provenant du versant extérieur de la toiture sur la rue se rendent directement dans la canalisation par un prolongement souterrain du tuyau de descente de ces eaux pluviales.

Les branchements particuliers, sous remblai de 0 m. 80 au moins, sont composés de tuyaux en poterie, sauf dans les parties qui traversent les maçonneries ; là, ils sont formé de tuyaux en fonte. Ils ont 0 m. 16 de diamètre *au maximum* et une pente variant de 0 m. 033 à 0 m. 020 par mètre. Ils sont munis du clapet métallique automatique, mentionné plus haut, s'ouvrant du dedans au dehors, accolé à un regard en fonte, et destiné à arrêter les corps solides qui auraient passé par les orifices supérieurs. Ce clapet s'oppose à tout reflux de l'air ou des eaux de la canalisation dans le cas où celle-ci viendrait à être noyée. La portion du branchement qui renferme le clapet est logée dans une petite chambre en maçonnerie établie dans le sol des caves et visitable au moyen d'un trou d'homme.

A l'origine il avait été prescrit d'interposer aussi une occlusion hydraulique dans le branchement de la maison, immédiatement après le clapet métallique. On a renoncé à cette disposition dès les premières années, les siphons placés sous les orifices d'évacuation ayant été jugés suffisants pour assurer l'occlusion complète.

Aux termes du § 1 de l'arrêté municipal du 8 septembre 1874, toute la portion de branchement comprise sous les trottoirs, jusques et y compris le regard du clapet intérieur, est établie par les soins de l'Administration municipale, mais aux frais du propriétaire. Le règlement en est fait d'après les tarifs établis. — Quant aux aménagements intérieurs, ils concernent le propriétaire seul.

IV. — FORMALITÉS A REMPLIR

Le plan des installations projetées doit être soumis à l'administration et ne peut recevoir son exécution qu'après approbation par elle. De plus, après l'exécution, les agents de l'autorité conservent le droit de pénétrer dans l'immeuble à un instant quelconque pour vérifier l'état d'entretien de ces installations. Les contraventions aux prescriptions de police en vigueur sont passibles d'une amende pouvant s'élever à 30 marcs (37 fr. 50) ou de prison, quand le délinquant ne veut ou ne peut pas payer.

Nous avons pu assister, pendant notre séjour à Berlin, à l'une de ces vérifications pour un immeuble important comportant des ateliers et des logements d'ouvriers. L'inspecteur chargé de ce soin n'a omis aucun détail et nous devons dire que l'état des installations était satisfaisant.

Tout immeuble mis en communication avec l'égout doit aussi être relié à la distribution d'eau et, si cette communication n'a pas été établie dans le délai de six semaines, il y est procédé d'office, aux frais du propriétaire.

D'après l'article 2 du règlement explicatif de police sanitaire du 26 mars 1870, le rattachement d'un immeuble à la distribution d'eau urbaine peut être considéré comme établi, lorsque, dans chaque bâtiment, au moins un robinet d'eau est mis à la disposition de ses habitants avec cuvette d'évacuation sous jacente. C'est à l'administration de la police sanitaire de décider si les installations d'amenée d'eau déjà existantes sont suffisantes et se prêtent à l'aménagement des water-closets.

Ces indications insérées dans les règlements administratifs limitent, on le voit, la charge imposée au propriétaire pour les eaux publiques. L'eau, d'ailleurs, est délivrée au compteur et il n'y a pas obligation de la consommer en quantité determinée. De plus, beaucoup de maisons puisent dans la nappe souterraine tout ou partie de l'eau necessaire à leurs besoins comme nous l'avons fait remarquer (ch. I, § 2).

Si donc l'administration à Berlin considère une abondante alimentation d'eau dans la maison comme très désirable, il n'y a rien qui puisse donner à ce désir l'apparence d'une imposition établie sur la propriété au profit des finances de la Ville. — Certains règlements édictés à Paris sont loin de laisser la même impression et la même confiance.

V. — APPAREILS D'ÉVACUATION

L'appareil le plus répandu à Berlin pour l'évacuation des eaux souillées des maisons est conforme à ce qu'en France on désigne sous le nom de *poste d'eau*. C'est une cuvette à peu près demi-circulaire percée dans son fond et accolée à une paroi verticale au milieu de laquelle se trouve le robinet d'eau pure. L'ouverture du fond est munie d'une *grille fixe*, car les règlements n'admettent pas le petit couvercle que nous appelons bonde syphoïde qui peut trop facilement s'enlever pour laisser passer quantité d'objets capables de causer des obstructions dans les conduits.

Water-closets. — Le type ordinaire des cabinets d'aisances à effet d'eau, dits water-closets, se compose d'une cuvette à peu près conique se terminant au fond par un tube cylindrique un peu évasé du haut présentant l'orifice réglementaire de 0 m. 07 de diamètre intérieur. — Quelquefois cet orifice est fermé par une bonde ou clapet, qui n'a guère d'utilité, il faut le reconnaître, en présence de la faible section exigée. Le plus souvent on se contente de l'obturation hydraulique produite par le siphon immédiatement sous jacent.

Ce n'est pas à la légère que la dimension de 0 m. 07 a été fixée comme le maximum du diamètre à donner aux orifices des water-closets. On a voulu, tout en laissant la facilité d'écoulement

convenable aux matières excrémentielles, apporter un obstacle
matériel au jet, dans ces appareils, de tout objet trop volumineux
devant être expulsé d'une autre manière.

L'effet d'eau se produit le plus généralement par l'action d'un
robinet à repoussoir placé au-dessous du siège et manœuvré par
une tige verticale à portée de la main ; en appuyant sur cette tige,
on surmonte la pression de la conduite, qui, normalement ferme
le robinet. Mais cette disposition n'est rendue possible et efficace,
à Berlin, qu'en raison de la charge constante de la distribution
d'eau dont nous avons parlé au début de ce chapitre. — Si la pression hydrostatique dans les conduites, variait plusieurs fois par
jour de l'équivalent de huit à dix mètres de hauteur d'eau, comme
cela arrive dans certains quartiers de Paris, le robinet à repoussoir ne serait pas admissible, car on ne saurait jamais exactement, à certains étages, s'il est ouvert ou fermé.

Nous avons remarqué un autre détail digne d'attention : on
s'est préoccupé d'évacuer l'eau qui resterait entre le robinet
d'amenée et la cuvette et d'empêcher par conséquent l'effet de la
congélation qui, par les grands froids, pourrait interrompre le
fonctionnement régulier de l'appareil. Pour ce faire on a placé à
la base du tuyau d'adduction, immédiatement au-dessus du robinet, un tube de vidange de très petit diamètre, communiquant
avec le tuyau de chute, au-dessus du siphon. Par ce moyen,
aussitôt le robinet fermé, le tuyau d'adduction se vide et reste
libre ; les fuites du robinet, s'il s'en produit, sont écoulées dans
le tuyau de chute et, en outre, au moment de l'affusion d'eau,
une petite partie pénètre dans le tuyau de chute en même temps
que le gros de l'eau arrive dans la cuvette ; ce déversement préalable, quoique minime, favorise le passage des matières dans le
tuyau et à travers le siphon qui suit.

VI. — ÉVACUATION DES EAUX PLUVIALES DES IMMEUBLES

Les eaux pluviales venant des toitures intérieures sont conduites dans le branchement en avant du clapet. Celles provenant
des cours et jardins sont recueillies au moyen de gargouilles
spéciales, dites *gullies*, et amenées également dans le branchement de la maison. — Quant à celles provenant du versant de la
toiture donnant sur la rue, elles sont évacuées par des tuyaux de
descente dont la ville se sert pour assurer l'aération des égouts
et qu'elle met en conséquence en communication directe avec la
canalisation. Ces tuyaux sont munis dans certains cas, près et
au-dessus du sol, d'un renflement ou boîte en fonte renfermant

une grille inclinée, ayant pour but d'arrêter les débris solides qui pourraient être entraînés par les eaux du toit. Ce réceptacle appelé à tort siphon dans l'ordonnance de police du 14 juillet 1874 (il ne constitue en rien une fermeture hydraulique) n'est exigé que dans les cas suivants :

1° Quand les couvertures sont en ardoises ou en tuiles et qu'elles sont en mauvais état ;

2° Quand elles sont faites en bois, pisé, argile, etc. ;

3° Quand on suppose que la descente d'eau pluviale peut servir parfois à l'entraînement d'eaux ménagères, par exemple dans les cas de toitures avec lucarnes ou mansardes.

Gullies. — L'organe appelé la *gully* (les gullies) joue un rôle important dans le système berlinois. On en fait usage dans les canalisations, toutes les fois qu'il y a lieu de séparer, des eaux à évacuer, les matières solides lourdes ou en suspension qu'elles peuvent entraîner. C'est en réalité un appareil de décantation. Nous en verrons l'application étendue pour le drainage des rues. Dans les immeubles elles répondent au même but et prennent alors des dimensions appropriées.

VII. — JONCTION DES BRANCHEMENTS AVEC L'ÉGOUT

Cette jonction se fait par le prolongement du tuyau collecteur jusqu'à la tubulure d'embranchement de la canalisation, en poterie ou en maçonnerie, qui longe la maison à peu de distance et dont le raccordement est le plus souvent préparé d'avance.

On a cherché ainsi à apporter, autant que possible, la simplification et l'économie dans les travaux d'établissement de cette jonction ou embranchement, et l'on ne peut, à cet égard, s'empêcher d'être frappé du contraste très grand qui existe entre Berlin et Paris, où les conditions imposées pour la construction des branchements particuliers d'égouts sont loin de présenter le même caractère de simplicité et d'économie.

L'article 2 de l'arrêté préfectoral du 16 juillet 1895, réglementant la construction de ces branchements à Paris, dit en effet :

« En règle générale, les branchements particuliers d'égouts
« doivent être exécutés en maçonnerie de meulière et mortier de
« ciment, conformément aux dispositions observées pour la
« construction des égouts publics et présenter les dimensions ci-
« après : hauteur sous clef 1 m. 80 ; largeur aux naissances 0^{m}90;
« largeur au radier 0 m. 50 ; épaisseur de la maçonnerie (non
« compris chape et enduits) 0 m. 20.

« Chaque branchement doit être d'ailleurs fermé à l'aplomb de

« l'égout public par un mur de 0 m. 30 d'épaisseur au moins, en
« maçonnerie de meulière et ciment avec enduit de part et
« d'autre, qui présentera du côté de l'immeuble un parement ver-
« tical et du côté de l'égout épousera le profil du pied droit jusqu'à
« la naissance de la voûte, pour se prolonger ensuite verticale-
« ment, jusqu'à la rencontre de la voûte du branchement, dont
« la pénétration restera dès lors apparente à l'intérieur de l'égout.
« Une plaque en porcelaine, portant le numéro de l'immeuble,
« sera scellée dans l'enduit qui recouvrira le parement du mur à
« l'intérieur de l'égout. Une ventouse placée sur la façade de la
« maison mettra l'air du branchement en communication avec
« celui de la rue. »

A tout cet ensemble de travaux, il est substitué à Berlin une
simple conduite de 0 m. 16 de diamètre, en poterie dans la plus
grande partie de sa longueur, en fonte au droit de la traversée des
maçonneries.

VIII. — Questions accessoires

1° *Eaux Industrielles.* — En principe général, toutes les
eaux résiduaires des fabriques ou usines de Berlin doivent être
épurées, avant d'être rejetées au dehors. La limite de cette épuration est fixée à une teneur en acides, alcalis ou sels ne dépassant pas 1/10 pour cent, soit un millième. Dans cet état, ces eaux
doivent être conduites par le fabricant ou l'usinier jusqu'aux
cours d'eau (rivière ou canal), sans se mélanger avec celles de
l'habitation qui sont admises dans la canalisation publique.

Une certaine tolérance existe pourtant à cet égard, mais pour
évacuer à l'égout les eaux industrielles épurées et même les eaux
de condensation des machines à vapeur ou à gaz, il faut y être
autorisé spécialement. Les autorisations pour cet objet sont en
réalité peu nombreuses et s'appliquent à un très petit volume
d'eau. En 1894, par exemple, le nombre des autorisations
demandées a été de 72 sur lesquelles 64 ont été accordées. Ces
64 usines ont introduit dans la canalisation, par suite de cette tolérance et dans l'année, une quantité d'eau de 92.695 mc., soit en
moyenne, 251 mc. par jour, tandis que les huit demandes refusées
représentaient de même par an 735.400 mc. soit, par jour, plus
de 2.000 mc.

2° *Cabinets d'aisances avec tinettes.* — L'obligation absolue
de la suppression des fosses d'aisances *fixes* n'existe pas pour les
cabinets avec tinettes, lesquelles sont encore tolérées moyennant
l'accomplissement des prescriptions qui les concernent. Le ser-

vice de la canalisation, souvent même, ne regrette pas la conservation de ces tinettes dans certains établissements dont les menus produits, tels que copeaux, pailles, filasses, rognures de papier ou autres, seraient de nature à causer des obstructions trop fréquentes dans les conduites de la rue.

3° *Fumiers, Ordures ménagères.* — Les fosses à fumier sont l'objet d'un règlement spécial. Quant aux ordures ménagères, malgré notre vif désir d'obtenir à l'égard de leur évacuation et de leur emploi, des renseignements précis, nous n'avons pu réunir que de vagues réponses. — La question s'étudie sans doute à Berlin comme partout, mais, nous a-t-on dit, on ne tient pas encore la solution du problème du débarras de ces encombrants produits. Une particularité locale ne permet pas de les brûler et cela tient à un détail curieux : les combustibles les plus employés à Berlin sont la tourbe et l'anthracite dont les résidus ne forment que de la cendre dépourvue presque entièrement de débris de coke ou de parcelles charbonneuses. — Cette cendre, dans les essais de comburation qui ont été tentés, éteignait plutôt le foyer. On a renoncé à poursuivre cette tentative.

Dans l'état actuel, la charge de l'enlèvement des débris solides de la maison et des ordures ménagères incombe au propriétaire ; celui-ci s'entend avec des entrepreneurs de transport qui s'en acquittent à prix faits et à des intervalles réguliers. Entre temps, les immondices sont déposées dans un lieu spécial à ce destiné dans l'immeuble.

L'entrepreneur obtient de la ville ou se procure des terrains à remblayer pour y transporter ces produits. On voit que ce n'est pas une solution satisfaisante, et il n'est pas nécessaire d'insister sur les inconvénients qu'elle présente.

En terminant ici ce qui concerne l'assainissement des maisons de Berlin, nous devons faire la remarque qu'il n'existe pour ainsi dire pas dans cette ville, de ces habitations misérables ou cités pauvres, dont la salubrité préoccupe si vivement l'administration des autres capitales.

La misère est systématiquement reléguée au dehors de l'enceinte berlinoise.

L'ouvrier habite dans un logement propre, composé généralement au moins d'une chambre et d'une cuisine assez grande pour y placer un lit ; et il apporte même dans la tenue de son habitation une certaine coquetterie.

On comprend dans ces conditions que certaines questions

pénibles qui se posent à Paris et à Londres, par exemple, tant à la municipalité qu'aux propriétaires, ne se présentent pas ou soient éludées dans l'intérieur de la cité allemande.

CHAPITRE III

Assainissement des rues et de la ville.

I. — CONSIDÉRATIONS GÉNÉRALES

Comme nous l'avons fait précédemment pour les habitations, nous chercherons tout d'abord, en ce qui concerne les rues, à faire ressortir leur caractère spécial dans la ville de Berlin.

Le Parisien qui visite aujourd'hui la capitale allemande ne peut s'empêcher d'éprouver une certaine surprise à l'aspect calme de ses rues, comparé avec l'animation des rues de Paris.

Les voies de Berlin sont en général larges et bien tracées, en grande partie droites et longues; elles sont constamment parcourues et remplies de monde, mais c'est avec une allure tranquille, presque sans bruit que s'écoule le flot de la circulation. — Ce qui frappe le plus, c'est le petit nombre, presque l'absence relative des voitures et des véhicules de toute sorte qui fourmille et à Paris et donnent à ses artères un caractère si particulier d'agitation et de vie intense.

Ici au contraire on voit peu de voitures, quelques omnibus, de temps à autre un tramway, mu par des chevaux ou encore un car électrique.

Il y a aussi des fiacres de deux catégories qui, entre parenthèses, sont munis de compteurs fonctionnant bien et indiquant au voyageur à chaque moment la progression du parcours et la dépense corrélative, jusqu'au moment final du payement où le client n'a qu'à lire, sur le cadran, le total de ce qu'il doit.

Pendant notre séjour, nous avons remarqué la très petite proportion de ce qu'à Paris on nomme équipages de maîtres. Nous avons eu bien de la peine à en compter vingt, rencontrés dans les beaux quartiers pendant une après-midi d'observation. Il est vrai que c'était à la fin de novembre, lors des premiers froids, époque où, nous a-t-on dit, la haute société berlinoise réside encore à la campagne ou émigre vers le Midi.

Le chemin de fer métropolitain reste le seul grand moyen de

véhiculation, entre la partie centrale de la Ville et la périphérie ou les faubourgs. Et il est grandement utilisé.

Les réflexions que nous venons de faire sont moins étrangères qu'on pourrait le penser à l'assainissement des voies de Berlin. Car elles expliquent que la propreté des chaussées soit obtenue sans grand effort par l'action d'un balayage peu développé et sans intervention de l'arrosage.

Le nombre des chevaux parcourant les rues est assez faible pour permettre de recueillir les déjections de ces animaux et de les entreposer dans de hautes boîtes en fonte, jusqu'au passage du tombereau d'enlèvement, qui a lieu une ou deux fois par semaine. Ces boîtes sont intelligemment construites et placées de distance en distance sur le bord des trottoirs des chaussées importantes.

Les autres débris de la rue, poussières, boues, détritus de toute sorte sont, chaque nuit, réunis en petits tas espacés, puis enlevés périodiquement. Les véhicules à ce destinés sont fermés et couverts et n'offusquent en rien la vue.

Balayage. — Sur ce sujet nous croyons devoir citer les renseignements suivants que nous tirons du Rapport sur le nettoiement des rues de la Ville, présenté, en 1893, par le Président de la Commission municipale de ce service, M. Meubrinck.

La surface totale des rues soumises au nettoiement était alors de 843 hectares 6.599 mètres carrés, dont 505 h. 3773 m² de chaussées et 338 h. 3026 m² de trottoirs.

En général les voies ne sont balayées que trois fois par semaine, néanmoins les principales artères le sont presque chaque jour; par contre, d'autres ne le sont que deux fois et même une fois par semaine. La surface à nettoyer par jour était estimée à 331 h. 0554 m².

Au 1ᵉʳ avril 1893, dit le rapporteur, une superficie de 94 h. 1412 m² de chaussées étaient recouvertes d'asphaltes, 8 h. 2540 m² de pavage en bois, et 211 h. 0400 m² de pavage nouveau modèle; le reste, soit 192 h. 0411 m², l'étaient de pavés anciens. L'asphalte et le pavage en bois exigent plus de soins, le crottin des chevaux doit être relevé le plus souvent possible.

L'enlèvement des ordures est fait par des entrepreneurs, chargés de ce travail par adjudication, moyennant un prix de 3 marks 50 (4 fr. 375) par chargement de 2 mètres cubes. L'adjudicataire doit trouver lui-même des lieux de dépôt, mais les gadoues lui appartiennent.

Les quantités enlevées ont été :

en 1889-90 · 96.200 voitures de 2 mètres cubes
1890-91 96.774 — — —
1891-92 110.824 — — —
1892-93 106.500 — — —

Pendant l'hiver de 1892-93 les dépenses occasionnées par l'enlèvement des neiges ont atteint un chiffre très élevé ; en certains moments 1.500 voitures furent employées.

L'ensemble de cette opération a donné lieu à une dépense de 555.386 mks 95 (694.211 fr. 70) pour un nombre de chargements de 212.561 formant 485.022 m³.

Arrosage. — Quant à l'arrosage, nous avons déjà dit qu'il n'a lieu que pendant six mois de l'année, d'avril à octobre, et qu'il se fait au tonneau. Cependant, d'assez nombreux petits regards recouverts d'une plaque métallique tournante se voient sur les trottoirs des principales artères pour permettre l'arrosage à la lance, mais ils sont réservés à l'aspersion et au lavage de ces trottoirs pendant l'été, et aussi à la fourniture de l'eau pour le service de la canalisation.

Le service municipal paraît avoir étudié assez à fond l'économie relative des deux modes d'arrosage des chaussées à la lance et au tonneau. Il s'est arrêté à ce dernier système après avoir reconnu ce qui suit:

Un tonneau de 1.500 litres arrose en une fois une surface de 3.000 m². Il peut se remplir quatre fois par heure et parcourir pendant une journée de dix heures, un espace correspondant à 120.000 m². La dépense journalière est de 7 marks à laquelle il faut ajouter, pour un manœuvre aidant au remplissage, 1 mk 50, c'est donc par jour 8 mks 50 (10 fr. 625).

Pour arroser à la lance la même surface, il faudrait six postes d'arroseurs, nécessitant une dépense de 6×3 mks $25 = 19$ mks 50 (24 fr. 375).

Le rapport que nous citons indique qu'à Hambourg, on est revenu à l'emploi du tonneau après avoir essayé l'arrosage à la lance.

Nous trouvons dans le même document qu'à Berlin ce service est fait par des entrepreneurs qui soumissionnent au prix de 7 marks par voiture et par jour, et que le volume d'eau employé à cet usage a été :

en 1889 736.360 mètres cubes.
1890 803.688 —
1891 820.605 —
1892 1.115.062 (Eté chaud et sec.)

De ces chiffres on déduit en nombres ronds, que 500 hectares de chaussées reçoivent 5.000 mètres cubes environ par jour soit: 10 mètres cubes par hectare ou 1 litre par mètre carré, correspondant à une couche de 0^{m}001 d'eau et l'on peut dire qu'en réalité on n'arrose pas les voies publiques, on les humecte seulement.

Les indications précédentes sont un indice des idées admises sur les bords de la Sprée au sujet de la dépense d'eau urbaine. Le luxe, sous ce rapport, est complètement proscrit. On peut même se demander si le nécessaire est atteint. Les conséquences de ces idées sont bien nettement mises en évidence, si l'on se reporte aux chiffres du tableau que nous avons reproduit au paragraphe traitant de la distribution d'eau.

Nous avons fait ressortir que la quantité d'eau totale employée dans l'année aux services publics était de 5.290.000 mètres cubes, donnant une moyenne journalière de moins de 15.000 mètres cubes pour toute l'année, ou de 25.000 mètres cubes par jour, dans la saison chaude. — Quelle différence avec ce qui se pratique dans notre cité parisienne, où les statistiques d'hiver accusent plus de 250.000 mètres cubes et celles d'été, plus de 300.000 mètres cubes par jour pour le service public.

Il faut insister sur l'ensemble des faits exposés ci-dessus, pour aider à la compréhension des principes opposés qui régissent l'administration vicinale des deux capitales.

Tandis qu'à Paris l'usage et l'habitude font ramener à l'égout par entraînement d'eau presque tous les produits de la surface, à Berlin, on pratique jusqu'aux plus extrêmes limites le système de la *séparation*.

Les matières solides y sont exclues de la *canalisation* qui n'a que de très lointains rapports avec ce que nous appelons les *égouts*. Non seulement on enlève les détritus de la chaussée à part et avec soin, mais les moindres quantités qui peuvent être entraînées par l'eau pluviale sont décantées dans les *gullies* dont nous parlerons ci-après, et extraites à bras d'homme en temps et lieu.

Même les plaques des regards sont disposées pour s'opposer à l'introduction des débris provenant de la chaussée.

Ainsi donc, à Berlin, la canalisation est exclusivement réservée à l'évacuation très rapide des eaux, et, comme nous l'avons déjà dit, principalement des eaux usées dans les habitations et d'une manière adjuvante des eaux pluviales provenant des voies publiques, et là encore il y a *séparation* de ces dernières lorsqu'elles arrivent en excès, puisque la canalisation comporte, comme nous l'expliquerons, des déversoirs et des conduites pour les rejeter à la rivière.

De toute façon, on évite avec grand soin tout ce qui pourrait gêner le courant liquide et particulièrement l'introduction dans les conduites de toutes les particules solides qui pourraient arrêter ou ralentir l'écoulement.

Aussi a-t-on pu dire que le parcours entre les appareils d'évacuation des maisons et le puisard des pompes d'expulsion ne demande jamais plus de six heures et s'effectue parfois en moins de deux heures ; et cela se fait en conduites fermées n'ayant que le minimum possible de communication avec l'air extérieur.

Quel exemple à méditer pour les ingénieurs municipaux du service de l'assainissement de Paris !

II. — RÉGIME DE LA CANALISATION

1° *Systèmes radiaux*. — Nous avons déjà défini, d'une manière générale, ce qu'on désigne à Berlin sous le nom de systèmes radiaux, nous allons les décrire plus en détail.

Il a fallu naturellement commencer par arrêter les limites des différentes circonscriptions ou secteurs ; elles ont été déterminées le plus souvent par la topographie même de la ville. La rivière, les cours d'eau secondaires, les parties plus élevées du terrain formaient des lignes de partage tout indiquées. On a subdivisé la surface totale en douze sections : neuf sont aujourd'hui complètement pourvues de leur canalisation, deux ne le sont que partiellement, et le système radial n° 11, n'est pas encore construit ; il est destiné à desservir des extensions projetées de la ville.

La surface couverte par les différents secteurs est assez variable ; tandis que le système n° 1 n'a que 273 hectares, le système n° 4 s'étend sur 862 hectares ; celui-ci comporte aussi la population la plus forte, 354.000 habitants, mais non la plus dense ; ramenée à l'unité de surface, elle est de 411 habitants par hectare contre 669 habitants que comptait le système radial n° 1 en 1895.

Ces chiffres ont leur intérêt, car ils permettent de se rendre compte des bases dont on devait se servir pour fixer les volumes d'eaux ménagères à écouler, qui forment l'un des éléments du calcul des sections des conduits.

Nous résumons dans le tableau suivant les mêmes renseignements de surface et de population pour l'ensemble des systèmes radiaux achevés aujourd'hui.

	SURFACE	POPULATION	DENSITÉ par hectare
	mètres carres	habitants	habitants
Système radial n° 1.	2 727.720	182.769	669
— — n° 2. .	3.492.350	169.604	486
— — n° 3. .	3 897.200	100 562	235
— — n° 4. .	8.616.670	353.890	411
— — n° 5.	7.974 520	332.152	417
— n° 6. .	3.691.100	140.560	381
— — n° 7. .	3.289.000	132 325	427
— — n° 8. .	6.785.900	118.818	175
— — n° 10. .	4.560.650	102.930	226
Totaux et moyenne .	45.035.110	1.633.619	363

Dans les systèmes 9 et 12, partiellement exécutés, les machines ne fonctionnent que quelques heures par jour, la population desservie par la canalisation n'étant encore que peu importante ; c'est pourquoi nous les citons à part : système n° 9, surface 5.263.177 mètres carrés, population d esservie 20.440 habitants : système n° 12, surface 4.228.930 mètre s carrés, population desservie 11.290 habitants.

Le système n° 11, quand il sera construit, desservira une surface d'environ 430 hectares.

Il ne faudrait pas conclure de ce que les systèmes radiaux en fonctionnement ne représentent que les cinq sixièmes de la superficie de la ville que nombre d'immeubles soient encore à rattacher au réseau d'égouts. C'est le contraire qui a lieu, et déjà en 1891, sur les 22.861 propriétés bâties qui existaient alors à Berlin (non compris 541 constructions d'ordre inférieur, telles que hangars pour dépôts de bois, charbons, etc.); il y en avait 22.661 en communication avec la canalisation de la ville. Le sixième restant de la superficie constitue les terrains non bâtis et non pourvus par conséquent de conduites.

2° *Tracé des lignes de canalisation.* — Les limites des circonscriptions étant determinées, on arrêta la position des stations élévatoires en cherchant à les placer autant que possible en des points bas, pas trop éloignés d'un cours d'eau, de manière à pouvoir y déverser par un canal de décharge le trop-plein des eaux fournies par les pluies exceptionnelles, avant leur arrivée aux pompes ; puis on détermina le tracé des conduites.

Sans entrer ici dans le détail de la marche suivie pour l'établissement de ce tracé, nous dirons seulement qu'on fixa tout d'abord les pentes des conduites maîtresses, c'est-à-dire des collecteurs, lesquels furent placés autant que possible dans les voies larges, mais de faible trafic, offrant la possibilité d'établir, en quelques points, des canaux de décharge vers les cours d'eau voisins. Les cotes de leurs points extrêmes dépendaient des niveaux respectifs du sous-sol des maisons et des hautes eaux de la rivière, et aussi de la pente à réserver au canal de décharge situé près des pompes. La chute entre ces points extrêmes, pour les conduites les plus longues, n'a guère dépassé 1 mètre, ce qui justifie l'excellence pratique du principe adopté, dans le cas de Berlin.

Il était facile ensuite de déterminer les pentes des conduites secondaires et des branchements, en prenant toujours pour règle de faire suivre aux eaux le chemin le plus court.

De cette détermination résultait, pour chaque conduite, la surface des habitations et des constructions à desservir et l'on en déduisait, d'après le volume d'eau à écouler par hectare et par seconde et les pentes disponibles, les sections nécessaires aux différents points.

Dans l'exécution on eut soin de se tenir toujours quelque peu au-dessus des résultats du calcul. C'est ainsi que pour les conduites en poterie, par exemple, on prenait toujours le diamètre supérieur de 0 m. 03 à celui donné par la théorie.

Presque toutes les rues ont reçu deux conduites, établies le plus souvent à l'aplomb des bords de la chaussée. Elles sont reliées de loin en loin par d'autres conduites transversales qui favorisent l'écoulement des eaux et facilitent les réparations.

Ce dédoublement de la canalisation, d'autant plus motivé que les rues ont plus de largeur, a l'avantage de réduire comme longueur et par conséquent comme dépense, les branchements des maisons riveraines, et il permet d'assurer à ceux-ci une meilleure pente.

On voit que les ingénieurs de Berlin n'ont jamais perdu de vue les facilités à donner aux propriétaires pour leur faire accepter la canalisation et ménager leur bourse.

— Par suite de ce dédoublement encore, les gullies, qui recueillent les eaux pluviales et de surface, se trouvent tout naturellement au-dessus des conduites ou à leur proximité ; enfin, on peut faire usage de sections réduites, en tuyaux de poterie, dans bien des cas où la canalisation placée au milieu de

la rue conduirait à la construction d'un égout maçonné. Cela
explique comment il se fait que, pour les quatre cinquièmes de
la longueur totale du réseau d'égouts de Berlin, on a pu se contenter de poteries de grès et atteindre un résultat économique,
car les prix moyens de ces conduites, pour les diamètres de 0 m. 21
à 0 m. 48, ont varié de 18 fr. 75 à 41 fr. 25 le mètre courant,
tandis que le plus petit égout maçonné, celui de 1 m. de hauteur,
a coûté, selon les difficultés d'établissement des fondations, de
88 fr. 75 à 187 fr. 50 par mètre.

3º *Regards de visite.* — Pour justifier l'adoption du principe des canalisations fermées de petite section, il fallait faire
emploi de dispositions spéciales permettant de contrôler facilement l'état des conduites et d'en faire aisément et régulièrement
le nettoiement et le curage. A cet effet, à tous les points de
changement de direction, de pente ou de diamètre, on a établi
des regards, c'est à dire des chambres de visite. D'un regard à
l'autre, les conduites sont toujours rectilignes et de diamètre
uniforme et on peut apercevoir tout l'intérieur de la canalisation. S'il se produit quelque part une obstruction, il est facile de
déterminer au droit de quel branchement ou en quel point les
dépôts se sont formés et de procéder à leur enlèvement.

Pour s'assurer, pendant la construction, de la rectitude parfaite des tronçons de conduite, on plaçait une lampe armée d'un
puissant réflecteur dans le regard à l'une des extrémités, sa
flamme se trouvait dans l'axe et on la laissait brûler pendant
toute la durée des opérations de pose. Les ouvriers pouvaient
ainsi facilement vérifier l'exactitude de la direction des tuyaux,
reconnaître si les joints étaient bien faits et s'il n'était pas
tombé des débris à l'intérieur de la conduite.

Les mêmes précautions n'ont pas été nécessaires pour les
égouts maçonnés, car ceux-ci étant tous visitables, même les
plus petits, bien que difficilement, on ne s'est pas astreint à leur
donner une direction rectiligne. Aux points de raccordement, ils
sont même presque toujours en courbe, afin d'éviter au courant
d'eau, tout changement brusque de direction. Incidemment nous
remarquons qu'on a appliqué le même principe général aux rac-
cordements des branchements particuliers avec la canalisation
urbaine. Ils se présentent toujours obliquement dans la direction
du mouvement des eaux.

Les regards remplissent encore un autre but: quand une
grande averse se produit, l'eau envahit brusquement la canalisation, il faut donc que l'air qu'elle renferme puisse s'échapper

facilement pour ne pas s'opposer à l'écoulement. Cela s'opère par les regards. A cet effet la plaque de fonte qui les recouvre est percée en couronne d'une série de trous. Mais pour éviter l'introduction des détritus solides, au-dessous de cette plaque, il s'en trouve une seconde, percée au centre d'une seule ouverture correspondant au plein de la plaque superieure.

Ce sujet nous amène à rappeler que l'aération des égouts se fait surtout à Berlin par les tuyaux de descente des façades des maisons, reliés à cet effet à la canalisation; mais par les grandes pluies, ces conduits, occupés par l'eau, ne peuvent momentanément servir pour la ventilation. — C'est un inconvénient à signaler.

4° Déversoirs. — Des canaux de décharge, avons-nous dit, déversent au cours d'eau le plus voisin les pluies d'orage que les conduites ne peuvent écouler; il faut ajouter, pour être exact, que ce déversement direct ne se produit que peu souvent.

Pour que l'écoulement en rivière ait lieu, il faut nécessairement que les données qui ont servi de base à la détermination des sections des conduites soient dépassées. En ce qui concerne les eaux ménagères, cela n'est guère possible, car on a admis une consommation d'eau moyenne de 127 l. 5 par jour et par habitant et une densité de la population de 785 habitants par hectare, tandis qu'en réalité ces limites sont loin d'être atteintes.

Pour les eaux pluviales, on s'est basé sur une pluie de 7/8 de pouce, c'est-à-dire donnant environ 23 millimètres d'eau à l'heure et l'on a admis qu'un tiers seulement de cette eau irait aux égouts, les deux autres tiers se perdant par évaporation et par absorption du sol. Or, des observations faites pendant une période de 22 ans, il résulte qu'à Berlin, en moyenne, dans un espace de temps de 1.000 jours, il y a :

565 jours sans pluie.

240	—	pour lesquels il tombe jusqu'à	2^m/$_m$26	d'eau
76	—	—	4^m/$_m$31	—
48	—	—	6^m/$_m$77	—
28	—	—	9^m/$_m$03	—
15	—	—	11^m/$_m$28	—
8	—	—	13^m/$_m$53	.
4	—	—	15^m/$_m$79	--
3	—	—	18^m/$_m$05	-
1	—	—	20^m/$_m$30	- ·
1	—	—	22^m/$_m$56	--

enfin 11 jours apportent plus de 22^m/$_m$56 d'eau.

Mais les averses de grande intensité ne durent jamais plus d'un quart d'heure ou d'une demi-heure; c'est donc le nombre de jours correspondant au quart ou à la moitié de 23$^{m/m}$ qu'il faut prendre, c'est-à-dire ceux où se produit une chute d'eau de 6 ou 11$^{m/m}$. Donc 48 et 15 jours sur 1.000. En rapportant ces nombres à une période de 365 jours ou d'une année, ils ne sont plus que de 18 et 6. C'est, en effet, ce que la pratique a démontré : les déversements ne se produisent qu'une vingtaine de fois dans l'année.

Le reste du temps, les eaux pluviales ne remplissent pas les égouts et elles grossissent seulement le volume des eaux provenant des habitations. Mais leur proportion est toujours faible par rapport à ces dernières puisqu'elle n'atteint, dans l'année, que le 1/12 ou le 1/10 au plus du volume total. Cela résulte de nombreuses constatations faites et vérifiées par le service de l'exploitation, au moyen des diagrammes de marche des machines élévatoires, soigneusement relevés à toutes les stations de refoulement.

III. — ÉLÉMENTS DE LA CANALISATION

1° *Conduites en poterie.* — Ainsi que nous l'avons indiqué plus haut, les conduites de petite section sont toutes établies en tuyaux de poterie, dont les diamètres varient de 3 en 3 centimètres, depuis 0^{m}24 jusqu'à 0^{m}48. A l'origine on descendait même jusqu'à 0^{m}21, mais ce diamètre exceptionnel n'était employé qu'à l'extrémité supérieure des réseaux, dans le cas où la rue n'était pas encore bordée de maisons ; aujourd'hui on y a renoncé. De même on dépassait quelquefois le diamètre de 0^{m}48 ; mais l'expérience a montré que ces tuyaux étaient sujets à se rompre sous le passage de lourds chariots, surtout aux points où la fondation manquait de solidité ; on ne les emploie plus.

Les tuyaux sont vernissés ; leur longueur utile est d'au moins 0^{m}80 et celle de l'emboîtement, de 0^{m}06 à 0^{m}08 suivant le diamètre des tuyaux. Le jeu dans l'emboîtement est au moins de 0^{m}015. Les joints sont faits en argile, de provenance choisie, passée au malaxeur et bien travaillée, de manière à donner une pâte absolument homogène. On garnit d'abord le fond du vide annulaire d'une mince couche de ciment, puis on y enroule une corde goudronnée, enfin on termine le remplissage avec l'argile, et en dernier lieu on forme à l'extérieur avec celle-ci une masse ovoïde, enveloppant complètement l'assemblage.

Ce système de jonction des tuyaux a donné d'excellents résultats partout où le sol ne comporte pas de plantation. L'argile retient l'humidité du sol, reste plastique et conserve au joint toute son étanchéité. Mais dans les parties boisées, les racines recherchent cette humidité, l'absorbent et finissent par détruire la cohésion qu'elle entretient. Aussi pour y obvier, emploie-t-on maintenant, dans les avenues plantées d'arbres, un joint spécial imaginé, par M. Szalla, chef du service. Il est formé d'une composition assez consistante de brai, d'asphalte et d'un peu de filasse, toutes matières imputrescibles mélangées en proportions définies par l'expérience. On garnit de ce mastic l'intérieur de l'emboîtement en se servant d'un moule un peu plus petit que le bout mâle du tuyau, ce qui laisse à la pose un peu de serrage.

Ainsi constituées, ces conduites sont très stables et leurs parois lisses offrent l'avantage d'assurer aux eaux une bonne vitesse qui s'oppose à la formation des dépôts. La chute d'une averse produit de véritables chasses qui entraînent avec elles toutes les matières.

2° Égouts maçonnés. — Les égouts maçonnés ont presque toujours une section ovoïde, dont la hauteur égale une fois et demie l'ouverture et dont la cuvette a un rayon moitié moindre que celui de la voûte. On obtient ainsi un radier à courbure très prononcée, condition favorable à l'écoulement en basses eaux. La hauteur intérieure de ces égouts varie de dix en dix centimètres depuis 1 mètre jusqu'à 2 mètres. Pour les grandes sections on a dû s'écarter de la forme générale, soit pour ne pas dépasser la hauteur maxima de 2 mètres, soit pour répondre à des sujétions spéciales.

Tous les égouts sont construits en briques dures avec mortiers de ciment et sable aux proportions de 1 à 3 ou de 1 à 4. Dans le type courant la maçonnerie repose toujours à la base sur des pièces spéciales, en béton de ciment, formant sommiers, et préparées à l'avance en dehors du chantier. Nous avons assisté à la pose de ces sommiers qui facilitent beaucoup la construction et donnent aux fondations une grande stabilité même dans les terrains aquifères. Pour la confection des voûtes, on fait usage de quatre modèles de briques spéciales trapézoïdales, de 0^m250 sur 0^m121, amincies depuis 0^m003, épaisseur normale jusqu'à 0^m040 suivant les cas. L'épaisseur de la voûte est toujours composée de deux rouleaux de ces briques. La maçonnerie est revêtue d'un enduit en ciment à l'extérieur, mais non à l'intérieur où les briques sont seulement rejointoyées.

avec soin. La pente des égouts principaux varie entre 0^{m}002 et 0^{m}0036 par mètre, cette dernière étant la pente minima.

3° *Regards, trous d'homme et gullies.* — Les regards, dont nous avons expliqué le rôle dans le régime de la canalisation, sont de petits puits de forme cylindrique de 0^{m}95 de diamètre intérieur surmontés près du sol d'une partie tronc conique, réduisant graduellement le diamètre de 0^{m}95 à 0^{m}556 pour y recevoir sur un siège en fonte la plaque de fermeture. Leur profondeur dépend uniquement de la distance à laquelle les conduites se trouvent situées dans le sol, leur fond est régulièrement assis sur une dalle en granit, placée à une dizaine de centimètres au-dessous de la conduite la plus basse. Ils sont espacés généralement de 60 à 70 mètres, mais cet écartement est surtout réglé par les points où les conduites changent de diamètre, de direction ou de pente.

Les *trous d'homme* sont les regards des égouts maçonnés. Ils surmontent ces derniers et se terminent au niveau du sol, comme les regards, par une ouverture cylindrique de 0^{m}556 de diamètre, fermée de la même manière. — Transversalement, ils s'élargissent depuis l'ouverture supérieure jusqu'à la voûte de l'égout, où la maçonnerie se raccorde près des naissances avec celle des parois. Des échelons en fer, scellés sur l'un des côtés, permettent de descendre dans l'égout. L'écartement des trous d'homme varie de 60 à 100 mètres, mais cette dernière distance ne s'applique qu'aux égouts de grande section.

Au 31 mars 1895, le nombre des trous d'homme et des regards s'élevait ensemble, en nombre rond, à 11.000, soit, pour une longueur totale de canalisation de 775 kilomètres, un écartement moyen de 70 mètres.

L'écoulement de l'eau de pluie des rues se fait par des bouches spéciales auxquelles on a donné le nom de *gullies*. Elles se composent : 1° de la bouche proprement dite, logée dans le sol de la chaussée, contre la bordure du trottoir et recouverte d'une grille en fonte pouvant se relever ; 2° d'un petit puisard en maçonnerie de briques dures, mesurant intérieurement 0,65 × 0,65, disposé immédiatement au-dessous, et descendant jusqu'à 2 mètres ou 2 m. 25 de profondeur dans le sol ; 3° du tuyau reliant le puisard à la canalisation, tuyau qui ne débouche dans la paroi du puisard qu'à près d'un mètre au-dessus de son radier. Devant l'orifice et à 0 m. 06 de distance de la paroi, est fixée une feuille de tôle, descendant un peu plus bas que le tuyau et empêchant en conséquence tout corps flottant d'y pénétrer. Le fonctionnement de la gullie est facile à comprendre : elle constitue une véritable chambre de décantation dans laquelle se déposent les sables et autres débris solides venant de la rue et que l'on enlève de temps en temps à la main. L'écartement des gullies est de 50 à 60 mètres. Elles peuvent écouler par seconde 90 litres d'eau de pluie. Leur nombre dépasse 14.000.

4° *Canaux de décharge et déversoirs.* — Nous avons déjà expliqué le but des canaux de décharge et nous avons vu qu'ils ne fonctionnent que par des pluies d'intensité exceptionnelle. On les a multipliés autant que possible, en profitant des points de raccordement possible avec les cours d'eau publics, malgré le peu de profondeur du niveau de la rivière.

Leur section, contrairement à ce qui a été fait pour les égouts ordinaires, est toujours très élargie ; généralement elle présente la forme d'un demi-cercle avec radier en arc de peu de flèche. Cette disposition leur permet d'écouler un grand volume d'eau sous une faible épaisseur.

Les déversoirs sont de trois sortes :

1° Ceux dont le seuil est fixé à une hauteur invariable. Ils ne se rencontrent qu'en petit nombre. — Leur niveau correspond alors à celui des naissances des voûtes, dans les égouts ovoïdes, et au sommet des tuyaux, dans les conduites en poterie ;

2° Ceux dont le seuil peut être réglé suivant les conditions de hauteur d'eau dans la rivière :

3° Ceux pour lesquels l'entrée du canal de décharge est fermée par des vannes, de manière à empêcher le reflux des eaux pendant les crues, mais ce genre de déversoir n'a été appliqué qu'auprès des bassins des stations élévatoires, où l'on a toujours des ouvriers sous la main, pouvant faire la manœuvre quand besoin est.

5° *Bassins à sable.* — Près de l'arrivée aux usines élévatoires, les collecteurs se réunissent en un tronc commun qui débouche dans un bassin circulaire destiné à arrêter les matières solides qui ont pénétré dans les conduites malgré toutes les précautions prises. Ce bassin est partagé diamétralement en deux parties par une grille verticale soutenue par une charpente métallique. Les barreaux laissent entre eux un vide de 15 millimètres et la somme des vides représente une surface égale à celle de l'égout collecteur Les sables et débris solides se déposent d'un côté de la grille, tandis que de l'autre, si les machines sont voisines, se trouve le clapet de pied des pompes, — en cas contraire, un canal spécial conduit les eaux dans un puisard où se fait l'aspiration. Un canal de décharge relie toujours le bassin ou le puisard au cours d'eau le plus voisin.

IV. — USINES ÉLÉVATOIRES

1° *Stations de refoulement.* — Les usines élévatoires fonctionnant actuellement sont au nombre de onze (non compris une petite usine de relais du système n° 3).

Toutes les machines sont horizontales, les unes du type Compound commandent deux pompes, les autres à cylindre unique n'actionne qu'une seule pompe. Le nombre de tours normal de presque toutes ces machines est de 16 à 20 par minute. Seules les machines du système n° 9, d'installation récente, comportent de plus grandes vitesses ; elles font environ 50 tours par minute.

Le caractère général de ces installations mécaniques est de présenter une très grande élasticité dans la production de la puissance, car elles doivent faire face à une augmentation subite du volume d'eau à refouler.

Elles comprennent chacune un groupe de trois machines au moins pouvant fonctionner ensemble ou séparément à leur vitesse normale ou à vitesse ralentie.

Par un temps sec, une ou deux seulement seront mises en marche, mais dès que le temps tournera à la pluie ou qu'une baisse brusque du baromètre annoncera quelque tempête ou quelque orage, on prendra des dispositions pour utiliser les autres machines et développer la puissance maxima, s'il y a lieu.

Le nombre des pompes et des chaudières est en rapport avec celui des machines. Sans décrire autrement ces mécanismes, nous dirons qu'ils ont un très bel aspect et sont remarquables comme construction et que l'ensemble des usines comprend actuellement un matériel de 61 chaudières, 61 pompes et de 37 machines à vapeur, dont 13 machines simples et 24 machines Compound, pouvant développer en totalité une puissance de 5.900 chevaux.

2° *Conduites de refoulement.* — Les conduites de refoulement allant des usines aux champs d'épandage sont en fonte, leurs diamètres sont de 0 m. 75 et de 1 mètre. Elles suivent les ondulations du terrain à 1 mètre au-dessous du sol ; des ventouses sont placées aux points hauts pour le dégagement de l'air et des gaz qui tendent à s'y accumuler et qu'on expulse une fois par jour ; aux points bas, on a ménagé des orifices de vidange, tant pour l'enlèvement des dépôts qui pourraient s'y former (ce qui d'ailleurs ne s'est pas produit jusqu'ici) que pour pouvoir opérer la vidange totale en cas de réparations.

A l'arrivée aux points culminants des champs d'épandage, la conduite est munie d'une colonne verticale servant de régulateur de pression que l'on maintient aux environs d'une charge de 10 mètres de hauteur d'eau. Un flotteur, surmonté d'un petit drapeau le jour et d'une lanterne la nuit, indique aux ouvriers chargés de l'irrigation quelle est la pression dans la conduite forcée.

CHAPITRE IV

Exploitation de la Canalisation.

On nous pardonnera, nous l'espérons, la longueur des détails un peu arides que nous avons donnés dans le chapitre précédent.

Les installations que nous décrivons sont tellement différentes de celles de Paris, elles répondent si peu à l'idée d'analogie que l'on a cherché à répandre dans le public pour faire adopter les projets relatifs au système du Tout à l'Egout, que nous nous serions reprochés de ne pas montrer dans toutes ses parties l'œuvre de Berlin d'une manière suffisamment développée pour en faire bien apprécier le caractère.

Et puis, parmi les dispositions que nous avons passées en revue, n'en est-il pas quelques unes dont la connaissance pourra faire naître de salutaires réflexions? Les esprits attentifs et non prévenus y trouveront peut-être des principes à méditer comme ayant subi la sanction d'une étude approfondie d'abord, puis de la réussite à la suite de leur mise en pratique pendant plusieurs années.

Dans le présent chapitre nous allons résumer les résultats fournis par l'application de ces principes.

Le premier système radial construit, le n° 3, fut mis en exploitation à la fin de l'année 1875. La construction des autres suivit rapidement en sorte que:

En 1879, l'exploitation comprenait déjà 4 systèmes
— 1881   —   —   5 —
— 1885   —   —   7 —
— 1890   —   —   9 —

Enfin depuis 1893, l'exploitation comprend onze systèmes, avec douze usines élévatoires (le système n° 3 ayant une usine de relais) :

Au 1er avril 1895, le réseau de canalisation comprenait en nombres ronds :

    775 kil. de conduites et égouts,
11.000 regards et trous d'hommes,
14.300 gullies,
    110 kil. de conduites de refoulement.

I. — PERSONNEL

A la tête du service de l'exploitatiou du réseau comprenant la canalisation, les stations élévatoires et les conduites de refoulement, est placé un directeur ayant sous ses ordres des inspecteurs de l'exploitation. Ceux-ci, chargés le plus souvent de deux systèmes radiaux, ont à s'occuper du service des machines et de celui de la canalisation.

Dans les usines élévatoires, ils commandent à un chef mécanicien, aidé d'un nombre de conducteurs de machines, de chauffeurs et de manœuvres proportionné à l'importance de la station; ce nombre peut aller jusqu'à sept pour les conducteurs et jusqu'à quatre pour les chauffeurs.

Dans le service de la canalisation, l'inspecteur a sous ses ordres plusieurs équipes d'ouvriers, composées toujours d'un surveillant et de trois hommes, chaque système radial comportant suivant son etendue de deux à quatre équipes.

C'est l'inspecteur de l'exploitation qui règle la marche des usines et qui doit prendre toutes les dispositions permettant de faire face à une venue d'eau subite, lors des pluies soudaines, tant par la mise en marche des chaudières et machines de réserve, que par l'ouverture ou le réglage des déversoirs à vanne ou à niveau variable. — Enfin, il a le contrôle de l'entretien et du curage des conduites et égouts, ainsi que la surveillance des travaux de jonction avec les immeubles.

II. — ENTRETIEN ET CURAGE

Le curage des conduites en poterie se fait soit par chasse d'eau, soit par le passage de brosses cylindriques, soit enfin à l'aide d'un appareil agissant automatiquement.

Pour effectuer les chasses d'eau dans les conduites, on commence par fermer par des bouchons les orifices situés dans le regard placé au point haut de la canalisation et l'on remplit le regard d'eau provenant de la distribution publique. Une chaîne attachée au bouchon de la conduite à curer permet de retirer celui-ci brusquement; l'eau pénètre violemment dans la conduite et entraîne avec elle les dépôts qui s'y trouvent.

Le passage de l'écouvillon nécessite l'emploi d'un petit treuil sur lequel on enroule la corde d'attache de la brosse.

Pour faire passer cette corde d'un regard à l'autre, on l'attache à l'extrémité d'un fil qui est entraîné à l'aide d'un flotteur jusqu'au prochain regard. La brosse est munie à l'arrière d'une deuxième corde qui permet de la retirer de la conduite dans le cas où la première viendrait à se rompre. L'opération de l'écouvillonnage se répète plusieurs fois avec des brosses dont le diamètre va grandissant.

Enfin, l'appareil servant au curage automatique des conduites en poterie est composé d'un piston cylindrique remplissant la section des conduites sauf un petit vide à la partie intérieure et reposant sur deux boules pesantes enveloppées de gaines en caoutchouc. Placé à l'intérieur de la conduite, ce piston reçoit la pression extérieure de l'eau et refoule devant lui tout ce qui fait obstacle à son avancement.

Ces opérations de nettoyage et de curage se font régulièrement et à des intervalles rapprochés, — au moins une fois par semaine, souvent deux fois.

Quant au nettoyage des canaux maçonnés, il se fait dans la plupart des cas au rabot et au balai; cependant, lorsque les égouts sont de petite section, et que les ouvriers y circulent difficilement, on emploie également un appareil de curage automatique.

Cet appareil se compose d'un panneau épousant le profil de l'égout, mais formé sur les côtés de parties mobiles pouvant se replier en arrière, de manière à passer par les bouches des regards. Il est guidé haut et bas par des galets roulants sur les parois de l'égout et maintenu dans sa position verticale par des contrefiches également munies de galets. L'eau qui s'accumule derrière l'appareil, lui imprime un mouvement de progression en avant, tandis qu'une échancrure ménagée à la partie inférieure laisse passer une certaine quantité d'eau qui soulève et entraîne les sables et vases déposés sur le radier de l'égout. Ce genre d'appareil est bien connu à Paris, mais il a été ici, vu les circonstances spéciales, disposé pour le transport facile d'un point à un autre et la sortie de l'égout par les regards courants.

III. — Résultats de l'exploitation

Pour se faire une idée juste des résultats donnés par l'exploitation de la canalisation, il est nécessaire de laisser les systèmes radiaux n°s 9 et 12 en dehors du calcul des chiffres moyens, car ces systèmes ne sont pas encore entrés dans la période de fonctionnement normal et leurs machines ne travaillent pour le moment que quelques heures par jour. Les résultats obtenus pour eux s'écartent notablement de ceux fournis par les autres secteurs et ne pourraient en conséquence que fausser la moyenne générale.

Nous résumons dans les tableaux ci-dessous les résultats obtenus pendant l'année écoulée du 1er avril 1894 au 31 mars 1895:

1° Pour ce qui est relatif aux volumes d'eau refoulés aux champs d'épandage et employés à l'irrigation;

2° Pour ce qui est relatif aux dépenses d'exploitation concernant la canalisation et les usines élévatoires.

Ces indications sont tirées du Rapport officiel de la Commission administrative de la canalisation.

Les chiffres de la colonne F montrent combien le volume d'eau écoulé par la canalisation varie d'un quartier à l'autre. Tandis que, dans le système radial n° 10, il n'est que de 68 litres par habitant et par jour, dans le système n° 3, il atteint jusqu'à 225 litres; mais la moyenne pour les neuf systèmes en fonctionnement normal est de 107 litres.

I. — Quantités d'eau fournies par l'ensemble de la canalisation, par immeuble, par habitant et par jour.

SYSTEMES RADIAUX A	QUANTITÉ totale d'eau élevée B m. c	NOMBRE moyen d'immeubles branchés sur la canalisation C	EAU élevée par jour et par immeuble D m. c.	NOMBRE total des habitants dans les immeubles de la colonne C E	EAU refoulée par tête et par jour F m. c
I.	5.188 057	1 752	8.11	182.769	0.075
II. . . .	8.859.883	2.921	8.31	169.601	0.113
III. . . .	8.258.768	3.109	7.28	100 562	0.225
IV. . . .	13.716.798	5.143	7.32	353.890	0.107
V.	10.906.680	3.928	7.61	332.152	0.090
VI.	4.990.067	1.688	8.10	140.560	0.097
VII { y compris Charlottenburg et Schoeneberg	4.936.145	2.065	6.55	132.325	0.102
VIII.	4.528.702	1.115	8.77	118.818	0.101
X.	2.563.675	1.119	6.11	102.919	0.068
Totaux et moyennes.	63.979.075	23.170	7.57	1.633 619	0.107
IX.	901.989	309	8 00	20.110	0.121
XII.	1.432.419	171	22.55	11.296	0.317
	66 313.48₃	23.653		1.665.355	

II. — Dépenses d'exploitation par habitant et par mètre cube d'eau évacué.

SYSTEMES RADIAUX	L'exploitation des usines a nécessité en personnel et dépenses		L'exploitation de la canalisation et des branchements a nécessité en personnel et dépenses		Dépenses d'exploitation totales par tête	Dépenses d'exploitation des usines par m. cube	Dépenses d'exploitation de la canalisation et des branchem. par m. cube	Totaux (g + h)
	au total	par tête	au total	par tête	(c + e)			
A	B	C	D	E	F	G	H	I
	mks	mk	mks	mk	mk	mk	mk	mk
I.	54 293.66	0.297	25.062 11	0.137	0.131	0.0105	0 0048	0.0153
II.	79 910.78	0.471	35 392.11	0.200	0.680	0.0090	0.0031	0.0121
III.	113.711.82	1.131	11.616.23	0.111	1.515	0.0138	0.0050	0.0188
IV.	123.291.60	0.318	18.526.51	0.137	0.185	0 0090	0.0035	0.0125
V.	91 363.56	0.281	36.401.85	0 109	0.393	0.0087	0.0033	0.0120
VI.	51.931 85	0.362	20 111.75	0.113	0 505	0 0104	0.0010	0.0111
VII. (y compris Charlottenburg et Schoeneberg)	51.910.92	0.468	21.557 91	0.163	0.631	0 0105	0 0044	0.0119
VIII.	19.105.98	0.116	27.578.06	0.232	0 618	0.0109	0.0061	0.0170
X.	35.046.95	0.310	11.958 99	0.145	0.185	0.0137	0.0058	0.0195
Totaux et moyennes.	653.900 02	0.100	270.908.55	0.166	0.566	0.0102	0.0012	0 0144
IX.	26.817.17	1.312	11.012.10	0.539	1.851	0.0231	0 0122	0.0333
XII	30.146.01	2.670	11.989.28	1.061	3.731	0.0211	0.0084	0 0205

Ainsi, dans l'année 1894-1895, il a été envoyé aux champs d'épandage un cube total de 66.313.483 mètres cubes représentant un volume journalier moyen de 181.683 mètres cubes en augmentation de 7.560 mètres cube par rapport à l'année précédente (Paris, en 1895, fournissait une moyenne de 524.440 mètres cubes par jour).

Les dépenses d'exploitation pour les onze systèmes réunis se sont élevées à 1.004.774 marks 34 se répartissant comme suit :

Personnel {	des stations élévatoires	210.501 mks 23	444.511 mks 55
	de la canalisation	203.010 mks 32	
Autres dépenses {	des stations élévatoires	170 361 mks 90*	560.622 mks 81
	de la canalisation	90.260 mks 91	
	Total		1 004 774 mks 36

* Dont 362.625 mks 80 pour achat de charbon.

Il se déduit des tableaux précédents que l'évacuation du mètre cube d'eau d'égout est revenue en moyenne à 0 mk 0144 (soit à 0 fr. 018), dont 0 mk 0102 (0 fr. 0128) incombe aux usines élévatoires, et 0 mk 0042 (0 fr. 0052) à la canalisation.

Par habitant, les dépenses de ce service pour l'année considérée se sont élevées à 0 mk 566 (0 fr. 708), dont 0 mk 400 (0 fr. 500)'pour les usines élévatoires et 0 mk 166 (0 fr. 208) pour la canalisation.

Le volume moyen journalier de 181.683 mètres cubes est déduit du cube total de l'année. Si au lieu de se baser sur toute l'année, on fait la moyenne par mois, on trouve des différences assez sensibles d'un mois à l'autre.

1ᵉʳ SEMESTRE			2ᵉ SEMESTRE	
	m c.			m. c.
1894 Avril	176.219	1894 Octobre	186.700
Mai	183.473	Novembre	168.720
Juin	198.458	Décembre	167.966
Juillet	195.415	1895 Janvier	167.014
Août	206.462	Février	158.586
Septembre	186.753	Mars	182.171

On voit que les mois qui fournissent le plus d'eau sont ceux de juin, juillet et août, période des pluies d'orage.

Il a été retiré dans l'année des conduites, égouts, gullies, regards et puisards des pompes élévatoires, un cube total de 12.503 mètres cubes de sable et débris solides de toute sorte. La proportion du volume des dépôts à celui des eaux d'égout varie d'un système radial à l'autre. En général, la moyenne se tient aux environs de 1 à 5.000; en 1894-95 elle a été de 1 à 5.367, mais pour les systèmes pris séparément elle a varié entre 1 à 3.274 (syst. n° 10) et 1 à 7.516 (syst. n° 7).

Pour apprécier différemment la faible quantité de dépôts solides sortis de la canalisation, il suffit de diviser le chiffre total de l'année, 12.583 mètres cubes par 365, et l'on trouve 34 mètres cubes 5 par jour, cela pour une superficie urbaine desservie de 5.450 hectares, dont 850 hectares de chaussées et de trottoirs. C'est par jour et par hectare de ville 6 décimètres cubes 3 dixièmes et par hectare de voies publiques 40 décimètres cubes.

Ces chiffres ont leur éloquence.

Résumé. — En nous entourant des chiffres officiels et de ceux que nous avons pu nous procurer à titre d'indication, nous pouvons estimer que l'ensemble des services urbains d'assainissement de Berlin coûte à la ville une somme annuelle de 4.000.000 de francs, soit, par habitant, 2 fr. 41.

Cette dépense se subdivise de la manière suivante :

Arrosage	200.000 fr., par habitant	0 123
Balayage et propreté des voies publiques	1.633.000 "	—	0 980
Enlèvement des ordures urbaines	466.000 "	—	0 280
Enlèvement des neiges. .	521.000 "	—	0 319
Entretien des canalisa- tions.	1.180.000 "	—	0 708
Total. . .	4.000.000 "	—	2 410

Il faut y ajouter la dépense supportée par les propriétaires et les habitants pour l'enlèvement des débris et ordures des maisons.

Moyennant ces dépenses, la ville fait face à l'expulsion rapide de toutes les souillures, y compris les vidanges, de manière à satisfaire aux règles de la salubrité, et elle a le rare privilège de désarmer les critiques des hygiénistes et même de recevoir leurs éloges.

Ce résultat aussi exceptionnel qu'économique, est dû, on l'a vu, à l'adoption du principe de la séparation :

1° Par l'évacuation normale et rapide des eaux usées des habitations et des matières de vidanges au moyen d'une canalisation qui leur est principalement destinée et qui n'admet les eaux pluviales qu'à la condition de pouvoir les déverser en rivière, lorsqu'elles deviennent surabondantes ;

2° Par la séparation effective des matières solides d'avec les eaux de toutes natures, pour ce qui regarde l'expulsion hors de la cité.

CHAPITRE V

Utilisation agricole des Eaux d'égout. Organisation des champs d'épandage.

Si les travaux entrepris pour l'assainissement de Berlin sont déjà remarquables par l'unité de vue et l'esprit de suite qui ont présidé à l'exécution de la canalisation, ils le sont encore davantage par la volonté exprimée et toujours maintenue d'épurer les eaux d'égout par l'application du principe de l'utilisation agricole. Dans aucun pays, en aucune ville, on ne trouve un exemple aussi frappant de l'épandage sur le sol pratiqué en vue de faire profiter l'agriculture, dans la plus large mesure, des éléments fertilisants renfermés dans ces eaux,

La ville de Berlin irrigue ses propres domaines et, pour répondre à une bonne utilisation, elle acquiert chaque année de nouvelles et vastes surfaces de terrain. Tout dernièrement encore, en 1896, elle a fait l'acquisition d'une propriété rurale d'une valeur de 3.1/4 millions de marks (4 millions de francs) et d'une contenance de 1,800 à 2,000 hectares, ce qui portera à plus de 11.000 hectares la surface totale des champs d'épandage pour une population de 1.000.000 âmes.

La Ville de Paris devrait disposer, à proportion, d'une étendue de 18.000 hectares.

I. — SURFACE IRRIGABLE

Au 31 mars 1895, le domaine municipal embrassait une superficie totale de 9.259 hectares 46 composée de deux groupes de propriétés ; l'un situé au nord et au nord-est de la ville, l'autre au sud. Le premier, moins éloigné de Berlin que le second, couvre une superficie de 4.202 hectares 38 et est subdivisé en trois districts administratifs : Falkenberg, Malchow et Blankenfelde ; le second, formé des districts d'Osdorf et de Grossbeeren, s'étend sur une surface de 5.057 hectares 08. A chacun de ces districts correspond une administration agricole distincte.

Le terrain de ces diverses propriétés est à peu près horizontal ; il s'y présente seulement de loin en loin quelques légères surélévations, atteignant de 3 à 3^m50.

Le sous-sol est généralement composé d'un sable marneux qui, par endroits, fait place à des marnes argileuses et cela surtout dans les terrains situés au nord de la ville.

La municipalité de Berlin a dépensé, jusqu'au 1er avril 1895, pour l'acquisition de ses terrains d'épandage, une somme totale de 17.550.487 mks 52, soit 21.938.100 francs, ce qui fait ressortir le prix moyen de l'hectare à 2.370 francs. Mais ce n'est là qu'une moyenne générale, car, dans quelques-uns des districts le coût de l'hectare fut plus élevé, tel à Malchow, où il a atteint 3.670 francs.

Dans le tableau ci-dessous, sont indiqués les groupes de propriétés composant les divers districts administratifs, ainsi que la superficie qu'ils embrassent et les systèmes radiaux qu'ils desservent.

DESIGNATION DU DISTRICT	PROPRIÉTÉS DONT IL SE COMPOSE	Superficie	Reçoit les eaux des systèmes radiaux
		hectares	Nᵒˢ
1° Osdorf.	Osdorf, Heinesdorf, Friedé-rékenhof et la parcelle de Lich-terfelde	1.229 05	1, 2 et 6
2° Grossbeeren .	Comprend deux groupes : A. — Grossbeeren, Kleinbee-ren et Ruhlsdorf.	1.789 87	1, 2 et 6
	B. — Sputendorf, Schenken-dorf, Gutergotz et divers ter-rains acquis des cultivateurs voisins.	2.038 16	3 et 7
3° Falkenberg .	Falkenberg , Hellersdorf , Burknersfelde et diverses par-celles a Marzahu, Hohenschœn-hausen, Ahrensfelde, Eiche, etc.	1.420.80	5 et 12
4° Malchow . . .	Malchow , Blankenburg , Wartenberg et parcelles de Heinesdorf.	1.295 62	4
5° Blankenfelde.	Blankenfelde, Rosenthal et terrains à Franzosisch Buch-hotz, Schönerlinde, Lindenhof, etc.	1.485 96	8, 9 et 10
		9.259 16	

II. — AMÉNAGEMENT DES TERRAINS

Le premier soin que prend l'administration, avant la mise en service des terrains acquis, est de diviser la superficie totale en parcelles. Toutes les parcelles ne sauraient être utilisées de la même manière et, de plus, il a été reconnu à Berlin qu'une irrigation efficace, au point de vue de la meilleure utilisation agricole, ne pouvait se faire que sur des sols bien préparés, nivelés, drainés à la profondeur convenable, suivant la compositiou plus ou moins argileuse ou sableuse des terrains.

Cela nécessite des études patientes et des travaux importants sur la plus grande partie des terres.

Une partie du domaine ne peut être irriguée à cause de la présence d'obstacles divers, des bois, par exemple. Il faut aussi réserver des chemins, fossés, cours et maisons d'exploitation. Enfin la ville trouve souvent opportun d'affermer certaines parcelles, ou même de les cultiver suivant la méthode ordinaire, en attendant qu'elles puissent être disposées pour l'irrigation.

L'ensemble des terrains présente donc une assez grande diversité d'aménagements.

Au 1ᵉʳ avril 1895, il n'y avait encore que 4.890 hectares 41 recevant effectivement l'arrosage en eaux d'égouts. On nous a dit que 607 hectares avaient été aménagés pour servir en 1895 96.

La répartition en 1895 de la superficie totale de 9.259 hectares 46 est indiquée dans le tableau qui suit :

TERRAINS	Cultivés par la ville	Affermés	Sans rapport momentanément ou définitivement	TOTAUX
1° *Aménagés pour l'irrigation*	hect.	hect.	hect.	hect.
Prairies irriguées	1.059 99	181 76	—	1.241 75
Carrés et bassins	2.712 90	911 18	47 00	3.701 08
Osiers, aulnes et autres essences	33 12	—	7 47	40 59
Pépinières	6 67	—	—	6 67
Carrières à sables	—	—	0 32	0 32
Totaux	3.812 68	1.092 94	54 79	4.990 11
2° *Non aménagés*				
Champs	1.181 77	181.35	—	1.366 12
Prairies naturelles	312 94	189 94	—	502 88
Jardins	12 71	15 00	107 45	135 16
Osiers et aulnes	10.27	11 21	—	21 48
Bois	39 28	747 80	—	787 08
Cours, chemins, fossés et terrains non utilisables	—	—	1.325 07	1 325 07
Pépinières	—	—	1 76	1 76
Terrains en jachères	—	—	126 50	126 50
Totaux	1.559 97	1.148 30	1.560 78	4.269 05
Terrains aménagés	3.812 68	1.092 94	54 79	4.990 11
Ensemble	5.402 65	2.241 24	1.615 57	9.259 16

Drainage. — Le sol des environs de Berlin où se fait l'épandage n'a pas la perméabilité des plaines gravières que présentent les méandres de la Seine, et il doit être drainé. Mais les ingénieurs de cette ville le trouvent préférable néanmoins aux terrains de Gennevilliers et d'Achères pour l'utilisation agricole.

Leur expérience leur a appris à placer les drains à la profondeur voulue dans chaque cas pour obtenir le maximum d'effet utile. Et ils affirment se rendre maîtres facilement de l'épuration presque absolue des eaux d'égout, en variant les doses d'arrosage et leur fréquence, selon le temps exigé pour la pénétration du liquide à travers la couche de terre supérieure aux drains.

On peut dire que toute la surface des terrains irrigués est pourvue d'un réseau de drainage artificiel (4.940 hectares sur 4.990). Cette canalisation souterraine se compose de tuyaux en terre cuite de 0 m. 06 à 0 m. 07 de diamètre posés bout à bout, à une profondeur moyenne de 1 m. 25 à 1 m. 50, souvent plus grande, et en lignes écartées de 8 mètres environ, rencontrant d'autres drains principaux de 0 m. 10 de diamètre qui conduisent les eaux d'égouttement dans les fossés établis aux points bas. — Ces fossés ont en général une largeur au plafond de 0 m. 50 avec des talus inclinés à 1 1/2 pour 1.

Division des terrains d'irrigation. — Le plan de lotissement comporte des champs, de grandeur aussi égale que possible, entourés par des chemins qui ont presque toujours six mètres de largeur et sont plantés d'arbres fruitiers ou autres, et qui couvrent les propriétés d'un réseau complet d'avenues.

Les terrains sont aménagés de trois manières différentes : en carrés de cultures, en prairies et en bassins de colmatage. En général les parties les plus inclinées reçoivent les prairies ; celles de pentes peu sensibles, les cultures, et les parties parfaitement horizontales sont réservées aux bassins. Mais ces derniers sont bien restreints et, lors de notre visite à Berlin, il nous a été dit que dans les travaux d'aménagement en cours d'exécution, on les avait complètement supprimés.

Carrés de cultures courantes. — Ces parcelles sont autant que possible de forme rectangulaire et présentent une surface de 2 à 2 hectares et demi. Elles sont subdivisées en planches couvrant environ 25 ares, limitées sur le pourtour par une petite digue de 0 m. 50 de hauteur, et disposées le plus souvent par raies et billons, de façon à ce que l'eau arrivant dans les raies n'atteigne que les racines des plantes et non les tiges. Les raies ont de 20 à 25 mètres de longueur et une profondeur de 0 m. 30 à 0 m. 50, et les billons ont un écartement d'axe en axe de 1 m. à 1 m. 50. L'eau est introduite dans les raies jusqu'à ce que celles-ci soient à peu près pleines, puis on la laisse lentement s'infiltrer dans le sol. Ce mode d'irrigation est surtout employé pour les betteraves, navets, choux, etc.

Prairies. — Les parcelles en prairies sont irriguées par ruissellement. Elles se trouvent toujours sur un terrain en pente et l'on établit la rigole à la partie supérieure. Une fois pleine, elle déborde sur le côté et l'eau se répand en une couche mince sur toute la surface du sol. La pente des prairies est établie avec grand soin ; elle est en moyenne de 0 m. 03 par mètre.

Les bassins sont placés dans les points où le niveau est parfaitement régulier. Ils sont entourés de digues ayant environ 1 mètre de hauteur et de 4 à 6 mètres de largeur, de manière à y pouvoir établir un chemin. Leur objet était double. Ils devaient, en été, recevoir les excédents d'eau refoulée en cas de fortes pluies et, en hiver, servir de réservoir pendant les grands froids. Mais l'expérience a démontré que l'irrigation des champs pouvait se continuer en toute saison, si l'on dispose d'assez grandes surfaces. Les bassins de colmatage, pour cette raison et pour d'autres encore, tendent à disparaître. Plusieurs de ceux qui avaient été établis primitivement sont aujourd'hui labourés et cultivés. — Il n'en restait déjà plus, en 1895, que 202 hectares.

Distribution des eaux d'égouts. — Du point culminant du domaine où aboutissent les conduites de refoulement partent une série d'artères pour distribuer le liquide à tous les points d'épandage. Ce sont d'abord des conduites en fonte dirigées vers les sommets des parcelles, où ont été disposés des bassins circulaires recevant l'eau d'égout par l'ouverture d'un robinet-vanne ; puis des tuyaux de poterie répartissent le liquide de ce bassin à d'autres cuvettes d'où naissent finalement des rigoles de service à ciel ouvert et d'une profondeur courante de 0 m. 50.

Coût des travaux. — Pour donner une idée de l'importance de ces travaux d'aménagement, nous indiquons la dépense moyenne par hectare, relevée à la date du 31 mars 1895 :

Travaux de terrassement	1.330 fr.	par hectare.
» de drainage.	302 50	—
Bâtiments et constructions diverses .	323 75	—
Total. . . .	1.956 25	—

Comme d'autre part le prix d'acquisition de l'hectare est revenu en moyenne à 2.368 fr. 75, le coût de l'hectare approprié pour recevoir l'irrigation ressort à 4.325 francs.

III. — VOLUME D'EAU DÉVERSÉ PAR HECTARE

Si nous revenons à l'examen du tableau qui précède, nous constatons qu'au 1ᵉʳ avril 1895, 54 0/0 seulement de la surface totale étaient disposés de manière à pouvoir servir à l'épandage des eaux d'égout, 2.678 hectares, soit 29 pour cent, étaient cultivés par les procédés ordinaires (sur lesquels 1559 hectares par la ville même, et 1.148 hectares par des fermiers), soit que les terrains ne se prêtâssent pas à l'irrigation par leur situation, soit qu'ils ne fussent pas encore pourvus des aménagements nécessaires. Enfin, une surface de 1.015 hectares, correspondant à 17 pour cent, restait improductive, comme étant occupée par des chemins, fossés, cours, habitations.

Il faut donc, en parlant du volume d'eau appliqué à l'épandage par hectare, avoir soin de faire la distinction entre le volume correspondant à la surface totale et celui correspondant aux surfaces réellement aménagées pour servir effectivement à l'irrigation. Les chiffres que nous faisons suivre sont relatifs à la quantité d'eau distribuée par hectare, ramenée à cette seconde base de comparaison qui est la seule vraie.

Pendant l'année 1894-1895, les divers districts administratifs ont reçu les volumes d'eau suivants :

	m. c.		m. c.	
Osdorf . . .	10.722.484	soit	12.075	par hect. aménagée et par an.
Grossbeeren.	21.510.736	—	14.023	—
Falkenberg .	12.339.099	—	11.608	—
Malchow . .	13.746.798	—	13.530	—
Blankenfeld.	7.991.336	—	14.276	—
Vol. total.	66.313.453	moy.	13.103	—

La moyenne annuelle, par hectare, s'est donc élevée à un peu plus de 13.000 mètres cubes ; mais la municipalité de Berlin cherche à réduire le volume d'eau distribué par hectare et, à cet effet, elle continue activement les travaux d'aménagement. D'ailleurs le chiffre ci-dessus n'est qu'une moyenne générale ; avec les changements de saisons il se produit des variations assez considérables. Si nous prenons, par exemple, le district d'Osdorf, nous voyons que la moyenne mensuelle est de 10.722.844 : 12 = 893 570 mètres cubes ; or, en février 1895, le volume est descendu à 596.564 mètres cubes, tandis qu'au mois d'août précédent, il s'était élevé à 1.086.955 mètres cubes. L'écart dans chaque sens est de près de 25 pour cent ; on comprend, dans ces conditions, tout l'intérêt qu'il y a à augmenter l'étendue des surfaces irrigables et à varier les cultures pour ne pas dépasser la dose compatible avec une bonne utilisation agricole.

A Paris, c'est à raison de 40.000 mètres cubes par hectare de superficie *totale* et par an que se fait l'épandage des eaux d'égout à Gennevilliers et Achères, c'est-à-dire à une dose effective trois ou quatre fois plus élevée qu'à Berlin.

Un autre fait à signaler, c'est l'adduction très rapide des eaux d'égout à l'état frais et sans presque de fermentation. Nous avons vu, d'une part, que ces eaux mettent au plus six heures pour parvenir des habitations aux usines de refoulement. — D'autre part, leur transport depuis les usines jusqu'aux champs d'épandage se fait aussi en très peu de temps. La durée moyenne de ce trajet est, environ :

Pour Osdorf de . . . . 10 heures en moyenne.
Pour Grossbeeren de . . . . . 12 — —
Pour Falkenberg de . . . . . 5 — —
Pour Malchow de . . . . . . 7 — —

De telle sorte qu'en vingt heures, au maximum, tous les liquides de la cité sont enlevés et livrés à l'épuration.

Ce résultat est évidemment très remarquable.

IV. — ADMINISTRATION DES CHAMPS D'ÉPANDAGE

Les propriétés acquises par la ville pour l'épandage des eaux d'égout sont administrées par une commission de la municipalité, laquelle est présidée depuis longues années déjà par M. Marggraff.

Le directeur responsable, chargé des détails de l'exploitation, est nommé par la susdite commission ; il a sous ses ordres des chefs de districts désignés sous le nom d' « Administrateurs ». Ceux-ci disposent d'un personnel composé de deux ou trois inspecteurs, d'un chef jardinier et d'un comptable, tous logés dans la propriété même.

L'exploitation agricole est faite en régie et les irrigations sont opérées par des *cantonniers* dont le nombre total s'élevait en 1895 à 189. Chacun d'eux pourvoit à l'irrigation de 20 à 38 hectares et reçoit 2 marks à 2 marks 50 par jour (avec le logement). Les autres salaires principaux sont les suivants :

a) Journaliers, de 1 mark à 1 mark 80 ; en plus ils sont logés et reçoivent pour leur nourriture une charge de pommes de terre par an, ou bien on met à leur disposition une pièce de terre pour en cultiver;

b) Ouvriers libres, de 1 mark 50 à 2 marks 50;

c) Femmes, de 0 mark 80 à 1 mark;

d) Ouvriers des pépinières, de 1 mark 80 à 3 marks;

A côté des journaliers, on emploie aussi pour les travaux de culture un assez grand nombre de *vagabonds*, extraits des maisons de correction de Berlin. Ils sont placés sous la surveillance de gardiens choisis parmi les sous-officiers retraités, et sont logés dans des baraquements élevés par la ville dans les champs d'irrigation. En 1894-95 le nombre moyen des vagabonds ainsi employés était de 1350. — Leur travail est estimé valoir à peu près 0 fr. 70 par jour; ce travail est bien inférieur à celui des journaliers; il ne rend que le tiers environ.

Tout ce qui a trait aux irrigations est fait avec une précision militaire. Les hommes du service de jour comme de nuit sont passés en revue matin et soir, avec appel nominal et inspection de leur équipement et de leur outillage, avant d'être dirigés sur les zones qui leur incombent. Chaque homme est muni d'un carnet lui donnant l'indication détaillée du travail à accomplir et il doit enregistrer sur un imprimé spécial les numéros des vannes qu'il a ouvertes, l'heure de l'ouverture et de la fermeture de chacune d'elles, et le nombre de tours qu'il a donné au volant (pour l'indication du volume d'eau écoulée), enfin, il spécifie les parcelles qu'il a irriguées.

Chaque inspecteur, lors de son passage, vise cet imprimé, indique l'heure de la visite et l'état dans lequel il a trouvé les choses. A la fin du mois, ces feuilles sont toutes centralisées au bureau principal.

On attache aussi une très grande importance à ce que l'épandage soit fait avec soin et méthode; car on considère que c'est la seule façon d'en assurer le succès, tant au point de vue sanitaire, qu'à celui du résultat économique.

V. — CULTURES IRRIGUÉES

Les cultures faites sur les terrains d'irrigation, se classent de la manière suivante:

1° Céréales, elles embrassent une surface de   1.773 h.
2° Prairies,   —   — 1.137 h.
3° Racines,   —   —   458 h.
4° Plants à graines oléagineuses,   —   176 h.

Les céréales et le colza se sèment soit en automne, soit au printemps. Les champs ensemencés de la sorte sont irrigués seulement avant la levée de la plante, de manière que celle-ci ne soit jamais en contact avec l'eau d'égout. Les racines et les prairies reçoivent de l'eau à toute époque de l'année, mais à intervalles plus ou moins longs. — D'après le rapport officiel de 1889-90, dans chaque parcelle, l'irrigation avait lieu approximativement:

A Osdorf.	une fois tous les 11 jours.
A Grossbeeren	— 33 —
A Falkenberg	— 41 —
A Malchow	— 52 —

D'une manière générale, en moyenne tous les 34 jours.

Les labours se font le plus souvent à la charrue à vapeur et de manière à faire pénétrer le plus profondément possible les vases que les eaux apportent. Dans l'irrigation des prairies, on fait d'abord passer les eaux dans des bassins peu profonds pour que les boues s'y déposent; ces boues sont retirées lorsqu'elles sont sèches et on les emploie ou on les vend comme engrais; elles renferment 0,5 pour cent d'acide phosphorique et 1.23 pour cent d'azote et se paient couramment 1 mark le mètre cube pris sur place (1 fr. 25).

Un fait à noter c'est que l'irrigation à l'eau d'égout favorise extrêmement le développement des mauvaises herbes ; aussi les dépenses pour les sarclage et binage, sont-elles beaucoup plus élevées que dans les modes de culture ordinaire.

On a cherché à activer la nitrification en répandant sur le sol des champs d'épuration de petites quantités de chaux ; des essais faits à cet égard à Osdorf et à Grossbeeren ont donné des résultats très satisfaisants. Ce fait confirme la théorie de M. Schlœsing sur la nécessité d'un sol alcalin pour la nitrification.

Irrigations d'hiver. — Les craintes exprimées quant à l'impossibilité de continuer les irrigations pendant l'hiver ne se sont pas réalisées à Berlin. Même pendant les grands froids, l'eau à l'arrivée aux champs d'épandage présente une température supérieure d'au moins 3 ou 4 degrés à zéro et des expériences faites à Breslau, ont montré qu'elle pouvait parcourir plus de 1 1/2 kilomètre dans les fossés et rigoles d'irrigation sans que la température s'abaissât de plus de 1 degré centigrade. Les hivers rigoureux ne constituent donc pas un empêchement à l'irrigation, mais l'arrosage lui-même dans cette saison est très nuisible aux prairies; il en a toujours été ainsi, et, en particulier, à la suite de l'hiver de 1889-1890, 25 pour cent des terrains ainsi cultivés durent être reconstitués et ensemencés à nouveau au printemps. Il s'en déduit que l'irrigation d'hiver ne peut se faire rationnellement que sur des terrains démunis de culture et n'a de valeur agricole que par le colmatage qu'elle peut produire.

CHAPITRE VI

Exploitation des champs d'épandage.

Le domaine de la Ville de Berlin pour l'utilisation des eaux d'égout représente avec son aménagement une valeur de près de 40.000.000 de francs.

Tirer parti d'une aussi vaste propriété agricole divisée en territoires de 4.000 et 5.000 hectares était un problème difficile, si l'on tient compte surtout de la sujétion d'avoir à poursuivre incessamment de nouveaux travaux d'extensions.

Les résultats de cette expérience méritent donc une étude attentive.

I. — PRODUITS DE L'EXPLOITATION

Terrains affermés. — En se reportant au tableau que nous avons donné au § 2 du chapitre précédent, on voit qu'à côté de son exploitation par régie, la ville afferme une fraction importante de ces terrains; parmi ceux-ci les uns sont aménagés pour l'irrigation, les autres sont cultivés par les procédés ordinaires. Or, il y a tout d'abord à remarquer la très grande différence des prix de location des parties irriguées et de celles qui ne le sont pas.

Pour les premières, le prix moyen du fermage s'est élevé en 1894-95 à 225 marks 66 (282 fr. 10) par hectare; pour les secondes il n'a été que de 70 marks 34 (88 fr. 00) mais il faut dire que les 1.100 hectares environ, loués avec arrosage, sont principalement affectés à la culture maraîchère et très divisés puisqu'ils comportent environ 900 fermiers.

On ne pouvait évidemment développer davantage la production des légumes. D'ailleurs nous avons entendu formuler des critiques sur la qualité de ces légumes; à Berlin aussi ils ont moins de saveur et sont plus aqueux que ceux produits sans intervention de l'eau d'égout et sont moins goûtés.

L'administration a donc apporté tous ses soins à la grande culture principalement des céréales, des racines et des prairies.

Production de grande culture. — Bien que dans chacun des districts agricoles, il se rencontre à côté des terres traitées par irrigation des terres cultivées par les procédés usuels, il n'est guère possible d'établir entre elles une comparaison bien précise, parce que, en dehors de la différence dans le mode d'engraissement du sol, la similitude n'existe pas non plus dans les conditions particulières de culture. Il ressort néanmoins de l'ensemble des résultats de l'exploitation agricole des trois dernières années, dont nous avons les chiffres sous les yeux, que l'irrigation convient surtout aux racines et aux prairies; les céréales ont fourni des rendements se rapprochant beaucoup de ceux résultant des terres non irriguées.

Voici du reste les limites entre lesquelles les rendements ont oscillé en ce qui concerne les céréales et les racines.

Céréales :

Nature des récoltes	Rendement à l'hectare des terres irriguées
Seigle	de 1.300 à 2.850 kil.
Avoine	860 à 1.880 —
Orge	1.020 à 3.300 —
Blé d'hiver	1.300 à 2.400 —
Blé d'été	1.100 à 2.100 —

Racines :

Pommes de terre	de 10.000 à 17.600 kil.
Betteraves	30.000 à 59.200 —
Carottes	19.700 à 50.800 —

Prairies. — Les prairies doivent être mentionnées à part; leur rendement a varié par hectare de 39.000 kilog. à 72.600 kilog. en fourrage frais, le nombre de coupes étant de 4 à 7 à l'année, le plus souvent de 6. Si l'on fait la moyenne de la production des trois dernières années, on trouve 51.750 kilog. à l'hectare.

Ces chiffres prouvent que l'irrigation conduit le plus souvent à des productions plus abondantes que la culture courante. Mais le rapport effectif en argent suit-il toujours la même progression? Ce n'est pas démontré: — Les frais supplémentaires qu'occasionnent les opérations de l'irrigation viennent lourdement grever le résultat final et il n'y a d'avantage pécuniaire bien accusé que pour les prairies et les racines. Si nous considérons, par exemple, les résultats fournis par les prairies, nous voyons dans les rapports officiels que la vente de l'herbe en 1894-95 a donné un produit brut moyen de 246 marks 42 (308 francs) par hectare et que les dépenses de culture se sont élevées en tout à 131 marks 56 (164 fr. 45). Il reste donc net 114 marks 86 (143 fr. 55) par hectare. Or, dans les 131 marks 56 de frais de culture, la part incombant à l'irrigation seulement est de 41 marks 12 (51 fr. 40). Il ne faudrait donc pas chercher dans l'épandage une source de gros bénéfices, ni le considérer comme un mode de culture plus rémunérateur que les procédés agricoles usuels. Les autorités de Berlin s'en sont parfaitement rendu compte et en ajoutant constamment aux surfaces affectées à l'irrigation, elles ont en vue, non pas d'atteindre un but commercial, mais d'assurer une plus complète épuration et une meilleure utilisation des eaux souillées de la ville.

II. — CONTROLE DE L'ÉPURATION

Sous ce rapport un contrôle permanent est exercé sur l'effet de l'épandage et il est fait un très grand nombre d'analyses, tant des eaux arrivant aux divers champs, que de celles sortant des drains. Ce service est dirigé depuis 1881 par le Dr Salkowski, professeur à l'université royale de Berlin.

Nous résumons dans le tableau ci-dessous la composition moyenne des eaux d'égout de Berlin et des eaux de drainage, d'après l'ensemble des analyses exécutées pendant une période de neuf années consécutives. Ces analyses ont été faites en séparant d'abord par la filtration sur papier les matières qui se trouvaient en suspension dans les eaux d'égout, ces matières séparées comprenant en moyenne pour 1.000 parties d'eaux filtrées.

Résidu sec à 115° cent.	0.9023
Perte au rouge (matière volatile)	0.5966
Résidu au rouge (matière minérale)	0.3045
Acide phosphorique	0.0215

Si l'on veut avoir la consistance de l'eau d'égout avant filtration, il faut ajouter ces chiffres à ceux correspondants de la première colonne du tableau.

1.000 PARTIES RENFERMENT	COMPOSITION MOYENNE DES			
	Eaux d'égout après filtration	Eaux de drainage provenant de prairies	Eaux de drainage provenant de carrés de cultures	Eaux de drainage provenant de bassins de colmatage
Résidu sec (a 115° cent)	0.88 66	0 87 59	0.90 36	0.03 57
Perte au rouge.	0 26 21	0.11 75	0.12 73	0.16 95
Résidu au rouge (cendres)	0 62 42	0.75 84	0.77 63	0.76 62
Permanganate de potasse réduit.	0.27 04	0.02 07	0.02 61	0.06 71
Ammoniaque libre . .	0.12 73	0 0008 } 0.0011	0.0022 } 0.0027	0.0194 } 0.0206
— organique . .		0.0003 }	0.0005 }	0.0012 }
Acite nitrique	0.00 00	0 13 57	0.13 16	0.10 67
— nitreux	0.00 00	0.00 23	0.00 41	0.00 50
Acide sulfurique	0.05 55	0 09 53	0 16 55	0.06 18
— phosphorique. .	0.02 61	0.00 02	0.00 04	0.00 06
Chlore	0.19 35	0.11 08	0.15 37	0 15 85
Silice	0.00 13	0 00 94	0.00 88	—
Oxyde de fer et alumine	traces	0 00 26	0.01 08	—
Chaux	0.10 75	0.16 20	0.17 35	—
Magnésie	0.02 08	0.01 02	0.02 38	—
Potasse.	0 06 23	0.01 90	0.01 52	0.02 58
Soude.	0 18 75	0.11 13	0.22 53	0.11 20
Germes dans 1 cc . . .	—	1.38 17	82 42	170 95

Ce sont là, nous le répétons, des chiffres moyens; en hiver les eaux sont plus chargées qu'en été, et on remarque aussi que les quartiers qui alimentent les champs placés au nord de la ville fournissent une eau plus concentrée que ceux qui desservent les champs situés au sud. Mais de ces moyennes il résulte clairement qu'au point de vue de l'épuration, les prairies prennent la première place ; les carrés de culture viennent ensuite; et en dernier lieu et, dans des conditions bien inférieures, les bassins de colmatage. C'est aussi une des raisons de leur abandon partiel.

En comparant les analyses ci-dessus avec celles de MM. Miquel et Albert Lévy pour les eaux d'égout et de drainage de Paris (publiées régulièrement dans les tableaux mensuels de statistique municipale et aussi dans l'Annuaire de l'Observatoire municipal de Montsouris), on constate par rapport à Berlin que l'eau d'égout moyenne de Paris à l'arrivée aux champs d'épandage est deux fois plus riche en chaux, deux fois moins en chlore et cinq fois moins en ammoniaque. Les proportions de l'azote nitrique et des matières volatiles sont comparables. Dans l'eau sortant des drains, la teneur en chaux s'est augmentée à Paris et à Berlin, le chlore n'est pas éliminé à Gennevilliers, tandis qu'il l'est un peu à Berlin ; l'ammoniaque disparaît à peu près complètement dans les deux endroits. Mais ce qui différencie surtout ces eaux de drainage, c'est qu'à Berlin, par rapport à Paris, elles se sont enrichies cinq fois plus en azote nitrique et par contre se sont beaucoup plus appauvries en matières volatiles. La nitrification se fait donc plus activement dans les terrains de la Sprée que dans ceux de la Seine et l'eau y est mieux épurée grâce surtout à la faible dose relative de l'épandage.

Degré d'utilisation. — On a cherché à se renseigner, par l'analyse chimique, sur la mesure dans laquelle le sol retient les éléments fertilisants des eaux d'égout. Des essais ont été faits à cet égard par M. le professeur Salkowski sans aboutir à une solution précise; la question est extrêmement complexe, car il est difficile d'apprécier le temps, variable d'ailleurs, que l'eau répandue à la surface met à traverser le sol pour reparaître, après filtration, à l'état d'eau de drainage ; on n'est donc pas certain que l'analyse porte bien sur des échantillons qui se correspondent.

Mais, des recherches faites, il semble résulter que d'ordinaire, à Berlin, la terre retient, des eaux d'égout, l'acide phosphorique et l'ammoniaque presqu'en totalité, la potasse pour les deux tiers et l'acide nitrique et nitreux en partie seulement. D'une manière générale aussi, le volume des eaux de drainage est approximativement moitié de celui des eaux d'égouts épandues.

L'eau d'égouttement est presque toujours parfaitement limpide, quoiqu'elle conserve souvent une coloration jaunâtre et une légère odeur terreuse. Elle est cependant tout à fait inoffensive, à tel point qu'on s'en sert pour alimenter des pièces d'eaux dans lesquelles il est fait de la pisciculture. La ville possède plusieurs de ces étangs à Grossbeeren, Blankenfeld et Malchow. Dans les deux premiers districts, ils sont affermés ; à Malchow la ville les exploite elle-même.

Etat sanitaire. — L'état sanitaire de la population des champs d'épandage a toujours été excellent. L'administration municipale le fait surveiller avec le plus grand soin par un service médical qui rend compte des moindres cas de maladie qui se produisent.

Voici quelle a été la mortalité pendant les exercices 92-93, 93-94 et 94-95.

EXERCICES	POPULATION (les vagabonds compris)	MORTALITE PAR 1.000		
		des enfants	des adultes	de toute la population
1892-1893	2175	17,0	7,8	11,5
1893-1894	3818	23,7	1,9	7.6
1894-1895	3032	25,1	4,6	9,2

D'ailleurs, à Berlin, on a toute confiance dans la salubrité de ces localités, et l'on n'a pas hésité à installer dans plusieurs des domaines servant à l'épandage, des asiles de convalescents, entre autres à Blankenburg, Heinersdorf, Blankelfeld et Malchow.

III. — RÉSULTATS FINANCIERS

Les résultats financiers de l'exploitation des champs d'épandage sont évidemment une conséquence immédiate des conditions dans lesquelles s'effectuent les récoltes de chaque année. Quand la saison est défavorable, les produits de l'exploitation agricole peuvent être considérablement réduits. C'est ce qui est arrivé précisément, en 1894-95; le temps pluvieux a compromis non seulement une partie des récoltes, mais à causé une baisse sérieuse dans le prix des fourrages, et l'exercice s'est soldé par un déficit assez élevé. Pour avoir une idée plus juste des résultats de cette exploitation, il faut embrasser une période de plusieurs années. En voici le tableau pour les dix derniers exercices connus:

```
1885-86 boni de. . .   44.800 marks soit  + 0,29 0/0 du capital
1886-87      —    . . . 153.414      —      + 0,98        —
1887-88      —    . . . 209.851      —      + 1,25        —
1888-89      —    . . . 237.900      —      + 1,48        —
1889-90      —    . . . 195.550      —      + 1,17        —
1890-91      —    . . . 333.985      —      + 2,05        —
1891-92      —    . . . 237.405      —      + 1,39        —
1892-93 déficit . . .   14.485      —      — 0,07        —
1893-94      —    . . . 167.655      —      — 0,67        —
1894-95      —    . . . 117.440      —      — 0,43        —
```

Ni l'amortissement, ni les intérêts du capital dépensé ne sont comptés dans les chiffres ci-dessus. Si l'on tenait compte de ces deux facteurs, l'exploitation se solderait chaque année par un déficit assez important. C'est la démonstration la plus nette qui puisse être faite que les villes ne doivent rechercher dans leur assainissement que le bien public et non des ressources financières. Il faut remarquer d'ailleurs, pour Berlin, que l'exploitation avec irrigation aux eaux d'égout a des sujétions spéciales que ne comporte pas la culture ordinaire, comme nous l'avons déjà observé, par suite des dimensions réduites des parcelles et de l'importance des surfaces improductives.

Au surplus, quand on réfléchit que le prix d'acquisition des terrains se trouve presque doublé par la dépense des aménagements nécessités par l'irrigation, on comprend qu'il ne puisse être sérieusement question, dans une entreprise de ce genre, de couvrir les intérêts et l'amortissement du capital engagé. Cela ne doit pas empêcher, tout en assurant une épuration aussi complète que possible, de chercher à réduire la dépense au strict minimum, en tirant parti de tous les éléments utiles renfermés dans l'eau d'égout.

C'est en effet ce qu'on a voulu faire à Berlin.

Compte financier de l'exercice 1894-95. — L'Administration de Berlin a donné pour les champs d'épandage le résumé des comptes au 1ᵉʳ avril 1895.

1° Recettes.

Ventes et produits de l'exploitation. . . .	mks 1.840.589 64
Recettes diverses et participations . . .	75.393 09
Total des recettes d'exploitation. . . .	1.915.982 73

2° Dépenses.

Frais d'exploitation des diverses propriétés.	mks 2.037.173 95
Dépenses diverses et de répartition	51.688 66
Total des dépenses d'exploitation . . .	2.088.862 61

Le résultat de cet exercice est un déficit de 172.899 mks 88 ou 216.099 fr. 85.

Certaines bonifications accessoires réduisent ce chiffre à 117.440 mks ou 146.800 francs.

Ce déficit est couvert par les excédents de bonis des années antérieures et l'on peut considérer en fait que les recettes normales couvrent au moins les dépenses d'exploitation.

La charge incombant à la ville de Berlin pour l'épuration de ses eaux d'égout, consisterait donc uniquement dans l'intérêt et l'amortissement des frais d'établissement des champs d'épandage.

Les rapports officiels les évaluent ainsi qu'il suit :

1° *Intérêts :*

a) hypothécaires . . . .   mks   3.750 *

b) de la part des emprunts afférents aux champs d'épandage et non encore amortis, soit sur 29.198.000 marks . . . .   mks 1.008.423 27   1.012.173 27

2° *Amortissement annuel* sur le capital entier employé à l'établissement des champs d'épandage qui se chiffre par 33.821.000 mks 506.801 52

Ensemble 1.518.074 79

Cette somme, pour une population de 1.660 000 habitants représente une charge annuelle actuelle de 0 mk 915 ou 1 fr. 14 par habitant qui s'atténuera d'année en année par le fait de l'amortissement.

Nous rappellerons que le chiffre correspondant pour les dépenses de la canalisation et de la salubrité générale de la Ville est ressorti à 2 fr. 41 en dehors des intérêts et amortissements couverts d'autre part (chapitre IV).

Ainsi donc, moyennant une dépense *annuelle* de

$$2 \text{ fr. } 41 + 1 \text{ fr. } 14 = 3 \text{ fr. } 55$$

par habitant, la Ville de Berlin fait face à tout le service d'expulsion des immondices, des eaux usées (y compris vidanges) de la cité et à l'épuration des eaux souillées avec utilisation agricole.

Nous ne pensons pas que dans aucune ville de même importance ce service soit assuré avec autant d'économie.

CHAPITRE VII

Résumé général, Critiques et Conclusion.

I. — RÉSUMÉ GÉNÉRAL

Il nous semble opportun de résumer, en terminant, les faits saillants qui découlent de l'étude qui vient d'être présentée sur l'assainissement de Berlin.

Nous avons insisté plusieurs fois sur les différences profondes

des solutions appliquées daas cette capitale et dans notre cité parisienne. — Ces différences sont telles qu'on ne peut vraiment pas concevoir comment on a pu affirmer une similitude quelconque entre les modes d'assainissement des deux villes — si ce n'est parce que dans chacune d'elles il s'écoule des eaux sales dans des canaux souterrains, et qu'il a été décidé de répandre ces eaux sur des sols cultivés avant de les rejeter en rivière. — Idée qui n'a pas d'ailleurs le mérite de la nouveauté.

Mais le principe une fois posé, quelle dissemblance dans les procédés employés pour le mettre en application et dans les résultats obtenus !

Les auteurs des projets de Berlin ont commencé par définir les conditions d'assainissement des habitations — puis celles de la cité : enfin, ce qu'ils ont appelé l'assainissement extérieur — et ils ont adopté une méthode rigoureuse pour l'exécution de leur programme.

Ce programme se résume comme suit :

1° Séparer d'avec les eaux usées les débris solides et détritus de toute nature non susceptibles de dilution, et empêcher ces produits d'entrer dans les conduits, petits ou grands, réservés exclusivement à l'écoulement des liquides. — A cet effet on prescrivit, pour les maisons, la réduction au minimum des orifices des appareils d'évacuation et la protection de ces orifices par des grilles fixes lorsqu'ils sont sujets à recevoir des eaux ménagères chargées de débris solides. — Des dispositions spéciales ont été prises pour éviter l'introduction des sables et détritus de la rue dans la canalisation.

2° Le système de canalisation a été combiné en vue de l'expulsion très rapide des eaux usées des habitations en conduits fermés de petit diamètre où le volume d'air en contact est relativement minime.

C'était la conséquence rationnelle de l'admission des matières de vidange en mélange avec les eaux ménagères.

Nous avons fait voir que l'établissement des canalisations, a des dimensions suffisantes pour recevoir les eaux du ciel, ne fut fait qu'avec la pensée de séparer ces dernières du régime général dès que l'intensité des pluies amènerait un volume d'eau supérieur à celui que les égouts devaient normalement recevoir et conduire aux usines de refoulement.

3° Toutes les dispositions sont prises à Berlin pour éviter l'infection, soit des rues, soit des maisons, par l'atmosphère viciée des égouts ou par l'air ayant séjourné dans l'intérieur des conduites d'eaux souillées.

La maison est défendue contre ces émanations d'une part par le clapet automatique placé à l'origine de chaque branchement; d'autre part, par les siphons hydrauliques réglementaires qui doivent exister au-dessous de toute chute d'eau usée provenant d'un appareil quelconque ; enfin, par le prolongement au-dessus des toits de toute colonne de descente servant à l'écoulement de ces eaux.

Les *gullies* destinées à l'évacuation des eaux des voies publiques, atteignent en partie le même but par suite de leur mode particulier de construction.

4° Les ingénieurs de Berlin ont toujours été persuadés que l'expulsion immédiate hors de la cité des eaux contaminées est un des moyens les plus efficaces de salubrité pour une grande ville. Ils ont, en conséquence, tracé leur réseau d'égouts de manière à empêcher tout ralentissement dans l'écoulement; ils furent conduits, en raison aussi de la topographie locale, à multiplier les usines de refoulement des eaux à évacuer — et ils n'ont pas hésité à munir ces usines de machines élévatoires nombreuses, et d'une grande puissance, pour faire face à tout instant aux exigences d'un enlèvement rapide.

5° Enfin, les autorités communales n'ont jamais discuté le point de savoir si elles n'avaient que l'obligation stricte d'épurer les eaux impures, ou si elles devaient utiliser au profit de la production agricole les éléments fertilisants qu'elles renferment.

Avec une sûreté de vue très remarquable, il a été résolu sans contestation de procéder, non à l'épuration stérile, mais à l'utilisation agricole la plus complète possible.

C'est ce qui explique les décisions prises au sujet des champs d'épandage : l'achat par la ville de très vastes propriétés, et leur exploitation directe, donnant la certitude de pouvoir tout subordonner à la solution logique et rationnelle d'une œuvre d'hygiène et d'utilité publique.

Il se trouve que cette notion si élevée des devoirs de l'administration d'une grande cité et ce désintéressement absolu de toutes les questions secondaires d'ordre commercial ont abouti au résultat le plus économique.

C'est un grand exemple à méditer.

A Paris, des principes contraires ont prévalu jusqu'ici :

1° Les égouts ouverts ont eu pour destination primitive d'écouler les seules eaux de surface. On ne peut critiquer de les faire servir à loger les conduites d'eau, les tubes de la poste pneumatique, les cables téléphoniques ou télégraphiques ; mais ils vont recevoir toutes les eaux des maisons et les vidanges, et ils sont, en outre, le réceptacle des immondices et des détritus de la rue que leur apportent les eaux d'arrosage par voie d'entraînement.

2° Ces égouts sont d'une longueur désespérante et les matières de toute sorte les parcourent avec lenteur, poussées par des vannes ou à bras d'hommes. L'énorme masse de matières ainsi recueillies sur toute la surface de la cité arrive après plusieurs jours de fermentation à un seul exutoire qui trop souvent les déverse telles quelles en totalité ou en partie dans la Seine.

3° Les bouches grandement ouvertes des égouts mettent constamment l'air vicié de ceux-ci en relation directe avec l'atmosphère de la cité et des habitations.

4° Par l'application du Tout à l'Egout (qui constituera une lourde imposition frappée sur les propriétaires) les cinq ou six cent mille mètres cubes d'eau journellement charriés par le réseau des galeries souterraines vont se trouver salis à plaisir, sans profit pour personne, puisque la valeur d'engrais des dejections humaines s'y diluera de telle manière qu'il serait vraiment illusoire de croire à son utilisation sérieuse sur les petits champs d'épandage qu'on leur destine.

5° D'ailleurs, au contraire de celle de Berlin, l'administration municipale de Paris n'a pas caché qu'elle ne se croit tenue qu'à l'épuration stricte des eaux d'égouts et qu'elle se soucie assez peu de leur utilisation agricole.

Sur ce point il y a preuve évidente, car les 1.800 hectares des champs d'épuration de Gennevilliers et d'Achères, pour les 2.600.000 habitants de Paris, font médiocre figure dans la comparaison avec les 11.000 hectares des fermes d'épandage de la ville de Berlin, pour une population de 1.600.000 habitants.

6° Le soin de cette opération est en quelque sorte abandonné à la Providence ; la ville de Paris n'a aucune action sur les cultivateurs qui, à leur gré, prennent ou ne prennent pas l'eau d'irrigation suivant le temps qu'il fait. Comment, dans ces conditions, assurer un service régulier et efficace d'épuration ?

A Berlin, on a voulu sérieusement faire de l'épuration et de l'utilisation agricole avec les eaux d'égouts, et l'on a pris pour cela les mesures nécessaires. — A Paris, en est-il de même ? — On en jugera plus loin.

II. — CRITIQUES

L'œuvre grandiose de la municipalité de Berlin et de ses ingénieurs, poursuivie avec une persévérance et une unité si frappantes, ne saurait être, non plus que toute autre, à l'abri de certaines critiques.

1° *En ce qui concerne la canalisation*, on a critiqué la faible capacité des conduites qui ne permet pas d'emmagasiner le débit d'une pluie de quelque importance, et oblige à rejeter à la rivière, en même temps que les eaux pluviales, une partie des eaux souillées des maisons et des vidanges. En un mot, on considère que le système des deversoirs est défectueux par le fait de la pollution inévitable des eaux de la Sprée, qu'il occasionne.

On ne peut nier ce grave inconvénient, surtout en présence du faible courant du cours d'eau et de son débit assez réduit. C'est certainement la principale objection à faire au système d'assainissement de Berlin.

Elle a d'autant plus de poids que si présentement la dépense d'eau d'arrosage est très minime, il n'est pas douteux que les mœurs et les habitudes modernes développeront largement, dans un temps peu éloigné, les besoins d'eau du service public. Comment les installations actuelles y suffiront-elles ? Toutes les bases du projet ne seront-elles pas modifiées, et les déversements en rivière ne deviendront-ils pas trop fréquents ?

Le système d'aération des canalisations par les tuyaux de descente des maisons, laisse souvent à désirer. Nous avons fait observer que lorsqu'une pluie intense survient, ces tuyaux se remplissent d'eau et par conséquent n'accomplissent plus leur rôle ; ils occasionnent, en outre, dans la canalisation un afflux d'eau et une pression anormale qui parfois fait jaillir, par les regards de la rue, avec violence, l'air et quelquefois l'eau souillée.

Les *gullies* présentent aussi quelques inconvénients. Ces appareils de décantation rassemblent dans leur puisard des matières solides mélangées de substances putrescibles, qu'on enlève périodiquement. Mais pendant les chaleurs de l'été ces substances fermentent dans les intervalles des enlèvements, et il en résulte des exhalaisons désagréables.

La Ville subit donc de temps à autre, par suite des faits ci-dessus, des causes d'insalubrité.

2° *En ce qui concerne les champs d'épandage*, malgré tous les soins et la méthode apportés à l'exploitation, il s'est produit des mécomptes qui ont fait naître des doutes sur la valeur de ce système d'épuration des eaux en raison justement de ce que ces mécomptes se manifestent dans une installation établie sur les meilleures bases possibles. Ces critiques portent sur les points suivants :

1° La répartition des eaux dans les champs se fait en grande partie par des rigoles à ciel ouvert, occasionnant des odeurs très perceptibles, surtout lorsque les conditions atmosphériques s'y prêtent.

2° Les bassins de colmatage n'ont pas donné d'excellents résultats au point de vue de l'épuration, et des plaintes se sont produites de la part des propriétaires inférieurs qui recevaient les eaux de drainage provenant de ces bassins.

3° En quelques points, l'absoption du sol n'était pas suffisante et il s'est formé des marécages.

4° Les rendements prévus au début, soit comme épuration, soit comme utilisation des principes fertilisants, n'ont pas été atteints et il a fallu se rendre à l'évidence, augmenter les surfaces d'irrigation, et se contenter d'une production moindre.

Sous ce rapport, les chiffres que nous avons relevés prouvent que le système de l'épuration par le sol n'a produit à Berlin que des résultats moraux, mais non des bénéfices d'exploitation supérieurs à ceux qui seraient donnés par la culture ordinaire des propriétés affectées à ce système, sauf en ce qui concerne les jardins maraîchers. Il est bien certain que le rendement agricole en général n'est pas en proportion de la valeur des engrais apportés au sol par les eaux d'égout, mais il est juste d'ajouter que ces critiques présentées sur les champs d'épandage semblent pouvoir s'atténuer par le développement même de l'exploitation et par les remèdes qui seraient appliqués aux points défectueux.

III. — CONCLUSION

1° *Epuration par le sol.* — Il nous paraît ressortir de tout ce qui précède, que l'expérience poursuivie à Berlin, sur une vaste échelle, pour l'épuration des eaux d'égout par épandage sur le sol, avec utilisation agricole, fait la part des avantages et des inconvénients de ce système.

Il est incontestable que, dans cette application, l'effort accompli pour tirer le meilleur parti possible des principes fertilisants contenus dans les eaux berlinoises, ne coûte pas beaucoup plus que si l'on se fût contenté de faire l'épuration par filtration sans viser à l'utilisation.

Mais d'un autre côté, il ne semble pas que l'application générale de cette conception, sur les bords de la Sprée, justifie l'enthousiasme des partisans de ce système qui proclament qu'il suffit de faire traverser à l'eau d'égout une couche de terre de peu d'épaisseur pour en retirer une eau parfaitement pure d'une part, et des récoltes abondantes d'autre part. Elle ne mérite pas non plus le dédain des incrédules qui lui refusent toute valeur.

L'œuvre d'épuration de Berlin se présente comme une entreprise très complexe, qui, pour réussir, exige une attention soutenue et la réunion de toutes les conditions qui doivent concourir au succès.

Parmi ces conditions, les principales sont : une très grande surface de terrains appropriés; une dose modérée d'épandage; l'amenagement du sol par des travaux importants de drainage préalable; une méthode exacte et un soin méticuleux dans la répartition des arrosages; le meilleur choix à faire des cultures à pratiquer; enfin un contrôle incessant et consciencieux des résultats de l'épuration.

L'exemple de cette capitale nous montre dès à présent qu'il faut avoir comme objet principal, pour bien résoudre ces problèmes, le but d'utilité générale à atteindre, car c'est le seul juste et recommandable; qu'il ne faut pas s'attendre à rencontrer dans l'épuration par le sol une occasion de bénéfices importants ni de spéculation fructueuse; mais que l'utilisation réelle des eaux d'égout par l'agriculture rendra au pays une richesse qu'on perd en grande partie en ne visant que l'épuration simple.

2° *Système d'assainissement.* — Le succès incontestable et l'économie des installations de Berlin, pour l'assainissement de la Ville et des habitations, reposent sur les principes rationnels adoptés par ses ingénieurs, et que nous avons résumés plus haut.

Les critiques que l'on peut faire, et que nous avons également reproduites, se rapportent surtout, on l'aura certainement remarqué, aux conséquences de l'admission des eaux pluviales et de surface dans la canalisation, dont la destination la plus ordinaire est d'évacuer les eaux usées des habitations. Si cette canalisation restait affectée exclusivement à ce dernier service, elle serait pour ainsi dire parfaite et elle offrirait en outre l'avantage de pouvoir être établie à moins de frais, en se servant de conduits de moindre diamètre.

TITRE III

L'ASSAINISSEMENT D'AMSTERDAM

CHAPITRE PREMIER

Assainissement de la Ville et des Habitations.

I. — TOPOGRAPHIE, POPULATION

Après avoir étudié les procédés employés pour l'assainissement de Berlin, capitale située dans l'intérieur des terres, la Commission technique a porté ses investigations sur un pays très différent comme situation et comme climat. La Hollande est une contrée riveraine de la mer, exposée à des pluies fréquentes, mais d'une intensité moyenne. Le sol est formé en grande partie d'alluvions profondes, composant de vastes plaines richement cultivées, dominées par les eaux. Ces plaines sont défendues par une barrière presque continue de collines de sable ou dunes poussées par les vents vers l'intérieur des terres et qu'on fixe par des plantations.

La sécurité du pays est encore assurée par des digues que l'on oppose à tout empiètement des eaux et dont la conservation, systématiquement organisée, est surveillée de la manière la plus sévère.

La ville d'Amsterdam se trouve en un point de cette région où le jeu des marées a le moins d'étendue : la différence entre les niveaux de haute et basse mers ordinaires y atteint à peine 0m400. Elle est située à l'embouchure de la rivière Amstel sur une baie du Zuiderzée, nommée l'Y. Entourée de polders, c'est-à-dire d'anciens marais ou lacs endigués et desséchés, situés à un niveau inférieur à celui de la mer, la ville est entièrement construite sur pilotis et traversée par de nombreux canaux ; la plupart de ceux-ci sont concentriques, en forme de fer à cheval, et entourent une série d'îlots successifs, reliés entre eux par plus de trois cents ponts.

Tout le monde a entendu parler de cette particularité qui donne à la cité hollandaise un caractère tout spécial.

Amsterdam est depuis des siècles l'un des grands centres commerciaux du Nord de l'Europe. Son port en 1895, représentait un tonnage de 4.087.295 mètres cubes de jauge brute provenant de la fréquentation de 1.676 navires, dont 1.514 à vapeur et 162 à voiles. Ces chiffres conduisent à une moyenne de jauge brute par navire de 2,976 m³. Il n'est pas rare d'y voir des steamers de 5.000 m³ de jauge et d'un tirant d'eau de 7 m. 20. Ces indications témoignent que l'on est en présence d'un port de très grande navigation.

Jusqu'en 1825, ce port ne communiquait avec la mer du Nord que par le Zuiderzée. Mais, pour suivre le développement de sa prospérité croissante, il fallut le doter de nouvelles communications avec la mer, mieux en rapport avec les besoins des navires d'un plus fort tonnage.

Deux canaux maritimes furent successivement construits dans ce but. Le premier, ouvert en 1825, avait un parcours de 83 kilomètres pour joindre la rade de Texel à Niewediep et permettre d'éviter les bas-fonds du Zuiderzée. Le second, dit canal de la mer du Nord, est récent; commencé en 1865 et terminé en 1876, il aboutit à Ijmuiden, point situé sur la côte à 25 kilomètres de la ville. Son exécution donna lieu à des travaux très difficiles en raison de la mauvaise nature des terrains traversés et à des solutions techniques très remarquables. Nous en parlons ici parce que, pour mettre le canal à l'abri des courants de marée, on dut le munir d'écluses à chacune de ses extrémités et endiguer une partie de la baie de l'Y, ce qui causa pour l'assainissement de la ville, des difficultés spéciales.

La population d'Amsterdam s'est considérablement accrue dans ces dernières années. De 1882 à 1895, en treize ans, elle est passée de 313.000 à 456.000 habitants. Aussi la ville présente-t-elle aujourd'hui toute une partie nouvelle et des quartiers neufs, dont l'extension se poursuit encore activement.

L'état sanitaire peut passer pour satisfaisant relativement aux autres capitales, puisque la mortalité annuelle ne dépasse pas actuellement 20 pour 1.000 ; en 1895, elle a été exactement de un décès pour 52 habitants.

II. — ALIMENTATION EN EAU POTABLE

Une des conséquences de la situation topographique que nous venons d'indiquer, c'est un manque absolu d'eau de source pour l'alimentation. Anciennement on ne disposait que d'eau de pluie recueillie par les citernes particulières, et d'eau de rivière qu'on

allait puiser dans la Vecht à environ 14 kilomètres d'éloignement. Depuis vingt-cinq ans on y a ajouté l'eau que l'on recueille dans les dunes, à une vingtaine de kilomètres, ce qui a permis d'affecter l'eau de la Vecht surtout aux services d'arrosage et d'incendie et de fournir une eau meilleure à la consommation des ménages. Ces eaux sont relevées par machines. L'ensemble des ressources fournies par les dunes et la rivière ne donne encore qu'un volume restreint atteignant à peine le tiers à proportion de celui dont Paris dispose actuellement. En 1895, la Compagnie des Eaux d'Amsterdam (Dunswater Maatschappy) a élevé un cube total d'eau des dunes de . . . . 9.009.202 mètres cubes
et d'eau de la Vecht de . . . . 6.135.252   —

        Soit ensemble . . . 15.144.454   —
ou par jour . . . .   41.491 mètres cubes

Le nombre d'habitants était de 450.000.

La consommation ressort donc à 91 litres par jour et par habitant.

Ce chiffre se trouvera augmenté prochainement en raison de ce que la ville de Harlem, par suite de nouveaux projets, laissera libre toute la quantité d'eau qu'elle reçoit, pour son usage, de la conduite des eaux des dunes, soit 8.000 mètres cubes par jour environ.

La quantité d'eau disponible par tête sera donc de 110 litres par jour en moyenne, absorbés pour la plus grande partie par la consommation industrielle et privée, car le service public d'arrosage est peu développé. Il ne s'est fait en 1895 que pendant 139 jours et n'a consommé que 141.340 mètres cubes, soit 1.010 en moyenne par jour ou 2 l. 1/1 par habitant.

La Compagnie des Eaux comptait, au 31 décembre 1895, 31.044 abonnés.

Elle paye comme redevance à la Ville:

1° 5 0/0 sur toutes ses recettes ; ce qui a produit pour 1895, fl. 64.843.02, soit 136.170 francs.

2° La moitié des bénéfices nets de l'exploitation après prélèvement d'une partie privilégiée de fl. 225.264, soit 473.000 francs,

La Ville n'a rien touché de ce chef en 1892, 1893 et 1894.

III. — DIVISION DES SERVICES DE L'ASSAINISSEMENT

Il faut considérer à Amsterdam trois parties différentes: l'ancienne ville qui compte une population d'environ 300.000 âmes; les quartiers neufs qui renferment 150.000 habitants et se développent tous les jours ; enfin les canaux intérieurs dont la super-

4

ficie dépasse 300 hectares. Chacune de ces parties donne lieu à un mode particulier d'assainissement.

Dans la vieille ville le système pratiqué peut être dénommé le *Tout au Canal.*

Il est impossible, en effet, d'y établir des égouts maçonnes sans sans se lancer dans de grosses dépenses ; le sol ne présente pas assez de résistance pour leur stabilité, et ils seraient logés en partie dans la nappe d'eau souterraine. D'ailleurs, la plupart des rues de la cité ancienne sont juxtaposées à des canaux qui invitent pour ainsi dire les maisons riveraines à y conduire leurs drains pour déverser toutes les eaux usées, même celles de vidange. Et l'on peut dire que, dans cette partie de la Ville, les canaux jouent le rôle de collecteurs de toutes les impuretés.

La conséquence de cette situation et de l'écoulement naturel peu rapide des eaux est de causer dans les canaux un état de pollution très grand auquel on est obligé de remédier. On a cherché à le faire en renouvelant une partie du volume d'eau par l'introduction d'une certaine quantité d'eau fraîche venant de la mer. Mais à de certaines époques, cela ne suffit pas complètement.

En tout cas, la question de l'assainissement des canaux de l'ancienne ville est une des principales préoccupations des bourgmestre et échevins.

Dans les quartiers nouveaux périphériques, la situation est différente ; les tuyaux ou égouts qui conduisent les eaux des maisons aux canaux ont un plus grand développement relatif. Mais ils ne servent qu'à l'écoulement des eaux ménagères et pluviales, et les matières de vidanges en sont exclues. Celles-ci sont évacuées par une canalisation spéciale pneumatique, fermée par conséquent, qui constitue la principale application vraiment importante qui ait été faite jusqu'à présent du mode de vidange par le système Liernur. On trouve là un exemple très complet de ce procédé, d'autant plus intéressant qu'il n'a pris son extension actuelle qu'après de longues années d'études, de tâtonnements et de perfectionnements successifs, car son introduction à Amsterdam remonte à l'année 1871.

On constate aussi que cette Ville a toujours poursuivi le but de l'utilisation aussi complète que possible, en faveur de l'agriculture locale, des principes fertilisants contenus dans les matières ainsi recueillies, mais sans recourir à l'épandage auquel on ne pourrait pas songer raisonnablement. Nous y reviendrons.

Le service d'assainissement comprend donc : la salubrité des

canaux, celle des habitations et des rues dans l'ancienne ville et
dans les nouveaux quartiers, l'évacuation spéciale des vidanges
et leur utilisation.

Enfin ce service se complète par l'enlèvement des ordures
ménagères qui donne lieu à une organisation fort remarquable au
point de vue du traitement, de la désinfection et de l'utilisation
de ces produits. Nous en parlerons plus loin et la signalerons à
l'attention des municipalités des grandes villes qui pourraient y
trouver, sinon un modèle à suivre, au moins un enseignement
précieux.

IV. — SALUBRITÉ DES CANAUX

Le principe sur lequel repose la désinfection des canaux a été
énoncé plus haut ; il consiste dans le renouvellement journalier
d'une partie du volume d'eau qu'ils renferment. Cette opération
mérite quelques détails. Anciennement elle etait des plus simples;
il suffisait d'ouvrir à mer basse quelques-unes des portes d'ecluse,
fermant les issues vers la mer, puis d'ouvrir à mer haute d'autres
portes, situées convenablement, pour obtenir par le jeu des
marées, un courant propice dans le circuit des canaux de la
ville.

Mais, par suite de la construction du canal maritime d'Amsterdam à Ijmuiden, le régime des eaux s'est trouvé changé. La
baie de l'Y a été isolée du Zuiderzée par une digue, et réunie au
port de la ville. Les eaux intérieures ne subissaient plus alors
que de faibles variations de niveau, et s'infectaient d'autant
plus.

Pour parer à cette situation, on dut établir une nouvelle
communication avec le Zuiderzée, passant en siphon sous le
canal de Mervede, et installer près de son orifice une sorte
de bassin à flots, muni d'un puissant appareil élévatoire composé de grandes roues à aubes mues par des machines à vapeur,
pour y rejeter au besoin les eaux de la ville à un niveau assurant l'écoulement vers le Zuiderzée.

On produit ainsi une dénivellation artificielle dans les canaux
que l'on compense par l'introduction d'un égal volume d'eau
pure prise dans le canal de la mer du Nord. Mais cette opération est coûteuse, et on ne l'effectue que lorsque les niveaux
d'eau relatifs des canaux intérieurs du canal maritime et du
Zuiderzée ne permettent pas de profiter par le jeu des marées
d'un écoulement naturel satisfaisant.

On comprend que par l'ouverture judicieuse des portes des
différents canaux on puisse, comme par le passé, produire une

chasse propice au renouvellement partiel de l'eau et au nettoiement de cette voirie hydraulique toute spéciale. Nous devons dire que les combinaisons employées sont des plus ingénieuses et ont donné lieu à des installations très remarquables.

Pour donner une idée de la manière dont s'opère le renouvellement des eaux, nous relaterons les chiffres qui résument le régime de l'année 1894.

Pendant 257 nuits (les manœuvres se font en général la nuit pour ne pas gêner la circulation des bateaux) ou environ 2.037 heures, l'écoulement a eu lieu du Zuiderzée vers le canal maritime du Nord, en profitant des heures de marée haute pour l'admission de l'eau dans les canaux urbains. Il est entré de ce fait une moyenne de 289.700 mètres cubes d'eau fraîche par nuit, produisant une surélevation du plan d'eau de près de 0 m. 12. Par contre, pendant 303 heures, les eaux se sont écoulées en sens inverse, le niveau des eaux retenues dans le canal maritime ayant permis ce renversement aux heures des basses mers du Zuiderzée.

Enfin les machines ont été mises en fonctionnement 43 fois, pour une durée totale de 275 heures ; le volume d'eau élevé et déversé dans le Zuiderzée pendant ces opérations ayant été compté à 13.152.000 mètres cubes, c'est environ 47.800 mètres cubes par heure, et en moyenne par opération 306.000 mètres cubes.

Par ce moyen de l'apport quotidien d'eau fraîche, on parvient à empêcher en général les canaux de devenir de véritables cloaques, mais non en tout temps ni dans tous les points, et l'on n'arrive en réalité qu'à atténuer leur état de pollution. Comme nous l'avons dit, l'administration se préoccupe sérieusement d'une solution plus générale et plus efficace ; l'éminent ingénieur, Directeur des Travaux publics, fait étudier en ce moment un projet de canalisation générale pouvant réunir toutes les eaux ménagères et les vidanges pour les expulser en *conduite close* en dehors de la ville et éviter leur déversement dans les canaux.

Pour terminer ce qui est relatif à la salubrité des canaux, il faut encore considérer qu'ils constituent des voies de communication urbaines, et doivent être débarrassés des détritus de toute sorte qu'ils reçoivent de ce chef. La circulation y est très active, car une partie des charrois et des gros transports de la ville s'opère par eau sur des chalands de forme appropriée. Le nettoiement des canaux a donné lieu à la création de deux services accessoires, celui du dragage et celui du pêchage des ordures flottantes, sans parler du cassage de la glace en hiver qui s'opère par des bateaux spéciaux.

Le dragage enlève les sables, boues, terres, matériaux et débris solides de toutes natures; il se fait par entreprise donnée à l'adjudication publique. En 1895, le prix obtenu a été de fl. 0,419 (0 fr. 88) par mètre cube, et la dépense totale s'est élevée à fl. 40.669,55, soit 85.400 fr.

Le pêchage des ordures flottantes, bois, tissus, végétaux, animaux morts, etc., se fait par plusieurs équipes d'ouvriers que la ville maintient pour cet enlèvement. Ce service a occasionné en 1895 une dépense de fl. 5.718,26, soit 12.000 fr. environ.

V. — SALUBRITÉ DES RUES ET DES HABITATIONS

1° *Les rues.* — L'aspect des chaussées du centre d'Amsterdam n'est pas absolument satisfaisant sous le rapport de la propreté. Celui des voies des quartiers neufs est meilleur. Cette différence s'explique assez facilement pour le visiteur qui peut comparer les conditions des rues anciennes et des nouvelles.

Le nettoiement se fait principalement par le balayage qui, pendant l'été, est précédé d'un arrosage au tonneau. Dans la saison d'hiver, les pluies presque continuelles rendent les rues boueuses et font renoncer à tout arrosage.

L'écoulement des eaux pluviales et de surface se fait naturellement dans les canaux par des drains à ce destinés. Les boues et détritus solides sont réunis en tas sur les quais et enlevés par bateaux pour être conduits avec les ordures ménagères au dépôt central où se fait leur manutention.

Pour certains quartiers l'enlèvement a lieu par voitures. Ce service est fait par des ouvriers de la Ville et se résume ainsi pour l'année 1895 : le matériel comprenait 57 voitures dont 27 conduisaient les ordures jusqu'au dépôt directement et les 30 autres déchargeaient leur contenu dans des bateaux, les transportant par eau avec plus d'économie. Un volume de 48.600 m. c. fut livré par terre et 78.600 m. c. le furent par voie d'eau, formant ainsi un total de 127.200 m. c., dont l'évacuation hors la ville a coûté fl. 80 0:3,32 ou 176.400 fr., soit par mètre cube 1 fr. 40 environ.

Une partie de cette dépense est couverte par le profit que la Ville tire de la revente des produits du traitement des ordures ménagères, soit aux agriculteurs, soit à diverses industries — et qui s'est élevé en 1895 à fl. 20.000 ou 42.000 fr. environ.

2° *Les habitations.* — Il faut encore distinguer ici entre la ville vieille et la ville neuve, très différentes l'une de l'autre comme apparence, habitudes et presque comme mœurs.

Dans le centre de la cité, les maisons sont nombreuses, resserrées, étroites et hautes, présentant presque toutes leur pignon de style flamand sur la voie publique. Elles sont occupées, en général, en entier par une seule famille ou même par un seul ménage dont elles sont la propriété. Il y a fort peu d'appartements de plein-pied, pris en location, dans cette partie de la ville.

Les conditions sanitaires y sont en général assez médiocres. Le sous-sol est humide et atteint à la nappe d'eau souterraine. C'est là le plus souvent, dans les maisons pauvres, que se trouve, à côté de la cuisine, le cabinet d'aisances qui quelquefois consiste simplement en une fosse mise en communication avec le canal par un tuyau à fleur d'eau. — Dans les habitations plus confortables il y a quelques fosses fixes fermées ou des tinettes mobiles, mais en nombre restreint. Elles se vidangent par les procédés ordinaires.

Dans les quartiers neufs, on trouve des maisons construites comme celles des grandes villes du continent, avec appartements mis en location aux divers étages, et comportant tous les éléments du confortable moderne.

3° *Evacuation des vidanges.* — Nous avons dit déjà qu'on a installé dans ces quartiers un système particulier de vidanges par canalisation pneumatique. — Le transport des matières se fait par l'appel du vide provoqué par machines dans une usine centrale. Nous décrirons ce procédé dans le chapitre suivant. A la fin de décembre 1895, son application définitive s'étendait à 3.933 immeubles comportant une population de 67.000 habitants et donnait, *au point de vue de l'évacuation des vidanges*, les résultats les plus satisfaisants, au dire de tous les chefs de service de l'administration municipale. A ce premier réseau seront réunies très prochainement les installations provisoires d'un second quartier comprenant 3.701 immeubles et 73.800 habitants. Il est suppléé provisoirement aux conduites qui manquent par un appareil de pompage locomobile qui recueille, tous les deux ou trois jours, les matières accumulées dans des réservoirs métalliques pour les transporter par eau à l'usine centrale, où elles sont traitées concurremment avec les autres.

4° *Evacuation des eaux ménagères*. — On peut se demander pourquoi la ville d'Amsterdam, ayant adopté pour le tiers de sa population un système de canalisation qui a pris dans les quartiers neufs une extension considérable, ne cherche pas à en faire l'application à toute la cité dans les anciens quartiers.

C'est que tout en reconnaissant l'excellence pratique du système Liernur pour l'évacuation des vidanges, on lui fait un grave reproche, celui de ne pas recueillir les eaux ménagères, qui continuent en conséquence à souiller les canaux de la Ville. Or — d'autre part — si ces eaux étaient jointes aux vidanges, elles produiraient une dilution telle que les procédés d'utilisation installés à Amsterdam pour la fabrication du sulfate d'ammoniaque ne seraient plus applicables ou du moins ne seraient pas rémunérateurs, par suite des frais occasionnés par la nécessité d'enlever l'excès d'eau mélangée aux matières. L'objection ne porte donc pas sur l'établissement de la canalisation spéciale, mais sur la composition des eaux qu'on lui confie et sur leur utilisation. Cette question sera examinée plus loin, mais il faut dire tout de suite qu'il n'y a pas qu'un seul système d'utilisation. Il y en a plusieurs qui précisément sont applicables en chaque cas suivant le degré de dilution des matières. La Société qui exploite en France les procédés Liernur installe en ce moment à Trouville une usine où elle compte traiter le mélange des eaux ménagères et des vidanges. — La Société d'assainissement de Levallois-Perret opère déjà ce mélange dans une installation du système Berlier perfectionné, faite aux portes de Paris, et que nous aurons l'occasion de comparer au système Liernur.

Le même mélange et son évacuation par conduite close spéciale sont pratiqués en grand en Amérique, d'après les procédés du colonel Waring de New-York. Il n'est donc pas étonnant que la ville d'Amsterdam veuille compléter son assainissement par l'expulsion des eaux ménagères en même temps que des vidanges, tout en conservant le principe d'une canalisation spéciale dont elle est satisfaite.

VI. — RÉSUMÉ

Dès à présent, nous retiendrons de notre visite à Amsterdam les faits suivants :

1° Après une exploitation de vingt-cinq années, les ingénieurs de cette ville restent partisans convaincus d'une canalisation spéciale fermée, pour l'expulsion des eaux usées des habitations et des vidanges, et ils ne reconnaissent à cette solution aucune des difficultés pratiques ou des inconvénients qu'on lui attribue à Paris ; bien au contraire, ils font l'éloge de son fonctionnement régulier et de sa perfection comme moyen d'évacuation rapide.

2° Il ressort des chiffres recueillis sous la dictée des chefs de ce service, et consignés d'ailleurs dans les rapports officiels, que l'installation d'une telle canalisation n'oblige pas à recourir à des dépenses trop élevées, puisque, au moyen de conduits n'excédant pas 0 m. 305 de diamètre, on dessert des quartiers peuplés de 150.000 habitants ; que le coût des installations urbaines n'a pas dépassé 12 à 13 florins par tête, soit 25 fr. à 27 fr. 50, et les frais d'exploitation annuelle, fl. 0,60, soit 1 fr. 25 par habitant, lesquels frais sont en partie couverts par les profits de l'utilisation.

3° L'écoulement des matières de vidange à même les canaux ne peut continuer à être toléré, malgré qu'elles y soient noyées dans environ mille parties d'eau de mer, quotidiennement renouvelée ; car, même dans ces conditions, la dilution ne s'opère pas assez régulièrement ni assez complètement pour empêcher, en tout temps et partout, la fermentation et l'infection de se produire.

Que sera-ce donc dans les égouts de Paris, par l'application du Tout à l'Egout, avec une dilution qui sera de un à cent ou cent cinquante au plus ?

CHAPITRE II

Canalisation du système Liernur.

1° *Exposé.* — Le système de vidange pneumatique Liernur repose sur l'établissement d'une canalisation étanche s'étendant depuis les immeubles à desservir jusqu'à une usine centrale où doivent être recueillis les matières et liquides des cabinets d'aisances et où sont installées des pompes à air permettant de faire le vide dans la canalisation.

La ville est divisée en districts de quatre à six hectares de surface, ayant chacun pour centre d'aspiration un assez grand réservoir métallique fermé, dit *réservoir de district*, logé dans le sol, le plus souvent au droit d'un carrefour. Ce réservoir est en communication avec l'usine centrale par deux conduites différentes : l'une dite de *vide ou vacuum* sert à la production du vide, l'autre dite *de transport* est réservée pour l'écoulement des matières.

D'un autre côté arrivent au même réservoir de district les *conduites collectrices* dans lesquelles viennent déboucher une série de *branchements* des maisons qui forment eux-mêmes le prolongement du *tuyau de chute* des cabinets d'aisances.

Des valves ou robinets placés sur chaque conduite, près du réservoir de district, permettent d'établir ou de fermer la communication de celui-ci avec les conduites collectrices d'une part, et d'autre part, au moment voulu, avec la conduite de vacuum ou celle de transport, reliées toutes deux à l'usine ou plutôt au récipient central dans lequel les pompes maintiennent le vide.

2° *Fonctionnement.* — Le fonctionnement et la mise en œuvre du système sont faciles à comprendre. — Deux ou trois ouvriers suffisent à effectuer la vidange d'un district en moins d'une demi heure. — L'ouvrier principal commence par ouvrir la valve de la conduite de vacuum : l'air du réservoir en expérience est aspiré vers l'usine centrale, le vide se produit, et un manomètre préalablement posé sur une tubulure *ad hoc* indique selon le degré, le moment où l'on peut fermer ladite valve. On ouvre alors en second lieu celle de la conduite collectrice qu'il s'agit de mettre en vidange ; l'effet du vide se manifeste par l'aspiration des matières contenues dans cette conduite et dans ses différents branchements ; ces matières affluent dans le réservoir, sollicitées au mouvement par la pression atmosphérique qui règne à l'extrémité des branchements dans les tuyaux de chute des maisons.

Cela fait, on referme la valve de la conduite collectrice ainsi vidangée ; on ouvre en troisième lieu celle de la conduite de transport, et l'on met en même temps le réservoir en communication avec l'atmosphère par l'ouverture momentanée d'un robinet d'air. Aussitôt la pression s'élève dans le réservoir et produit le refoulement des matières jusqu'au récipient de l'usine centrale où le vide est maintenu par les pompes.

Les mêmes opérations se répètent pour les cinq ou six conduites collectrices dépendant d'un réservoir de district et durent à peine quelques minutes. La vidange de toute une série d'îlots de maisons est donc très simple, elle se borne à l'ouverture et à la fermeture successives d'un petit nombre de robinets, placés tous à côté les uns des autres autour du réservoir de district.

Ces principes étant posés, donnons quelques détails sur les dispositions qui ont été adoptées pour les réaliser.

3° *Dispositifs dans la maison.* — En s'opposant, comme il l'a fait à Amsterdam, à l'admission des eaux ménagères dans la canalisation pneumatique, Liernur avait pour but de conserver aux matières excrémentielles un degré de concentration qui permît d'en tirer un parti remunérateur, soit par l'utilisation immédiate comme engrais suivant le système flamand, soit par la fabrication de la poudrette ou du sulfate d'ammoniaque. Il imagina même, pour empêcher la trop grande dilution des matières, une disposition spéciale de closet qu'il appela closet à air, dans lequel il n'est point fait usage d'eau, si ce n'est de temps à autre, pour le lavage des parois. Il existe, paraît-il, un bon nombre de ces closets à Amsterdam, mais aujourd'hui, dans les maisons neuves, ils sont remplacés par des water-closets ; on cherche seulement par des dispositifs spéciaux à restreindre le plus possible la dépense d'eau de ces derniers.

Closet à air. — Le closet à air Liernur est formé d'une espèce d'entonnoir tronconique très allongé dont la paroi postérieure descend presque verticalement, tandis que celle antérieure est assez inclinée. Cette capacité est recouverte d'un siège muni par-dessous d'un entonnoir de même forme mais plus petit et de quelques centimètres de hauteur, laissant à la partie supérieure un espace annulaire destiné à la communication constante avec l'air extérieur. L'orifice du bas a 10 centimètres environ d'ouverture et plonge de quelques centimètres dans un réceptacle formant cuvette et donnant issue aux matières et liquides par débordement latéral dans le tuyau de chute ; celui-ci traverse tous les étages de la maison et s'élève jusqu'au-dessus de la toiture. La disposition de la cuvette constitue une sorte d'occlusion siphoïde par les produits liquides ou semi-liquides qui demeurent dans le fond et entourent l'orifice du closet.

Un tuyau, destiné à la ventilation, part de l'espace annulaire de la partie supérieure de la cuvette et, pour chaque appareil séparément, monte jusqu'au-dessus des toits, de telle sorte que tous les closets soient isolés les uns des autres.

Dire que le closet à air est inodore serait s'écarter de la vérité ; il semble même probable que, dans les intérieurs malpropres, il doit être une cause d'insalubrité. Mais il remplit évidemment très bien le but que l'inventeur s'était proposé, d'éviter la dilution des matières. Ainsi, en 1895, malgré les quelques water-closets déjà joints à la canalisation pneumatique, la moyenne du volume de vidange récolté par jour et par tête n'a été que de 3 litres 1/2 ; en 1801 elle n'avait même été que de 3 litres 38. Ces chiffres accusent une addition minime, de

2 litres 1/4 d'eau seulement, au volume journalier moyen des matières excrémentielles.

4° Branchements et conduites collectrices. — Avant de sortir de l'immeuble, le tuyau de chute se recourbe en forme d'U, puis se dirige avec une pente régulière vers la conduite collectrice qui reçoit dans la rue tous les branchements semblables des maisons. A leur passage sous le trottoir, ces branchements sont munis d'un clapet d'arrêt de sûreté qui permet la fermeture de chacun d'eux, pour le cas où la maison correspondante serait inhabitée, ou si quelque autre motif en exigeait l'exclusion momentanée du réseau.

Le coude en U au bas du tuyau de chute est nécessaire et forme récipient obturateur à l'origine de chaque branchement, de telle sorte, qu'au moment où le vide se produit dans la conduite collectrice, la pression atmosphérique extérieure agisse utilement pour chasser les matières hors du coude et les refouler jusque dans la conduite, sans que l'air puisse refluer par un branchement voisin.

Quelque chose d'analogue se remarque à l'arrivée de la conduite collectrice au réservoir de district. Elle n'y aboutit pas directement, mais par l'intermédiaire d'un cylindre vertical qui a pour hauteur une partie de la pente donnée à cette conduite. C'est de ce cylindre que les vidanges s'écoulent dans le réservoir de district au moment de l'ouverture de la valve de commmunication.

5° Importance de la canalisation. — A la fin de l'année 1895, le premier réseau comprenait 37 réservoirs de district et la longueur de leurs distances cumulées jusqu'à l'usine était environ 10.100 mètres. Le réservoir le plus eloigné était à 4.230 mètres de l'usine. On évite autant que possible ces grandes distances et lorsqu'elles se présentent, on intercale en un point intermédiaire, un réservoir spécial dit *de relai* pour opérer l'aspiration, pour ainsi dire en deux temps.

L'usine produit le vide du réservoir de relai, et le vide de celui-ci produit à son tour le vide du ou des réservoirs de district qu'il dessert.

Le nombre des conduites collectrices en service, fin 1895, était de 162, mesurant ensemble 28,265 mètres de longueur pour 3.933 immeubles reliés alors à la canalisation; chacune de ces conduites desservait en moyenne 24 propriétés.

Les diamètres des conduites de vacuum varient depuis 0^m152

jusqu'à 0ᵐ305, ceux des conduites de transport de 0ᵐ127 à 0ᵐ203 et ceux des conduites collectrices de 0ᵐ127 à 0ᵐ152.

6° *Exploitation.* — Les engorgements sont tout à fait exceptionnels dans les conduites principales de transport. Il ne s'en est produit qu'un seul pendant toute l'année 1895. Par contre, ils ne sont pas rares dans les conduites collectrices et surtout dans les branchements où ils ont été respectivement de 91 et 218 pour la même année. Généralement ces derniers engorgements proviennent du fait des habitants qui jettent par mégarde des objets occasionnant l'obstruction. Dans ce cas, les frais du dégorgement sont à leur charge, ce qui les rend plus attentifs.

Six fois par semaine, régulièrement, a lieu le service d'évacuation vers l'usine de tous les districts; les machines ne fonctionnent pas le dimanche. En totalité, pendant l'année 1895, la canalisation pneumatique a effectué un transport de 77.782 mètres cubes de vidanges. Le coût de l'opération est revenu à fl. 0,565, soit 1 fr. 18 par habitant pour l'année.

Il avait été en 1894 de fl. 0,65 soit 1 fr. 36

— 1893 — 0,71 — 1 fr. 55

— 1892 — 0,88 — 1 fr. 85

On voit quelle diminution notable les simplifications et améliorations apportées en ces derniers temps dans les dispositions de détail ont produit dans les dépenses d'exploitation.

Il faut rappeler ici qu'un second réseau d'importance au moins égale à celui qui vient d'être décrit est sur le point d'être rattaché à l'usine centrale.

7° *Dispositions de l'usine centrale.* — Cette usine est située sur les confins ouest de la ville; elle est desservie par canal et par voie ferrée, cette dernière la mettant en communication avec la « Hollandsche Spoorweg ». L'usine comporte deux parties distinctes : La première comprend les installations mécaniques nécessaires au service de l'évacuation des vidanges : chaudières, machines à vapeur, pompes à air, et récipient d'arrivée des matières ; la seconde comprend toute la série des appareils et installations pour le traitement de ces matières à l'effet d'en extraire le sulfate d'ammoniaque, après séparation des substances solides qui se trouvent en suspension dans la partie liquide. Cette question sera traitée dans le chapitre relatif à l'utilisation.

Sur les trois machines de 60 chevaux chacune destinées à

produire le vide dans les récipients d'arrivée de la canalisation, on n'en mettait qu'une seule en fonctionnement pour faire le service, jusqu'à fin décembre 1805.

Depuis lors, on fait marcher quelquefois simultanément deux machines pour activer les opérations et cela donne de bons résultats, mais une seule pourrait suffire moyennant une marche plus prolongée.

D'heureuses combinaisons mécaniques sont appliquées dans cette usine pour obtenir une régularité aussi parfaite que possible dans la production du vide et les manutentions automatiques qu'il permet. Nous ne pourrions les décrire ici. Nous résumerons notre impression en disant que tout l'ensemble de la mise en pratique du système Liernur nous a paru fort remarquable et fait honneur à l'ingénieur qui l'a amené au degré de perfectionnement où nous l'avons vu, tellement qu'il ne laisse aucune place au doute quant à la sécurité absolue et à la simplicité de son fonctionnement.

CHAPITRE III

Utilisation des produits de la voirie.

I. — UTILISATION DES EAUX DE LA CANALISATION PNEUMATIQUE

Premiers essais. — Lors de l'installation de la vidange par canalisation pneumatique, la ville d'Amsterdam avait pensé pouvoir tirer parti des matières recueillies en les vendant directement aux agriculteurs à l'état tout venant, c'est-à-dire comme engrais flamand. Elle réussit à passer, en effet, quelques contrats dans ce sens, entre autres avec un grand propriétaire qui prit pendant les années 1873 et 1874, au prix moyen de 5 francs le mètre, la production totale, qui s'élevait alors annuellement à environ 4.000 mètres cubes.

Mais avant même que ce marché n'eût pris fin, il dût être résilié en raison de la dilution trop grande des matières, supérieure à celle spécifiée au contrat.

La Ville songea alors à rendre aux produits un degré de concentration suffisant en chassant une partie de l'eau par évaporation. Mais on n'obtint de la sorte qu'une masse boueuse, noirâtre, d'odeur repoussante, dont les agriculteurs ne voulurent pas davantage, bien qu'elle contînt 1.56 0/0 d'azote, 1,13 0/0 d'acide phosphorique et 0.56 0/0 de potasse. En présence de cet échec, on en revint à la solution recommandée dès l'origine par Liernur : employer les eaux à la fabrication de la poudrette. Ici aussi, les essais furent infructueux, malgré la persévérance qui les fit continuer pendant plusieurs années.

Il semblait ne plus rester d'autre solution que celle de se débarrasser des matières en les jetant aux canaux ou à la mer, car il ne pouvait être question de les utiliser par épandage. Dans la partie basse de la Hollande, la nappe d'eau souterraine ne se trouve qu'à quelques centimètres de la surface du sol ; en beaucoup de points même, on ne parvient à maintenir les eaux à ce niveau que par de nombreux fossés de drainage et l'emploi de pompes d'épuisement mues par des moulins à vent. Epandre des eaux sur de pareils terrains, serait les tranformer en marécages, sans produire ni utilisation, ni épuration.

Fabrication du sulfate d'ammoniaque. — Les choses se trouvaient dans cette situation critique, lorsqu'en 1889 M. Sanches, directeur de l'Exploitation de la canalisation pneumatique, eut l'idée d'extraire tout au moins une partie des éléments fertilisants contenus dans ces eaux, en employant celles-ci à la fabrication du sulfate d'ammoniaque.

L'analyse avait montré que dans un mètre cube il existe en moyenne :

2^k7 d'azote ammoniacal ;
0^k6 d'azote organique ;
1^k2 d'acide phosphorique ;
0^k7 de potasse.

Or, théoriquement, à 2^k7 d'ammoniaque correspondent 12^k7 de sulfate d'ammoniaque, de sorte que, s'il était possible de transformer en sulfate seulement la moitié de l'ammoniaque totale, on aurait encore par mètre cube plus de 6 kilog. d'un produit dont la valeur commerciale fut un moment de 50 fr. et reste encore de 22 à 23 fr. les 100 kilog.

La municipalité décida de faire l'essai de compte à demi avec un fabricant d'acide sulfurique et, cette tentative ayant pleinement réussi, on procéda en 1892 à une installation d'appareils permettant de traiter un volume de 250 mètres cubes d'eau de vidange par jour.

Nous ne pouvons entrer ici dans tout le détail de cette fabrication ; nous nous bornerons à indiquer à grands traits la série des opérations qu'elle comporte. Le principe consiste à séparer l'ammoniaque par l'addition d'une faible quantité de chaux, celle-ci produisant aussi la clarification du liquide, puis à vaporiser et à combiner alors l'ammoniaque avec l'acide sulfurique dilué pour former du sulfate d'ammoniaque.

La première opération à laquelle les eaux sont soumises dès leur arrivée à l'usine est une décantation préalable dans une série de bassins ad hoc. La masse boueuse, de couleur foncée, qui se dépose, se vend directement comme engrais aux cultivateurs, à la condition que ceux-ci viennent la chercher dans leurs bateaux; ce qui n'est pas ainsi écoulé entre dans la composition des composts formés avec les boues et fumiers tirés des ordures ménagères, et, dans cet état, constitue un engrais très apprécié.

Le liquide trouble sortant des bassins de décantation est ensuite intimement mélangé avec 1 0/0 de chaux à l'état de lait de chaux. Cette addition provoque la clarification complète du liquide, et la formation d'une boue de couleur beaucoup plus claire que la première, retenant presque tout l'acide phosphorique et une partie de l'azote organique qui étaient contenus dans l'eau primitive. Cependant les cultivateurs, paraît-il, ne connaissent pas la valeur de cette boue, la couleur ne leur inspire pas confiance, mais, après qu'elle a été jetée au canal, dans un bassin spécial et y a séjourné quelque temps sous l'eau, ils en font plus de cas, la teinte étant devenue plus foncée, et ils la payent volontiers aux dragueurs qui la retirent du fond de l'eau.

Le liquide clarifié est envoyé dans un appareil de distillation chauffé par un courant de vapeur. L'ammoniaque se volatilise et se rend dans l'acide sulfurique dilué, où elle forme du sulfate d'ammoniaque. Ce sel se dépose lorsque la liqueur est saturée; il est cristallin et blanc. Il ne reste plus qu'à le faire égoutter avant de le transporter au magasin.

Quand au liquide résiduaire, il est déversé au canal, emportant avec lui toute la potasse qui était renfermée dans l'eau de vidange et dont on renonce à tirer parti.

En somme, par le procédé employé à Amsterdam, on ne recueille des principes fertilisants contenus dans les vidanges qu'une partie de l'azote, soit un peu plus de 50 0/0. On avait pensé pouvoir en retirer une proportion plus forte en faisant passer les boues qui se déposent pendant la clarification dans un filtre-presse pour en faire des tourteaux. On recueillait alors ainsi une plus grande partie de l'azote organique, mais on n'a pas poursuivi ces essais parce qu'on n'a pas trouvé facilement des acheteurs pour ce produit et que le seul bénéfice assuré de l'opération était de pouvoir reprendre et utiliser les eaux ammoniacales contenues dans ces dépôts et qui s'écoulaient des filtres.

Résultats. — Nous résumons dans le tableau ci-dessous les principaux chiffres concernant cette fabrication pendant les quatre dernières années.

	1892	1893	1894	1895
Volume de vidange traité par l'usine	49.108 m³	72.986 m³	86 738 m³	89.877 m³
Acide sulfurique employé . . .	283.101 kg	449.520 kg	523.911 kg	544.526 kg
Chaux	458.100 kg	742.910 kg	812.360 kg	844.800 kg
Combustible	1 214.670 kg	1.171 800 kg	1.366.680 kg	1.375.882 kg
Sulfate d'ammoniaque produit .	303.500 kg	494.150 kg	601.200 kg	610 610 kg

Si l'on ramène tous les chiffres à l'unité de volume traité, on voit que par mètre cube d'eau de vidange il a été consommé ou produit :

	1892	1893	1894	1895
Acide sulfurique..	5,73 kg	6,16 kg	6,04 kg	6,06 kg
Chaux	9,28 kg	10.18 kg	9,71 kg	9,40 kg
Combustible	24,58 kg	16,06 kg	15,76 kg	15,31 kg
Sulfate d'ammoniaque. . . .	6,17 kg	6,87 kg	6,93 kg	6,79 kg

La vente du sulfate a donné un bénéfice brut :

En 1892 de   7.044 fl. 42 ce qui correspond à 0 fr. 30 par m³
   1893 de 30.095 fl. 50   —   0 fr. 87   —
   1894 de 40.046 fl. 28   —   0 fr. 97   —
   1895 de 35.541 fl. 80   —   0 fr. 78   —
de vidange amenée à l'usine.

Ce profit est partagé par moitié entre la ville et le concessionnaire. L'amoindrissement des bénéfices en 1895 est dû surtout à la baisse qui s'est produite dans le prix du sulfate d'ammoniaque.

Dans l'établissement des chiffres ci-dessus, il n'est tenu compte ni de l'amortissement, ni des intérêts du capital engagé ; le concessionnaire n'a eu à sa charge que l'installation des appareils de clarification et de distillation ; les bâtiments, chaudières, machines motrices, bassins de décantation ont été établis avec les deniers de la ville ; on observera de plus que la matière de vidange est mise gratuitement à la disposition du fabricant à l'usine même, à un degré de dilution relativement peu élevé, puisqu'il ne correspond qu'à une proportion journalière de 3 litres 1/2 par habitant. On ne peut donc conclure de ce qui se passe à Amsterdam que ce mode d'utilisation doive toujours donner des résultats rémunérateurs, lesquels sont d'ailleurs sous la dépendance des fluctuations des cours commerciaux du sulfate d'ammoniaque.

Cependant nous devons dire que chacune des trois parties intéressées semble y trouver son compte. La Ville perçoit annuellement une certaine somme qu'elle peut affecter à perfectionner et à développer son service d'assainissement, le fournisseur d'acide sulfurique écoule son produit avantageusement, enfin le concessionnaire est couvert de ses débours et largement rémunéré de son industrie.

II. — UTILISATION DES ORDURES MÉNAGÈRES

A côté de l'usine centrale, et de part et d'autre du canal qui longe cette dernière, se trouvent les dépôts et hangars qui reçoivent les ordures ménagères de la ville et où il est procédé à leur triage et classement.

Ce travail dont l'organisation peut passer pour un modèle en son genre, est fait en régie par la ville. Il a occasionné en 1895 une dépense totale de 116.766 fl. 82 (245.210 fr.), et a rapporté, par la vente des objets triés, une somme de 136.850 fl. 81 (287.385 fr.) soit donc un bénéfice de 20.084 fl. ou de 42.175 francs, pour un volume total de résidus de 127.199 mètres cubes. Il y a lieu de remarquer qu'Amsterdam se trouve placée dans des conditions particulièrement favorables au point de vue du transport de ces produits, car sur la quantité totale amenée au dépôt, à peu près les 5 huitièmes furent transportés par bateau et par suite à très bas prix.

Les objets triés sont nettoyés, désinfectés, lavés, puis classés en 40 categories différentes et il en est disposé par vente publique environ tous les six mois.

Ils sont rangés par ordre et réunis en ballots dans un vaste magasin établi sur les bords du canal. Les catégories les plus productives sont : les vieux papiers, morceaux de tapis, vieux torchons, vieux linge, morceaux d'étoffes, débris de verre, os, etc. Ainsi, pendant l'un des semestres des dernières années, il a été recueilli et vendu :

283.000 kilog. papier au prix de . . .	1 fr. 75	les 100 kilog.
37.800 kilog. tapis, au prix de . . .	5 fr. 90	—
	et	6 fr. 55	—
19.250 kilog. torchons, au prix de .	13 fr. 85	—
12.200 kilog. linge, au prix de . . .	22 fr. 50	—
3.060 kilog. étoffes, au prix de. . .	42 fr. 30	—
104.775 kilog. verre cassé, de 1 fr. 70 à	3 fr. 40	—
16.000 kilog. os, au prix de.	10 fr. 40	—

Après triage des objets réservés à la vente, on sépare tout ce qui peut servir à la fabrication de compost : débris organiques de toutes sortes animaux et végétaux, boues, pailles, etc. Enfin, ce qui ne peut être utilisé d'aucune manière est détruit par combustion.

Cette installation, à tous égards remarquable, a non seulement l'avantage d'être une source de profits pour la ville, mais elle a atteint un résultat hygiénique et moral considérable par la suppression des agglomérations de chiffonniers que nous voyons à Paris constituer une population misérable et malpropre, renfermée dans des cités insalubres, qui sont toujours les premiers foyers de maladie en cas d'épidémie. — Les ouvriers employés à cet office par la ville d'Amsterdam sont bien et régulièrement payés, ils habitent la ville et ne sont aucunement misérables, leur tenue est décente et ils trouvent auprès de leur travail, des salles de bains et de lavage où ils peuvent profiter des soins hygiéniques nécessaires.

CHAPITRE IV

L'Engrais Flamand.

Nous avons dit tout à l'heure qu'à l'origine, à Amsterdam, on utilisait directement comme engrais les eaux de vidange recueillies par la canalisation pneumatique et qu'on dut renoncer à cette pratique par suite de la trop grande dilution des matières. C'est qu'en effet, ce mode d'emploi des vidanges ne se concilie qu'avec une certaine concentration. Les frais de transport croissent en raison du volume transporté et avec l'augmentation de la proportion d'eau et, quand il y a excès de cette dernière, ils dépassent rapidement la valeur intrinsèque des éléments fertilisants contenus.

Aussi ce mode de fumure ne subsiste-t-il que dans les régions où il est fait usage de fosses fixes ou mobiles; les eaux-vannes présentent alors presque toujours une teneur minima de 3 kilog.5 d'azote au mètre cube.

Depuis des siècles, les Flamands, tant en France qu'en Belgique, appliquent les déjections humaines à la fumure des champs; d'où le nom d'*engrais flamand* par lequel on désigne ordinairement cette fumure. Mais ils ne sont pas les seuls à suivre cette

pratique ; loin de là, elle est au contraire extrêmement répandue.
Le Nord, le Dauphiné, les Alpes-Maritimes, le Luxembourg sont
des contrées où elle est d'un usage général. En Allemagne beaucoup de grandes villes retirent aussi un profit de la vente des
eaux-vannes aux agriculteurs. Telle, par exemple, Stuttgart où
le régime des fosses fixes est demeuré. La vidange y est une
entreprise municipale qui donne lieu tous les ans, depuis 1880, à
des bénéfices importants.

Les Flamands installent dans leurs champs des citernes
qu'ils remplissent des vidanges achetées en ville, en attendant le
moment de leur emploi. Celles-ci sont transportées pendant
l'hiver, au moment où les travaux des champs sont suspendus et
on les répand avant ou après les semailles, souvent même après
le repiquage. L'engrais est placé dans une petite cuve que l'on
déplace au fur et à mesure de l'utilisation et un ouvrier le répand
tout à l'entour, en le projetant au moyen d'une écoppe.

Dans le Luxembourg, en Belgique, en Hollande, l'épandage
est fait au tonneau. L'écoulement se produit par une large bonde
et la vanne liquide, en jaillissant, frappe une planchette ou une
sébile et s'éparpille sur une grande largeur.

Enfin dans le Midi, dans les Alpes-Maritimes, par exemple,
l'arrosage se fait à la cruche. L'engrais est transporté dans de
petits tonneaux à dos d'âne ou de mulet jusqu'à des récipients
en poterie d'une capacité de 100 à 200 litres dans lesquels on
vient le puiser après y avoir ajouté une égale proportion d'eau.

Valeur de l'engrais humain. — Ces pratiques diverses consacrées par l'expérience dans des pays très différents prouvent
incontestablement la valeur agricole de l'engrais humain. Nous
savons qu'en Chine on considérerait comme une faute de le laisser perdre et qu'on prend tous les moyens possibles pour le
recueillir ou plutôt le « cueillir », suivant la traduction littérale
du terme chinois employé pour cette opération.

« Si l'on ne connaissait pas, dit l'abbé Huc dans la Relation
« de son voyage en Chine, tout le prix que les habitants du
« Céleste-Empire attachent à cette sorte d'engrais, il serait
« impossible de concilier l'égoïsme chinois avec l'existence de
« ces innombrables petits cabinets que les particuliers élèvent
« de toute part pour la commodité des voyageurs. — Sur les
« chemins les moins fréquentés, dans les endroits les plus déserts,
« on est tout étonné de trouver de ces maisonnettes, en paille,
« en terre et quelquefois en maçonnerie. L'intérêt est le seul
« mobile de toutes ces créations utiles. »

M. Maxime Paulet collaborateur de M. Moll, l'éminent professeur, a donné, dès 1872, dans son opuscule sur l'application de l'engrais-vidanges, des renseignements précis et a soumis aux administrateurs d'alors de la Ville de Paris d'utiles réflexions que le lecteur sera, croyons-nous, satisfait de retrouver ici.

Il donne le tableau suivant de la composition des eaux-vannes des fosses de Paris.

COMPOSITION DES EAUX-VANNES PARISIENNES				
rapportée à 1 litre (1,000 cent. cubes)				
DÉSIGNATION des LOCALITÉS	DENSITE	SELS laissés par l'incinération	Ammoniaque anhydre	AZOTE
		gr.	gr	gr.
Eaux-Vannes prises — Rue Saint Denis. .	1.0171	7.40	6.51	5.3
Rue du Temple . . .	1.0112	7.28	4.22	3.6
Faub St-Denis . . .	1.0131	8.95	5.95	4.9
Rue Fontaine-Molière .	1.0135	8 37	4.16	3 7
Rue Petites-Écuries.	1.0105	5 36	4.53	3.8
Rue d'Aguesseau . . .	1 0109	5.75	4.76	3.9
MOYENNE	1 0127	7.19	5.07	4.2

Il a, de plus, analysé, pendant trois jours successifs, les liquides urineux qui chaque jour affluent de tous les quartiers de Paris au centre commun appelé le *dépotoir*. En voici le résultat:

EAUX-VANNES du DÉPOTOIR pour 1 litre	DEGRÉS aréométriques	SELS laissés par l'incineration	AMMONIAQUE anhydre	AZOTE
		gr	gr	gr.
Echantillons — n° 1	2°.1	9 20	4.12	3.4
n° 2	2°.0	8.00	4.29	3.5
n° 3	2° 1	8.10	4.12	3.6
MOYENNE . . .	2° 066	8.43	4.28	3.5

On peut estimer en conséquence que, dans mille litres ou un mètre cube d'eaux-vannes, il y a 3 kilog. 1/2 d'azote ou 8 kilog. de phosphates, matières salines, etc.

« Or, ces éléments de fertilité, dit M. Paulet, font partie
« intégrante de tous les engrais des fermes, de tous les engrais
« commerciaux, et servent de base à leur estimation. C'est ainsi
« que l'on est arrivé à fixer le prix de 2 francs par chaque kilo-
« gramme d'azote et de 20 cent. par kilogramme de phosphate.

« Un mètre cube d'eaux-vannes marquant deux degrés aréo-
« métriques et contenant :

« 3 kilog. 5 d'azote . . . . à fr. 2 » = 7 »
« 8 kilog. de phosphates ou matières salines à fr. » 20 = 1 60

« représenterait donc une valeur totale de. . . fr. 8 60

A côté de ces chiffres on peut placer les prix payés par les cultivateurs dans les diverses régions de la France pour le mètre cube de vidanges en 1872 :

Strasbourg.	5 »	Champagne.	10 »
Grenoble	5 »	Lyon et environs	4 »
Nimes.	9 »	Lyon, transporté aux	
Nice-Antibes-Fréjus . . .	6 50	champs.	9 »
Lille et environs.	5 60		

Mode d'emploi. — Pour en faire l'emploi direct, la meilleure méthode consiste, d'après M. Paulet, à faire précéder l'application de l'engrais de labours profonds, à le répandre après une légère pluie, et préférablement le matin en hiver, le soir en été.

Aux environs de Lille, on utilise l'engrais flamand dans la proportion de 15 à 30 mètres cubes par hectare. Près de Grenoble, dans les fortes terres d'alluvion, on répand 80 mètres cubes de cet engrais par hectare pour obtenir 5 récoltes successives : la première et la deuxième année, du chanvre ; la troisième, du blé; la quatrième du trèfle ; la cinquième encore du blé.

La proportion d'engrais, très liquide il est vrai, employée par M. Moll à la ferme de Vaujours, près Paris, était d'environ 35 mètres cubes par hectare et par an.

Une précaution essentielle consistait à aérer le sol le plus possible au moyen de labours profonds. L'engrais ainsi réparti dans une plus grande masse de terre exerce une action plus régulière et ne provoque plus la *verse* du blé. Les arrosages commençaient à Vaujours aussitôt après la récolte. Cet engrais paraît plus propice aux terres légères et aux terres calcaires qu'à toutes les autres.

« On peut porter sans inconvénients, dit M. Moll, la dose à
« 30 mètres de vidange pure (ou l'équivalent dilué) pour les prés
« naturels ou le colza, et à 50 (dont moitié avant la semaille et le
« reste additionné d'eau sur la récolte) pour les plantes-racines,
« les choux, le chanvre, l'œillette. Pour le ray-grass d'Italie
« consommé en vert, j'ai constaté qu'on pourrait aller fructueu-

« sement jusqu'à 100 mètres de vidanges, additionnées de 1.000
« mètres d'eau en cinq arrosages. »

Au sujet de l'addition des vidanges aux eaux d'égouts pour
l'utilisation agricole, M. Paulet, d'accord avec M. Moll et
M. Boussingault, s'exprime ainsi:

« Si les auteurs de ce projet entendent enrichir les eaux
« d'égouts par l'apport des déjections humaines, je demande à
« dire qu'il ne faudrait pas ajouter de l'eau encore à ces liquides
« urineux déjà trop dilués.

Et il conclut finalement à leur *séparation*.

TITRE IV

L'ASSAINISSEMENT DE LA HAYE

Nous n'aurons que peu de chose à dire sur le système d'assainissement de cette capitale.

Ce n'est pas qu'il ne présente de l'intérêt ou soit mal fait. Au contraire, l'étranger est frappé de la propreté méticuleuse des rues et le service est dirigé par un ingénieur de grand mérite.

Mais la situation particulière de cette cité lui imposait des solutions limitées, qui ne pourraient être prises comme exemples. On y a fait application, très judicieusement à notre avis, des principes que nous avons déjà rencontrés à Berlin notamment : l'exclusion scrupuleuse des détritus solides des égouts qui sont complètement réservés aux liquides; l'emploi des conduits fermés de petite section pour l'expulsion rapide des eaux usées; enfin, le traitement des ordures ménagères, suivant un procédé analogue à celui employé à Amsterdam.

Pour éviter des redites, nous signalerons seulement les points intéressants qui distinguent ce service de ceux précédemment étudiés.

La Haye, comme Amsterdam, déversait jusqu'à ces dernières années la plus grande partie de ses eaux souillées dans les canaux qui traversent la ville. En 1894, après examen de diverses solutions, entre autres des projets Liernur et Waring, la municipalité se prononça pour l'établissement d'une canalisation unique recevant aussi bien les eaux des maisons que celles des rues. Elle adopta donc le Tout à l'Egout, mais dans des conditions très différentes de celles prévues pour Paris. Les motifs qui déterminèrent ce choix, sont : d'une part l'économie notable qui en résultait dans les dépenses de construction, car, tout étant à faire, on évitait de la sorte une double canalisation; d'autre part la facilité très grande que la proximité de la mer donnait pour se débarrasser des eaux d'égout au moyen d'un collecteur de peu de longueur. Cette dernière condition fit renoncer à tout moyen d'utilisation. Mais on ne pouvait aller regagner la plage au point le plus proche sans nuire à la station balnéaire de Scheveningue, la plus recherchée de la mer du Nord. La difficulté fut tournée en reportant l'exutoire du réseau d'égouts vers l'Ouest dans un canal couvert de 2 kilomètres qui rejoint la mer à quelques kilomètres de la plage de Scheveningue.

D'ailleurs, le déversement direct des eaux du collecteur dans la mer eût été impossible. A marée haute, le niveau de la mer est notablement supérieur à celui que l'on pouvait donner au radier du collecteur et il était de toute nécessité, pour recevoir momentanément les eaux souillées, d'interposer un bassin formant un bief muni de portes d'écluses qu'on n'ouvre du côté de la mer qu'à marée basse.

Les principes qui ont présidé à l'établissement des égouts sont tout autres que ceux que l'on a appliqués à Paris. On a cherché surtout l'écoulement rapide des eaux puisqu'elles devaient comprendre les vidanges, et pour cela on a constitué les égouts de conduites de petite section, de forme ovoïde, et autant qua possible fermées. Les bouches d'égouts, établies avec fermeture hydraulique, empêchent tout passage d'air, et sont disposées à la suite d'un petit réservoir ou puisard de dépôt destiné à retenir, avant leur arrivée dans l'égout, les détritus solides entraînés par les eaux de surface; elles rappellent ainsi les gullies de Berlin. Le mode de construction des nouveaux égouts est d'une simplicité remarquable : ils sont faits entièrement en béton de ciment et leur section ovoïde est composée suivant la dimension de l'égout d'une ou plusieurs pièces assemblées très ingénieusement.

Bien que le Tout à l'Egout soit adopté en règle générale, il existe encore de nombreuses fosses, tant mobiles que fixes, qui peuvent être mises dans certains cas, en communication directe avec l'égout de la rue. La vidange des fosses encore existantes est faite au moyen de pompes pneumatiques et dépend du service du nettoyage de la ville. L'organisation de ce dernier est d'ailleurs fort complète.

Les rues principales sont balayées tous les jours et celles dont le trafic est intense le sont même deux et trois fois par jour. Les mêmes tombereaux, chargés d'enlever les boues et balayures de la rue, viennent aussi chercher à certaines heures les cendres et ordures ménagères; les habitants ne sont pas autorisés à porter ces détritus dans la rue avant le passage du tombereau, dont l'arrivée est annoncée par une sonnette ou une crécelle. On prévient ainsi l'encombrement de la voie publique.

Toutes les immondices recueillies sont transportées au dépôt

central et y sont triées par les chiffonniers du service du nettoyage. Pour partie, ces matières sont vendues comme engrais ;
d'autres, telles que les vieux papiers, chiffons, os, etc. sont
vendues séparément. Ce qui ne trouve pas acquéreur est ou brûlé
ou employé à des remblayages. Enfin il en est fait également des
composts, le cas échéant, par le mélange avec les boues des
chaussées et les résidus des abattoirs. Sur un volume total d'environ 60.000 mètres cubes que la ville produit dans l'année, on
peut estimer que 28.000 mètres cubes sont vendus comme
engrais, une petite partie est brûlée et environ 30.000 mètres
cubes sont employés à des remblayages, leur enlèvement ayant
coûté en moyenne dans ces dernières années 0 fr. 64 par mètre
cube.

TITRE V

L'ASSAINISSEMENT DE BRUXELLES

I. — EXPOSÉ

Si La Haye nous offre l'exemple d'une ville où le Tout à l'Egout est pratiqué sous forme mitigée, nous trouvons au contraire à Bruxelles un exemple où ce dernier a reçu l'application la plus entière. Dès 1875, année de l'achèvement des travaux d'assainissement et d'amélioration de la *Senne,* rivière qui traverse la ville, les fosses avaient presque complètement disparu. Le règlement sur les *bâtisses,* du 8 janvier 1883, qui est celui actuellement en vigueur, les proscrit de toute construction nouvelle. Aux termes de l'art. 78 de ce règlement : « il ne peut « être établi aucune fosse d'aisances, aucun puisard pour eaux « sales, ménagères ou autres, aucun puits perdu ou d'absorp- « tion, » et ceux encore existants ne peuvent être maintenus qu'en vertu d'une autorisation spéciale. C'est donc le Tout à l'Egout dans l'acception la plus absolue du terme et il n'est pas sans intérêt, dans ces conditions, d'entrer dans quelques details au sujet des mesures et dispositions dont il est accompagné et des résultats qu'il a produits.

On commença à substituer aux fosses d'aisances l'écoulement direct des eaux de vidanges à l'égout public, lors de l'établissement de la distribution d'eau en 1853, mais les autorités n'encouragèrent au début aucunement cette tendance et, même d'après le règlement de 1857, l'écoulement direct ne pouvait alors avoir lieu qu'en vertu d'une autorisation spéciale du Collège des Bourgmestre et Echevins. Du reste, il ne pouvait en être autrement, en raison de l'insuffisance et des défectuosités du réseau d'égouts de cette époque. Ces derniers déversaient leurs eaux dans la *Senne* au milieu même de la ville ; la rivière devenait de la sorte un collecteur à ciel ouvert et son lit tortueux et irrégulier se remplissait de matières infectes. Pendant les crues, ses eaux souillées noyaient les égouts publics des voies riveraines et envahissaient les caves d'un grand nombre de maisons de la ville basse.

Cette situation déplorable motiva les grands travaux d'assainissement qui s'exécutèrent de 1867 à 1875 et qui eurent pour but, d'abord la rectification et la couverture de la *Senne* dans la traversée de la ville, puis l'établissement d'un système d'égouts secondaires et de collecteurs, recueillant les eaux sales de tous les quartiers, pour ne les rejeter dans la rivière qu'à 5 kilomètres en aval de Bruxelles. On aura une idée de l'importance de ces travaux quand nous dirons qu'ils donnèrent lieu à la démolition de 1.100 maisons du vieux Bruxelles, à l'établissement de voûtes au-dessus de la Senne sur une longueur de 2.151 mètres, constituant en partie le beau boulevard Anspach, et à la construction de 17.775 mètres d'égouts collecteurs ; ceux-ci sont à grande section, ils comportent une cunette de 2 mètres de profondeur, dont la largeur varie de 1ᵐ20 à 2ᵐ20, et une galerie supérieure voûtée pour la circulation des ouvriers. Ces travaux furent complétés par le curage et le remblayage des bras de la *Senne* supprimés, et la construction de 5.600 mètres d'égouts ordinaires du type ovoïde de 2 mètres de hauteur sur 1ᵐ33 de plus grande largeur dans œuvre.

II. — ASSAINISSEMENT DES HABITATIONS

Comme nous venons de le voir, l'envoi des eaux souillées de la maison à l'égout est obligatoire. Le règlement est formel à cet égard. « Tout bâtiment servant d'habitation ou de lieu de « réunion doit être pourvu d'un système de conduits assurant « l'*évacuation directe* vers les égouts publics des eaux sales, « ménagères ou autres et des matières fécales, liquides et « solides. » (Art. 80.) Mais à côté de cela, il est accordé une certaine latitude dans le mode d'application.

Ainsi, pour les cabinets d'aisances, on se borne à exiger : 1° qu'ils soient alimentés d'eau, sans spécifier comment, ni le volume à employer, et 2°, qu'ils soient munis d'une occlusion hydraulique de l'un des types acceptés par le Conseil. Dans les maisons où existent des cabinets communs à plusieurs habitations, on va jusqu'à autoriser qu'il ne soit établi qu'un seul siège par 25 habitants et on tolère souvent que leur nettoyage ait lieu par le déversement des eaux de lavage.

Pour le raccordement avec l'égout, on admet, soit une simple conduite en grès vernissé de 0ᵐ225 de diamètre intérieur, soit un conduit en briques maçonnées au mortier hydraulique ayant dans œuvre 0ᵐ30 de largeur sur 0ᵐ36 de hauteur, au choix du propriétaire.

Enfin, les tuyaux de descente, pour eaux ménagères et matières fécales et pour eaux pluviales des cours et jardins, peuvent n'avoir que 0ᵐ10 de diamètre, cette dimension étant toutefois un minimum. Les tuyaux de chute plongent à leur partie inférieure dans un chaudron formant fermeture hydraulique et qui déverse les eaux dans l'égout privé, ménagé généralement sous le pavage du sous-sol. Le débouché se fait directement dans l'égout public sans interposition d'aucun appareil.

Les taxes, auxquelles le raccordement des branchements à l'égout est soumis, sont les suivantes :

1° Une taxe fixe de 100 francs ;

2° Une taxe proportionnelle de 5 0/0 du revenu cadastral de la parcelle ;

3° Un franc par mètre carré de tranchée à pratiquer dans la voie publique pour la construction de l'embranchement. Moyennant le paiement de ce droit, la ville fait exécuter la réfection du pavage.

Une particularité des maisons de Bruxelles est de conserver des citernes pour recueillir les eaux pluviales tombant sur les toits, qui contribuent ainsi avec l'eau de la distribution d'eau à l'alimentation.

Chaque maison est en général spéciale à une seule famille.

Les cabinets d'aisances sont, les uns des water-closets munis d'un siphon, les autres des cuvettes, avec ou sans effet d'eau. Aucune disposition spéciale sous ce rapport n'est à citer.

III. — ASSAINISSEMENT DES VOIES PUBLIQUES

Les eaux souillées de presque toute la ville sont recueillies dans deux collecteurs principaux qui sont accolés aux culées des voûtes de couverture de la *Senne*, dans la partie où celle-ci traverse la ville en galerie.

Le collecteur de la rive droite dessert la ville haute, tandis que celui de la rive gauche reçoit les eaux de la ville basse. Le manque partiel de pente a nécessité l'établissement de quelques collecteurs secondaires de ce côté de la rivière. Cette dernière se trouve ainsi complètement isolée des égouts. A environ 1.500 mètres de la ville, la cuvette du collecteur de rive gauche passe sous la *Senne* et vient rejoindre celui de la rive droite pour constituer l'émissaire, qui finalement, va déverser ses eaux dans la rivière à 5 kilomètres en aval de la ville, près de la station de Haeren. Ce déversement doit être aidé par l'emploi de pompes élévatoires, pour regagner la différence de niveau qui peut exister entre les eaux du collecteur et celles de la rivière, suivant l'état de plénitude de celle-ci.

Les égouts ordinaires sont visitables, mais en général ils ne sont pas curés par les ouvriers, leur lavage s'effectue le plus souvent par un emploi judicieux des eaux d'averses produisant des chasses. Il faut dire que leur forte pente, au minimum 0^{m}003, favorise ce procédé de nettoyage. Le radier de ces égouts arrive, en général, au niveau ou peu en dessous de la banquette du collecteur, formant ainsi une chute dans ce collecteur,

Dans les grands collecteurs, dont la pente n'est que de 0^{m}0003 ou 0^{m}30 par kilomètre, le curage s'effectue au moyen de wagons-vannes roulant sur des rails établis sur les banquettes latérales de la galerie. Les regards servant au passage des ouvriers sont distants d'environ 50 mètres et sont fermés par des plaques percées de trous.

De principe général, les égouts ne reçoivent aucune conduite d'eau ou de gaz, ni fils télégraphiques ou câbles téléphoniques. Ils sont exclusivement réservés à l'écoulement des eaux.

Les bouches d'égout, au nombre de 5.100 environ, sont presque toutes à air coupé, c'est-à-dire à fermeture hydraulique. Elles sont disposées de façon à retenir au fond d'un petit puisard les matières solides entraînées par l'eau des rues. Ces puisards sont curés deux fois par semaine. Cependant 1/10 à peu près des bouches sont à air libre afin d'éviter les accumulations d'air lors de la survenance subite de grands volumes d'eau.

Le service du nettoyage des rues est bien fait. Il ne comprend que l'enlèvement des produits, le balayage étant une charge des propriétaires ou locataires riverains. Il est placé sous les ordres d'un directeur et comprend un ensemble de 374 personnes, dont 227 cantonniers et 13 surveillants.

Les voies publiques occupent environ 150 hectares sur une superficie totale de 888 hectares constituant le territoire de la commune de Bruxelles. L'enlèvement des boues et poussières se fait au tombereau : l'été à partir de six heures du matin, et l'hiver à partir de sept heures. Les ordures ménagères sont prises en même temps. Il est formellement interdit aux propriétaires de jeter à l'égout les produits du balayage.

L'arrosage se fait à la lance sur les boulevards et sur les avenues et places publiques, mais il est fait au tonneau dans les rues de la ville. On peut estimer à 3.500 m. c. la quantité d'eau journellement utilisée pour le service du nettoyage de la voirie. Pour une population de 191.505 habitants constituant la cité proprement dite de Bruxelles, cela correspond à 18 litres par tête.

IV. — EMPLOI DES DÉTRITUS

Les ordures ménagères sont rassemblées et vendues comme engrais d'après un tarif arrêté par l'administration communale et celles qui ne trouvent pas acquéreur sont transportées au dépôt, situé sur les bords du canal, à cinq kilomètres de Bruxelles. Anciennement l'enlèvement des boues et des immondices était une source de bénéfices pour la ville : on le concédait au plus offrant. Depuis 1858, il est au contraire devenu une charge et celle-ci s'est même élevée à la somme de 494.844 fr. 17 en 1895, soit 2 fr. 60 par habitant.

Depuis juillet 1892, la ville poursuit des essais de destruction des immondices par incinération. Les résultats obtenus ont été satisfaisants. Ils ont montré qu'à Bruxelles, les ordures brûlent sans addition d'aucun combustible; que la désinfection des matières qui ont passé au four est complète ; que les fours peuvent être établis sans inconvénient près des centres habités. Aussi la municipalité avait-elle décidé d'étendre ce service, lorsque le projet d'installations maritimes qui prévoit la construction d'un bassin au lieu même où devaient se construire les nouveaux fours, est venu remettre tout en question. Mais les expériences faites sont acquises; les chiffres qu'elles fournissent montrent que le problème n'est qu'à moitié résolu, puisque l'incinération donne de 30 à 40 0/0 de cendres, dont il faut se débarrasser ensuite.

Il n'est tiré aucun parti des eaux d'égout. On a bien essayé au début de les employer à l'irrigation, mais les résultats ayant été peu satisfaisants, on y a renoncé. L'état actuel est une honte pour une ville. On ne peut se figurer, sans l'avoir vu, l'état immonde de la sortie du collecteur, à l'exutoire de Haeren, dans la *Senne*. La ville ne fait subir à ses eaux d'égout aucune épuration avant de les déverser dans la rivière, bien qu'il se trouve à peu de distance en aval un centre de population important, Vilvorde, et cette indifférence a pour effet de laisser se former un cloaque inexprimable et indigne. Aussi s'attend-on, un jour ou l'autre, à être dans l'obligation de continuer l'émissaire plus en avant et peut-être même, dans un avenir peu éloigné, de le prolonger jusqu'à l'Escaut.

V. — RESUMÉ

En résumé, si l'on établit la comparaison avec les dispositions adoptées à Paris, on remarque quelques différences capitales ; d'abord une plus grande rapidité d'évacuation des eaux usées, due surtout aux conditions topographiques de la ville ; puis la réduction au strict nécessaire des orifices permettant le passage de l'air de l'égout dans l'atmosphère ou *vice-versa* ; l'éloignement de l'intérieur des égouts des produits du balayage et des matières solides entraînées par les eaux ; l'affectation exclusive des égouts à l'évacuation des eaux ; enfin la simplicité des dispositions appliquées dans les habitations pour l'expulsion des eaux de toute nature, y compris les vidanges et le raccordement avec l'égout public.

On ne peut que louer la mise en pratique de ces principes. Mais, d'autre part, on ne saurait assez blâmer la ville de Bruxelles d'avoir écarté de ses projets d'exécution du Tout à l'Egout, toute prévision immédiate relative à l'épuration et à l'utilisation des eaux chargées des vidanges.

Il en est résulté un exemple topique de l'infection où peut aboutir l'emploi de ce système.

Nous avons pu nous rendre compte, au débouché des égouts de Bruxelles, de ce que seront les collecteurs parisiens lorsque les 90.000 maisons de notre capitale y déverseront toutes les matières stercorales.

La grande erreur des protagonistes du Tout à l'Egout a été de supposer que dans un volume d'eau suffisant il y aurait dilution de ces matières. Les faits brutaux démontrent le contraire. Il n'y a pas dilution — et Bruxelles le prouve surabondamment — de même que la pollution des canaux d'Amsterdam et de la Haye l'avait déjà fait voir.

Nous ne saurions trop engager les personnes amies sincères de la vérité, qui iront à Bruxelles, à faire la visite à une demi-heure de voiture de la ville, de l'exutoire de Haeren, non certes pour leur agrément, mais pour se persuader de l'ignominie d'une telle solution.

C'est pourtant ce que l'on est exposé à voir se reproduire à Paris dans quelques années, si les données actuelles ne sont pas modifiées et si l'on ne sépare pas, pour leur expulsion, les matières de vidanges d'avec les eaux d'égout.

Que les hygiénistes aillent à Haeren et ils seront convaincus !

TITRE VI

LES SYSTÈMES DE CANALISATION SÉPARÉE

I. — AVANTAGES DE LA SÉPARATION

L'Etude de l'assainissement de la Ville d'Amsterdam nous a fourni l'occasion de décrire en détail l'un des systèmes de canalisation séparée actuellement en usage, le système Liernur. Il présente, comme nous l'avons vu, dans cette application la particularité de ne servir qu'à l'évacuation des eaux de vidange. Cela constitue une exception ; en général, quand on adopte le principe de la séparation, la canalisation spéciale reçoit les eaux de menage et les vidanges, tandis que les eaux de surface sont écoulées par d'autres canaux. On trouve cependant des exemples, surtout en Angleterre, où la canalisation spéciale recueille aussi une petite quantité de l'eau pluviale tombant sur tout ou partie du toit des maisons.

L'objet de la séparation se comprend aisément : éviter le mélange des eaux les plus souillées provenant des habitations avec celles des rues qui sont moins impures, afin de pouvoir les soumettre à un traitement approprié à leur degré de souillure. Et, en effet, dans les villes où les dispositions sont prises pour éviter l'entraînement des matières solides aux égouts, on peut en général déverser les eaux de surface directement dans le cours d'eau voisin. On n'est donc obligé d'épurer que les eaux de la conduite spéciale, solution fort simple, quand elle est possible.

Quels sont les principaux avantages et inconvénients de la séparation ?

Comme inconvénient on ne peut guère en citer qu'un, c'est de conduire à une grande dépense d'établissement, lorsque les conditions locales ne sont pas favorables à cette solution et que l'évacuation des eaux de pluie ne peut s'effectuer en des points suffisamment nombreux et rapprochés.

Dans ce cas, le réseau des égouts destiné à recueillir les eaux de surface, au lieu de se réduire à un ensemble de canaux de petite section, prend forcément des dimensions très importantes. surtout en ce qui concerne les collecteurs.

Mais quand on peut disposer de points rapprochés et commodes pour l'évacuation des eaux superficielles, l'installation de deux canalisations distinctes sera la solution la plus economique, car l'expulsion des eaux ménagères et des vidanges ne demande que des conduites de faible diamètre, parce que leur débit est restreint et peu variable comparativement à celui des eaux de pluie. D'autre part, il ne faut pas perdre de vue que ces dernières dès qu'elles sont souillées par le mélange des eaux des maisons et des vidanges ne peuvent plus être rejetées en rivière sans être épurées.

La séparation peut donc apporter une économie notable dans l'installation des canalisations. A cet avantage vient s'en ajouter un autre, quand pour éloigner de la ville les eaux usées, il faut les élever par machines, car les installations mécaniques sont plus simples et moins coûteuses lorsqu'elles n'ont à refouler que les eaux des habitations.

De plus, les eaux de la conduite séparée, plus riches en principes fertilisants que celles du Tout à l'Egout, se prêtent mieux à l'utilisation, qui peut alors devenir rémunératrice, ce qui n'a pas lieu avec les eaux trop diluées du système unitaire.

Enfin si, comme cela a lieu ordinairement, on doit recourir à des déversoirs pour écouler le trop plein des eaux de pluie en rivière, ces eaux ne seront pas polluées par les eaux-vannes, toujours sujettes à renfermer des germes de maladies infectieuses.

Si l'on examine la question à un autre point de vue, celui de la rapidité d'expulsion des excreta de la vie urbaine, il est incontestable que le système de la séparation offre à cet égard une évidente supériorité pour une grande ville.

Il permet, en effet, de diviser la superficie totale en arrondissements ou secteurs concordant ave a topographie locale, et d'affecter à chacun d'eux les moyens les mieux appropriés à la réunion des eaux-vannes, à leur moindre parcours et à leur évacuation immédiate, sans contact avec l'atmosphère, sans infection et sans trouble pour les habitants, c'est-à-dire en donnant satisfaction absolue aux prescriptions de l'hygiène.

Toutes les conditions favorables qui viennent d'être énumérées se comprennent d'elles-mêmes, et il n'y a lieu d'insister que sur l'état de dilution le plus convenable des matières pour leur utilisation ultérieure.

Plusieurs fois déjà au cours de ces études nous avons indiqué la richesse, en valeur d'engrais ou de produits fertilisants pour l'agriculture, des résidus de la vie urbane. Mais il n'est pas indifférent, pour en réaliser l'utilisation, de les conserver à un degré de concentration déterminé ou de les noyer dans un excès de liquide. Nous avons vu qu'à Amsterdam, par le système de vidange pneumatique de Liernur, on tire un produit rémunérateur des liquides réduits à la quotité de 3 litres 1/2 par individu et ne comprenant pas les eaux ménagères; mais ces dernières sont riches également en substances organiques et azotées, en sels de potasse ou autres, et il est rationnel de les joindre aux vidanges.

Cependant, tout excès d'eau qu'on y ajoute rend plus difficile ou plus coûteuse leur utilisation.

Il y a donc un très grand intérêt, si l'on admet comme nous que rationnellement le problème de l'assainissement ne peut être résolu que par l'utilisation réelle des excreta de la vie, à ne mêler aux liquides et matières en question que l'eau strictement nécessaire à leur véhiculation et à la propreté privée. Cela peut conduire à un chiffre moyen ne dépassant pas 40 à 50 litres par individu qui seraient à recueillir dans les conduites absolument closes de la canalisation spéciale. Toutes les eaux provenant des autres usages, arrosages, lavages des cours, trottoirs ou chaussées, sont à réunir aux eaux de pluie et doivent s'écouler avec elles.

L'enlèvement de la quantité de 40 à 50 litres environ par tête, que nous venons d'indiquer, reste une opération relativement peu coûteuse, et l'eau d'égout ainsi formée présente une concentration suffisante et une richesse assez grande pour justifier toute opération tendant à l'utiliser par l'épandage à dose minime sur les terres à fertiliser.

Mais si l'on jette ce mélange utilisable dans un volume d'eau cinq ou six fois plus grand, comme on le fait dans les égouts de Paris, c'est se donner le souci de transporter, d'élever et d'expulser au loin, au risque d'une dépense beaucoup plus grande, un liquide six fois moins riche, qu'on ne peut plus épurer que par l'épandage effectué à des doses exagérées, sur des terrains spéciaux, d'une très grande étendue, et sans profit bien net pour l'agriculture.

C'est la conclusion à laquelle est arrivé le professeur Vogel, en Allemagne, qui s'exprime ainsi: « L'exploitation des champs « d'épandage par les procédés actuels, à part quelques excep- « tions, est toujours accompagnée de sacrifices d'argent assez « notables. — Un résultat favorable au point de vue financier ne

« sera atteint, le plus souvent, « que par l'adoption de la sépa-
« ration ».

Cela résume les déductions que l'on peut tirer de l'expérience de nombre de villes et c'est l'origine des applications
qu'on remarque aujourd'hui en Angleterre et en Amérique,
en faveur des systèmes de canalisations séparées, combinés avec
la décantation préalable.

Est-il surprenant que cet avantage primordial de maintenir
à un faible volume relatif les eaux souillées à traiter, joint à tous
ceux que nous avons indiqués plus haut, ait acquis au système
séparé de nombreux partisans et qu'on ait cherché à le rendre
aussi pratique que possible?

Les différentes formes que ce système a prises rentrent
dans l'une des trois catégories suivantes :

1° Evacuation des eaux par écoulement naturel, c'est-à-dire
par l'effet de la gravité ;

2° Evacuation par aspiration, ou par production du vide à
l'extrémité de la conduite ;

3° Evacuation par refoulement, ou par l'emploi de l'air comprimé.

Des différentes combinaisons imaginées les seules à citer,
comme ayant atteint une réelle importance pratique, sont : dans
le premier groupe, le système Waring ; dans le second, les
systèmes Liernur et Berlier, ce dernier perfectionné par la C⁰
de salubrité de Levallois-Perret ; enfin, dans le troisième, le
système Shone.

Nous avons déjà étudié le système Liernur; nous allons
maintenant passer en revue les trois autres.

II. — SYSTÈME WARING

Le système Waring réalise l'évacuation des eaux de vidange
et de ménage par une canalisation en tuyaux de poterie de
petit diamètre dont on exclut toute eau de pluie, même celle
tombant dans les cours ou sur les toits des immeubles. L'écoulement se produit sous l'effet de la seule inclinaison donnée aux
conduites, et, pour empêcher qu'il ne se forme des dépôts à l'intérieur, elles sont toutes munies à leur origine d'un réservoir
de chasse fonctionnant automatiquement, une ou plusieurs fois
par jour. C'est cette particularité qui constitue en réalité la
caratéristique du système.

La première application importante remonte à l'année 1880.
Elle fut faite à Memphis, dans l'Etat de Tennessee, et depuis

lors ce mode d'assainissement tend à se répandre aux Etats-Unis. Trente-huit villes américaines l'ont déjà adopté, parmi lesquelles, outre Memphis, Omaha, Pullmann-city, Lincoln, Pensacola, etc.

Un essai en a été fait à Paris de 1883 à 1885. Une série de conduites furent installées d'après ces principes au quartier du Marais, dans les rues Vieille-du-Temple, des Rosiers, des Hospitalières-Saint-Gervais, des Quatre-Fils et des Francs-Bourgeois ; elles desservaient deux écoles (recevant ensemble 1,700 enfants), et les latrines publiques du marché des Blancs-Manteaux. Mais au lieu d'être logées dans le sol, avec l'inclinaison convenant à leur diamètre, elles furent placées, par suite d'ordres administratifs absolus, sur des consoles à l'intérieur des égouts. Elles n'avaient donc que la pente de ces derniers. On leur donna, en outre, un diamètre fort réduit, 0^m052 à l'intérieur. Les essais, malgré ces conditions défavorables, furent satisfaisants ; néanmoins, dans sa séance du 26 mars 1886, le Conseil municipal écarta le projet sur l'avis des ingénieurs de la Ville qui se prononcèrent contre l'adoption du principe de la canalisation séparée. Il est à notre connaissance que, depuis lors, ce système a été employé en France, avec succès, dans la station balnéaire d'Etretat. (Seine-Inférieure.)

Dans les applications faites en Amérique, les conduites sont formées de tuyaux en poterie, vernissés à l'intérieur, dont le diamètre ne descend pas au-dessous de 0^m15, leur pente étant déterminée de manière à ce que la vitesse d'écoulement soit au moins de 0^m50 par seconde.

Les branchements particuliers des maisons sont composés presque toujours de simples tuyaux de 0^m10 de diamètre, se raccordant directement aux conduites de la rue, sans interposition de clapet ou de fermeture hydraulique, et les tuyaux de chute, prolongés jusqu'au dessus du toit, servent en même temps à la ventilation de l'égout. Il n'y a donc occlusion et empêchement de rentrée d'air que par les siphons hydrauliques dépendant des appareils d'évacuation. Ceux-ci, pour empêcher le passage des corps volumineux, capables d'engorger les conduites, ont des orifices de diamètre réduit.

La capacité des réservoirs de chasse est plus ou moins grande suivant la fréquence de leur action ; en général, ils cubent environ 500 litres, mais il faut compter par jour et par réservoir sur une dépense d'eau d'à peu près 2 mètres cubes. Ils se remplissent lentement puis, quand le niveau y atteint une certaine hauteur, un siphon annulaire d'un genre particulier s'amorce de lui-même et toute l'eau du réservoir se vide rapidement par ce siphon dans la conduite. Ces chasses artificielles périodiques qui se produisent automatiquement, suffisent pour assurer le curage parfait des conduites. Toutefois, comme il pourrait, malgré tout, pénétrer quelque objet ou se former accidentellement quelque dépôt, on ménage des regards tous les 150 à 300 mètres.

La ventilation de la canalisation est assurée d'une part par les tuyaux de chute, qui jouent le rôle de cheminées d'appel, et d'autre part par des orifices de rentrée d'air dont on munit la conduite, le plus souvent au droit des plaques de regards. D'ailleurs le volume d'air à mettre en circulation est faible, parce que les conduites n'ont que les sections nécessaires à l'écoulement des eaux des maisons.

Le même principe est appliqué par M. Waring aux installations intérieures des immeubles.

L'entraînement des matières se produit toujours sous l'effet d'une chasse d'eau subite, aussi bien dans les water-closets que dans les éviers et autres appareils d'expulsion.

Ces quelques indications suffisent, pensons-nous, pour se rendre compte du système Waring, dont l'intérêt réside surtout dans la simplicité, mais dont l'installation doit être confiée, en raison de cela même, à des personnes expérimentées qui puissent en assurer l'efficacité par les soins apportés dans l'exécution des canalisations.

III. — SYSTÈME DE LA COMPAGNIE DE SALUBRITÉ DE LEVALLOIS-PERRET

1er *Exposé*

Bien que dans les systèmes Liernur et de la Compagnie de salubrité de Levallois-Perret, l'évacuation des eaux usées se produise sous l'effet de la même cause, c'est-à-dire de l'aspiration résultant du vide engendré au point extrême de la canalisation, le mode de fonctionnement des deux systèmes est essentiellement différent.

Dans la canalisation Liernur, on n'établit le vide dans les conduites qu'au moment où celles-ci doivent opérer la vidange, et des hommes ouvrent et ferment, à cet effet, une série de robinets, groupés autour du réservoir qui dessert tout un bloc de maisons. Dans le système de Levallois-Perret, au contraire, le vide règne dans la canalisation d'une manière continue ; celle-ci est en communication directe avec les branchements des immeubles, en sorte qu'il y a un appel constant des eaux des habitations, et les matières sont évacuées vers l'usine dès que les clapets de l'appareil, disposés à l'origine des branchements, en permettent le passage. On voit combien en principe les deux systèmes s'écartent l'un de l'autre ; aussi sera-t-il intéressant, après description du dernier, d'en comparer les résultats pratiques.

Le système de la Compagnie de Salubrité est entré en exploitation à Levallois-Perret le 1er Novembre 1892. Il fut adopté par la commune, à la suite de l'essai qui en avait été fait à Paris dans différents édifices publics et propriétés privées des 8e et 9e arrondissements. Depuis cette époque, il a fonctionné d'une manière parfaitement régulière, prenant tous les jours un plus grand développement. Actuellement sa canalisation s'étend sur une longueur de près de 30 kilomètres ; elle atteindra 35 kilomètres après l'exécution de nouveaux percements de rues à effectuer. Elle dessert plus de 500 immeubles, comprenant une population d'environ 15,000 habitants et, contrairement à ce qui se passe à Amsterdam, elle recueille toutes les eaux des maisons et même les eaux industrielles.

L'évacuation se fait par l'intermédiaire d'un appareil placé au bas du tuyau collecteur des diverses chutes de la maison et qui constitue un renflement de ce tuyau disposé pour arrêter les débris solides ou détritus que l'on jette à tort dans les cabinets d'aisances et pour les briser ou les désagréger.

De la partie inférieure de cette capacité part la conduite de branchement reliant l'immeuble à la canalisation pneumatique ; l'appareil est logé soit dans la cave, soit en un point quelconque du sous-sol. Sa forme est celle d'une caisse fermée parallélipipédique, en tôle d'acier galvanisée, de 0 m. 80 $\times$ 0 m. 40 en plan, sur 0 m. 80 de hauteur. On remarque à la partie inférieure une grille demi-cylindrique destinée à arrêter les corps solides ou débris susceptibles d'engorger les conduites. Un arbre porteur de palettes permet de les broyer ou tout au moins de constater leur présence, s'ils résistent au mouvement des palettes actionnées par une manivelle extérieure ; dans ce cas, l'ouvrier chargé du contrôle ouvre le couvercle de la caisse pour retirer l'obstruction restée sur la grille et l'emporter au dehors sans nuire aucunement au fonctionnement général. Ainsi sont évités les inconvénients causés aux siphons de pied des tuyaux de chute des installations ordinaires, par les obstructions fréquentes dues aux dépôts de corps solides.

L'évacuation normale des liquides et matières arrivant dans

la caisse est double. Elle se fait d'abord à mi-hauteur par un tube vertical qu'obture un clapet de caoutchouc relié à un flotteur. Dès que le niveau dans l'appareil s'élève au-dessus de ce clapet, le flotteur le soulève, le liquide qui excède est aspiré et s'écoule par le tube dans le branchement. Le clapet se referme alors jusqu'à ce qu'un nouvel apport de liquide agisse à nouveau sur le flotteur. Mais, d'autre part, le tube en question est lui-même mobile, et se termine à sa partie inférieure par un anneau sphérique en caoutchouc qui obture une ouverture d'évacuation plus grande destinée à des chasses intermittentes. — Dans sa tournée, le surveillant, en même temps qu'il met en mouvement le malaxeur, soulève le tube, au moyen d'un écrou extérieur, sans ouvrir l'appareil qui reste hermétiquement clos. Sous l'effet de la pression atmosphérique, une chasse se produit alors, les corps que le séjour dans le liquide n'a pas suffisamment dilués traversent l'ouverture et s'engouffrent dans la conduite. Ces dispositions sont en somme très simples et se comprennent très aisément sur place. La Compagnie de Levallois-Perret ne renonce pas d'ailleurs à les perfectionner et simplifier encore.

Le diamètre des branchements n'est, en général, que de 0^m100. Quant à la canalisation proprement dite, composée, comme les branchements, de tuyaux de fonte à joints de caoutchouc, ses dimensions vont en croissant, des dernières ramifications jusqu'à l'usine, depuis 0^m125 jusqu'à 0^m325. Ces tuyaux sont posés le plus souvent en terre, mais dans les rues où passent les collecteurs parisiens, les conduites empruntent ces égouts; elles en ressortent, y rentrent selon les conditions locales. Cette facilité d'établissement est très remarquable et lève complètement l'une des objections que l'on fait souvent à l'adoption d'une canalisation spéciale.

L'installation mécanique, à l'usine, comporte deux cuves de 20 mètres cubes chacune, dans lesquelles le vide est fait au moyen d'une pompe à air actionnée directement par une machine à vapeur de 70 chevaux. Cette installation est double pour permettre le nettoyage et les réparations et parer à tout accident.

Les chaudières sont du type Belleville.

2° *Fonctionnement du système*

La pompe, agissant d'une manière continue, entretient un vide relatif dans toutes les parties de la canalisation, mais tandis que, dans les cuves réceptrices de l'usine, la dépression due au vide peut atteindre de 50 à 55 centimètres de mercure, aux extrémités des conduites, cette dépression n'est guère que de 20 à 25 centimètres. En même temps que les matières sont évacuées par l'ouverture des clapets, il se produit de petites rentrées d'air dans la conduite; c'est cet air qui, appelé vers l'usine, est expulsé par la pompe. Il règne donc dans les artères principales de la canalisation un courant gazeux continu vers l'usine. Comme les conduites sont toutes posées avec une légère pente, les liquides commencent par s'écouler sous l'effet de la gravité, mais le courant d'air accélérant leur vitesse superficielle, ils s'élèvent graduellement dans la conduite et finissent par en emplir toute la section. Il se forme alors comme un bouchon liquide dont toute la masse voyage avec vitesse vers les cuves réceptrices de l'usine.

Si l'on recherche quelle vitesse théorique correspond aux différents degrés du vide obtenu et mesuré en centimètres de mercure, on trouve les chiffres suivants :

Dépression en centimètres de mercure	Hauteur d'eau correspondante	Vitesse théorique
20	2^m72	7^m30
30	1^m08	8^m05
40	5^m44	10^m30
50	6^m80	11^m60
60	8^m16	12^m65

De ces chiffres on peut conclure qu'il n'y a pas grand avantage à exagérer le degré du vide, puisque entre 20 et 40 centimètres, la vitesse théorique varie seulement de 7^m30 à 10^m30. Soit en moyenne aux environs de 9^m, ce qui est très suffisant car, dans ces conditions, un tuyau de 0^m200 de diamètre peut débiter plus de 20,000 mètres cubes en 24 heures.

Les eaux vannes amenées à l'usine de Levallois-Perret sont simplement déversées dans le grand collecteur d'Asnières. Il faut regretter que les nécessités locales de cette installation aient forcé la Compagnie de Salubrité à se contenter de ce déversement des matières pour laisser à d'autres le soin de les utiliser; mais il va sans dire que, lorsque les circonstances s'y prêtent, ces eaux conviennent parfaitement à l'épandage, parce qu'elles renferment une plus forte proportion d'éléments fertilisants que les eaux d'égout ordinaires et sont dépourvues de sable et autres débris inertes.

La Compagnie de Salubrité vient d'ailleurs, à la suite

d'expériences nombreuses, d'arrêter le mode d'épuration qu'elle propose pour le traitement à effectuer dans d'autres villes.

Sous l'influence de réactifs appropriés, les matières fraîches, à leur arrivée à l'usine, sont séparées en un précipité compact qui, desséché, fournit une matière inodore et friable, et en un liquide clair, également inodore, déjà propre à être rejeté en rivière si les circonstances ne se piètent pas à une épuration plus complète par épandage ou filtrage.

Quant au volume recueilli en ce moment à Levallois par jour, il varie de 360 à 400 mètres cubes ; ce qu'il est très facile de constater exactement par le nombre de cuves qu'il a fallu vidanger pendant la journée ; ce nombre se déduit du diagramme que trace automatiquement l'indicateur de vide, des variations de pression à l'arrivée aux cuves.

La population desservie étant d'environ 15,000 habitants, cela fait une production moyenne de 25 à 28 litres par habitant, chiffre de beaucoup supérieur à celui que nous a donné la canalisation pneumatique d'Amsterdam, mais bien inférieur aux 107 litres que nous avons trouvés par tête à Berlin, et aux 250 litres environ par habitant que fournissent les égouts de Paris.

Quoiqu'il en soit, à Levallois, les conditions de marche actuelle sont encore loin de la limite de capacité de transport de la canalisation qui, sous ce rapport, jouit d'une élasticité très digne de remarque. Et c'est un des principaux caractères de ce système de pouvoir satisfaire à des conditions très différentes dans les quantités de liquides à expulser de la Ville. La canalisation prend en effet tout ce qu'on lui donne, peu ou beaucoup.

Comme exemple, le fait suivant mérite d'être cité :

Le 10 septembre 1896, à la suite d'un cyclone, il est arrivé subitement un afflux d'eau considérable à l'usine. Dans l'espace de trois heures et demie, les cuves ont dû être vidangées 16 fois, ce qui représente une venue d'eau de 240 mètres cubes, soit un débit trois fois plus grand que le débit usuel. Malgré cela, la machine a fait face aux exigences du moment et il n'en est résulté qu'un amoindrissement dans le degré de vide ordinaire. On voit donc que le réseau est en mesure d'évacuer une quantité de liquides beaucoup plus grande que celle qu'il reçoit actuellement et que ce mode d'aspiration est exempt du reproche que l'on adresse au système Liernur, de ne pouvoir prendre, sans devenir trop onéreux, les eaux ménagères et industrielles avec les eaux de vidange.

3° *Comparaison avec le système Liernur*

Si l'on compare les résultats fournis par les canalisations pneumatiques d'Amsterdam et de Levallois-Perret, on remarque que, dans la première de ces villes, une machine de 60 chevaux, travaillant en moyenne 21 heures par jour n'a effectué au bout de l'année que le transport de 78.000 mètres cubes de vidanges, tandis qu'à Levallois Perret un volume presque double, plus de 130.000 mètres cubes, est évacué dans le même espace de temps par une machine de 70 chevaux, ne travaillant que de 17 à 18 heures par jour.

Il y a donc dans le second cas, pour le transport d'une même unité de volume, une dépense de travail notablement moindre, et la chose est facile à comprendre.

En effet, dans le système Liernur, l'appel est produit par l'intermédiaire des réservoirs de district dans lesquels se rassemblent les eaux amenées par les conduites collectrices, puis cette masse liquide est refoulée à l'usine, lorsque les réservoirs sont mis en communication directe avec l'air extérieur, pendant que le vide règne dans la conduite de transport. Il y a donc forcément, à chaque opération de ce genre, rentrée dans la canalisation d'un volume d'air important que la machine doit aspirer ensuite pour ramener le vide au degré voulu.

Dans la canalisation pneumatique de Levallois-Perret, au contraire, les rentrées d'air sont limitées au volume strictement nécessaire. Si la dépression causée par la machine peut dans certains cas s'amoindrir, son action n'en continue pas moins à se faire sentir : il peut y avoir ralentissement, mais non arrêt de l'écoulement. La confirmation de ce fait a été fournie par l'essai qui a été fait à notre connaissance d'un éjecteur à vapeur, pour remplacer momentanément la pompe à air. Cet appareil a produit un vide moins intense que la pompe, mais cela n'a pas empêché pendant plusieurs jours l'exploitation du réseau de se faire dans d'excellentes conditions.

4° *Résumé*

En résumé les résultats très satisfaisants obtenus à Levallois-Perret avec la canalisation pneumatique montrent que c'est là un excellent mode d'évacuation des eaux usées. La canalisation en fonte constitue un égout économique, fermé, absolument étanche, que les matières parcourent rapidement sans aucun contact ni avec le sol, ni avec l'air extérieur.

La grande vitesse d'écoulement s'oppose à tout dépôt, à toute obstruction. — En cas de fuite, de rupture même d'une conduite, aucun déversement ne se peut produire; l'air aspiré en excès et la baisse de l'indicateur du vide avertiraient immédiatement l'usine de l'accident auquel il serait facile de remédier par le jeu des vannes intercalées dans le réseau.

Au point de vue de l'utilisation ou du traitement des eaux vannes, quel que soit le mode adopté, ce système livre les eaux souillées sous leur volume initial sans aucune dilution ni addition d'eaux pluviales. D'où il résulte que, dans le cas d'un transport au loin ou d'un refoulement quelconque de ces eaux, les canalisations et les forces à employer sont réduites à un minimum, tandis que la richesse du liquide est au maximum.

Ces conditions réduisent a la fois les frais et l'encombrement d'un traitement chimique, si l'on veut y avoir recours, et les surfaces d'épandage, si c'est ce procédé que l'on choisit pour l'épuration.

C'est on le voit l'inverse du résultat où aboutit le système du Tout à l'Egout, qui, en diluant hors de toute mesure les eaux ménagères et de vidange, par leur mélange avec les eaux de surface, se donne le double embarras d'en exagérer le volume et d'en déprécier la valeur fertilisante.

IV. — SYSTÈME SHONE.

Pour être complets, nous devons parler du système d'évacuation des Eaux d'Egout imaginé par l'Ingénieur anglais Shone.

Il fait intervenir pour la propulsion des liquides, non plus l'aspiration ou le vide, mais le refoulement par l'air comprimé — au moyen d'un appareil spécial dit *éjecteur* dont le principe se rencontre dans nombre d'opérations industrielles.

L'éjecteur Shone se compose d'un récipient métallique qu'on loge dans une chambre maçonnée sous la chaussée, et qui est en communication d'un côté avec la conduite d'amenée des eaux souillées d'un district, et de l'autre avec la conduite d'évacuation ou de refoulement. La première de ces conduites est munie d'un clapet s'ouvrant seulement vers l'intérieur, permettant donc aux eaux de rentrer mais non de sortir, et la seconde, d'un clapet s'ouvrant en sens inverse, laissant sortir les eaux, mais les empêchant de rentrer. L'appareil est placé au point le plus bas du district, de sorte que toutes les eaux souillées s'y rendent par écoulement naturel. Il se remplit graduellement et quand le liquide s'est élevé jusque près du couvercle, l'air emprisonné à l'intérieur soulève un organe spécial qui ouvre le robinet d'admission d'air comprimé. Cet air pénètre dans le récipient, presse sur la surface du liquide et le chasse dans la conduite d'évacuation, parce que sous l'effet de la pression intérieure le clapet de la conduite d'amenée se trouve fermé. Quand le liquide est redescendu jusqu'en bas, il laisse à découvert un appendice en forme de cuvette qui agit par son poids pour fermer le robinet d'arrivée d'air comprimé, et, en même temps, ouvre une issue à l'air renfermé dans le récipient, jusqu'à ce que la pression intérieure soit ramenée à celle de l'air extérieur. L'appareil se trouve alors placé, à nouveau, dans les conditions initiales et l'opération peut recommencer.

Ce système est applicable partout où les conditions locales obligent à élever les eaux usées pour s'en débarrasser. Il comporte toujours la subdivision de la ville en districts, chacun de ceux-ci étant desservi par un éjecteur ; les eaux recueillies au point bas du district sont refoulées automatiquement ; cela exige bien entendu qu'on dispose d'une canalisation d'air comprimé venant d'une station centrale..

Il a été fait de nombreuses applications de l'appareil Shone en Angleterre, non seulement dans des canalisations du système séparé, comme à Walingford, Heston, Hampton Wick, mais aussi pour l'élévation et l'évacuation d'eaux d'égout (à Eastbourne, Preston, bâtiment du Parlement à Londres), d'eaux d'égouttement de filtres-presses (Dorking), de boues fluides provenant de bassins de décantation (Southampton). A Warrington, on s'en sert depuis 1884 pour refouler, en dehors de la ville, à 3 kilomètres et demi de distance, les matières de vidange provenant des fosses mobiles et rassemblées dans deux grandes cuves fermées. L'appareil les envoie à Longfort, où est installée une fabrique de poudrette et l'économie réalisée sur le transport qui se faisait autrefois par voitures est de plus de 30 pour cent.

On voit que l'éjecteur Shone est susceptible d'applications très diverses et ne constitue pas à proprement parler un système spécial de caralisation pour les eaux d'égout. Il s'y applique néanmoins avec avantage dans certains cas où on peut admettre à la fois un réseau de conduites pour réunir les eaux usées, une seconde canalisation pour les expulser, et une distribution d'air comprimé, sans atteindre une dépense exagérée.

TITRE VII

L'ASSAINISSEMENT DES VILLES EN ANGLETERRE

EXPOSÉ

La question de l'assainissement des villes a préoccupé de très bonne heure les pouvoirs législatifs anglais. Dès 1531, sous le règne de Henri VIII, on édicta une loi (*bill of sewers*) pour réglementer la construction des égouts. Ceux-ci n'étaient alors destinés qu'à l'écoulement des eaux pluviales des rues et des toits et, jusqu'au commencement de ce siècle, il était même formellement interdit, à Londres, d'y jeter des détritus quelconques provenant des habitations. Aussi, lorsqu'en 1810 on inventa le water-closet, il fut mis d'abord en communication avec les fosses d'aisances. Ce n'est que vers 1830, quand les Compagnies d'Alimentation d'eau de Londres prirent un certain développement, que l'on commença à relier les water-closets aux égouts publics ; aujourd'hui, cette jonction est générale.

En 1848, à la suite de plusieurs graves épidémies, le Parlement créa le Conseil de Santé publique (*General Board of Health*) et décréta : « Qu'il y avait lieu de prendre des mesures « nouvelles et plus efficaces pour améliorer les conditions sanitaires des villes d'Angleterre et du pays de Galles et qu'il convenait de placer sous une seule et même direction locale « l'alimentation d'eau des villes, de leurs égouts, leurs drainages, nettoiement et pavage, assujettis toutefois à un contrôle général. »

Cette loi eut pour première conséquence une rapide extension des canalisations souterraines, mais qui fut suivie presque aussitôt d'une aggravation notable de l'état de pollution des rivières. Aussi la législation dût-elle bientôt intervenir à nouveau et, à la suite des longs travaux d'une Commission spéciale nommée en 1868 pour étudier la question, le Parlement vota en 1876 la loi contre la pollution des rivières. (*Rivers Pollution Prevention Act.*)

C'est cette dernière loi qui domine et régit maintenant, en réalité et par contre coup, l'assainissement général des villes en Angleterre.

Les eaux souillées ne doivent retourner aux cours d'eau qu'après avoir subi une épuration convenable ; toute infraction à cette règle peut donner lieu à des poursuites de la part des parties intéressées. Les causes de pollution sont classées en quatre catégories différentes pour lesquelles la loi spécifie la juridiction à saisir suivant les cas.

Les eaux d'égout et les matières qu'elles tiennent en suspension rentrent dans la 2e catégorie, et tout particulier, lésé à leur occasion, a le droit d'intenter une action directe contre la personne qui a causé la pollution ou qui l'a permise.

En outre, depuis 1886, pouvoir a été donné aux Conseils de Comté (*County Councils*) de se substituer aux autorités sanitaires du Comté pour exercer les poursuites, ou contribuer à leur action en prenant à leur charge une partie des frais judiciaires.

Il résulte de ces dispositions que le problème de l'assainissement des villes anglaises se pose presque toujours sous la forme suivante : « Quelle est la manière la plus économique « de se débarrasser des eaux d'égout en donnant satisfaction à « la loi ? »

Ainsi formulée, cette question a fait naître nombre de procédés différents et les solutions adoptées sont si variées que quelques villes emploient parfois deux ou plusieurs modes de traitement distincts pour leurs eaux d'égouts.

En ce qui concerne Londres, les mesures législatives dont on vient de rappeler l'histoire, expliquent les différentes phases par lesquelles le réseau d'égouts a passé depuis son origine.

Anciennement, les eaux usées se déversaient simplement dans les petits cours d'eau qui traversaient la ville pour s'écouler dans la Tamise. Ces cours d'eau furent à un moment donné recouverts et transformés en égouts principaux conservant leur débouché en rivière au sein, même de l'agglomération urbaine. Dans ces conditions, de nombreux bancs de vase se formèrent dans le lit du fleuve, et, à marée basse, leur mise à découvert répandait l'infection et occasionnait des miasmes délétères. Il fallait mettre fin à ce déplorable état de choses, et c'est pour cela que le *Métropolitan Board of Works* (Conseil Métropolitain des travaux publics) adopta en 1857, après de longues études, le projet qui assure aujourd'hui le drainage de toutes les eaux souillées de Londres et leur évacuation à plus de 22 kilomètres en aval de la Cité. A l'aide de plusieurs lignes nouvelles de collecteurs longitudinaux coupant les anciennes artères à angle droit et un peu au-dessous de leur niveau, on réunit toutes les eaux et on les transporta, sur l'une et l'autre rives de la Tamise en deux points assez éloignés pour que le retour à la Métropole par le flux montant ne pût se produire. En outre, ces eaux qui tout d'abord étaient rejetées, telles quelles, dans la rivière, aux heures convenables de la marée descendante, subissent aujourd'hui un traitement chimique préalable, à l'effet de les débarrasser de la majeure partie des matières solides qu'elles tiennent en suspension et de les désinfecter avant de les mélanger aux eaux du fleuve.

Ce vaste projet fut exécuté de 1858 à 1865, sous la direction de l'ingénieur Sir J. W. Bazalgette.

Nous avons cru devoir faire l'exposé des considérations précédentes avant d'entreprendre la relation de notre étude sur Londres et d'autres villes anglaises, parce que, partout en ce pays, nous avons reconnu l'influence prépondérante de la loi pour prévenir la pollution des rivières.

En dehors de l'obligation imposée aux communes d'épurer les eaux souillées de quelque nature qu'elles soient, avant de les rendre aux cours d'eau, le Parlement anglais n'intervient en aucune façon pour autoriser ou pour favoriser un mode d'épuration de préférence à un autre. S'il s'agit d'épandage, par exemple, aucune dose d'arrosage n'est déterminée légalement. Chaque ville opère comme elle l'entend et reste responsable visà-vis des tiers des effets du mode de procéder qu'elle adopte pour l'épuration ou l'utilisation de ses eaux d'égouts. Le seul point reconnu pour *l'utilité publique*, c'est de ne pas nuire à l'eau des rivières qui est commune à tous.

Non seulement il résulte de cette vue générale une grande liberté laissée aux Ingénieurs quant aux méthodes à choisir en raison des conditions locales, mais cela explique aussi le vaste champ d'études offert par l'Angleterre pour tout ce qui concerne l'assainissement des villes. Nous n'avons pas la prétention d'en donner un tableau complet ; nous avons dû nous borner à examiner quelques applications principales, celles qui nous ont été signalées par les ingénieurs anglais les plus compétents, et qui, de leur aveu, constituent les solutions les plus récentes, les plus remarquables, ou les plus dignes d'intérêt.

CHAPITRE PREMIER

Assainissement de Londres.

I. — TOPOGRAPHIE, ETENDUE, CLIMAT, HYGIENE, POPULATION, ADMINISTRATION

Londres est située sur la Tamise à environ 80 kilomètres de son embouchure au point même où elle cesse d'être navigable. Le cours du fleuve traverse la capitale anglaise et s'y développe, de l'Ouest à l'Est, en décrivant plusieurs courbes; la ville se trouve ainsi divisée en deux parties d'inégale grandeur.

La Métropole proprement dite occupe une superficie de 121 *miles* carrés, soit 31.363 hectares, et la longueur totale de ses rues dépasse 3.000 *miles*, c'est-à-dire 4.800 kilomètres. Il est difficile de chiffrer exactement l'étendue des faubourgs qui s'accroît tous les jours. Du côté du Nord, le terrain s'élève peu à peu en pente douce jusqu'aux collines de Willesden, de Hampstead et de Highgate; tandis que, du côté du Sud, il est bas et plat et ne commence à se relever qu'à 3 kilomètres de la rive vers Denmark Hill et Redpost Hill.

Le climat de Londres est très tempéré ; pendant le mois le plus froid, celui de janvier, la température moyenne ne descend que jusqu'à 3° ; pendant le mois de juillet, elle monte à 17°5. Il y fait donc moins chaud en été et moins froid en hiver qu'à Paris, mais par contre les variations de température y sont beaucoup plus brusques.

Les pluies, rarement fortes, sont fréquentes et prolongées. La hauteur d'eau tombant dans l'année s'élève en moyenne à 630 millimètres.

Les brouillards à Londres présentent un caractère tout particulier. La grande consommation de houille, qui se fait dans les usines et pour le chauffage domestique, imprègne l'atmosphère d'une suie impalpable qui s'attache non seulement aux monuments, mais aux plantes et aux animaux eux-mêmes; les feuilles des arbres en sont noircies et les toisons des moutons qui pâturent dans les parcs publics, prennent une teinte brune et noirâtre toute spéciale. Dès que l'humidité se condense aux abords du fleuve et dans le fond de la vallée, un nuage brun et opaque se forme interceptant subitement les rayons solaires, et la ville est plongée dans une obscurité pleine d'angoisse et de mélancolie, au milieu de laquelle les réverbères allumés jettent une clarté funèbre et triste, qu'on ne saurait oublier lorsqu'on en a été témoin.

Heureusement, ce phénomène très fréquent et souvent prolongé pendant plusieurs jours dans les quartiers avoisinant le fleuve n'atteint pas dans la même mesure les régions plus éloignées, et souvent l'on retrouve le soleil et la pure clarté du jour à un quart d'heure de distance de la Tamise.

On comprend, dans ces conditions, la tendance générale qu'ont les familles d'habiter la campagne et de déserter le centre de Londres. D'ailleurs tout concourt à développer cet exode de la population : la Ville n'a ni barrières, ni octroi; les railways métropolitain et autres ont de nombreuses stations et offrent un incessant passage de trains suburbains ; la grande artère fluviale est couverte de bateaux toujours en mouvement ; les rues et avenues sont sillonnées de tramways, d'omnibus et de voitures innombrables, qui donnent à cette capitale un cachet d'animation vraiment extraordinaire.

Ces conditions de l'habitation au loin, dans un milieu salubre, expliquent suffisamment la faible mortalité moyenne que l'on remarque dans cette immense agglomération. Elle est de 18.5 pour mille et descend parfois à 15 décès annuels par 1.000 habitants, malgré l'influence contraire des quartiers pauvres et misérables, où se rencontre l'hygiène la plus déplorable qu'on puisse imaginer ; tel par exemple Whitechapel où la mortalité est de 29 pour mille.

Il est utile, croyons-nous, de faire ressortir ces faits hygiéniques tout particuliers pour en tirer les conséquences logiques qu'ils comportent et pour ne pas tomber dans l'erreur d'attribuer l'état sanitaire de Londres, exclusivement à la pratique du Tout à l'Egout, comme on l'a fait souvent. Sous ce rapport, le tableau suivant peut offrir quelque intérêt.

Population de quelques grandes villes d'Angleterre et du Continent et nombre des naissances et des décès par 1.000 habitants pour l'année finissant le 29 septembre 1896.

NOMS DES VILLES	POPULATION	Par 1,000	
		Naissances	Décès
Londres (metropole).	4,121,955	29,6	18,5
Croydon (environs de Londres) . .	118,006	24,6	18,6
Brighton. id.	120,449	24,9	15,3
Birmingham. . . .	501,241	32,0	21,0
Liverpool . . .	632,512	34,5	24,0
Manchester .	529,561	32,7	23,2
Edimbourg .	276,514	26,7	16,7
Glasgow .	705 052	33,0	19,7
Dublin . .	349,594	29,4	24,0
Saint-Pétersbourg	954,400	33,0	31,2
Berlin	1,695,313	26,4	18,2
Vienne. .	1,526,623	30,3	22,5
Rome . . .	473,296	24,2	19,9
Venise.	161,636	25,2	25,4
Paris. . .	2,124,705	23,9	19,8

La population de Londres s'élevait en 1896, lors du dernier recensement, à 4.433.018 habitants, mais ce chiffre ne représentait que ce que l'on considère comme la ville proprement dite, dépendant du Comté administratif de Londres ; si l'on fait entrer en ligne de compte les faubourgs, ou en d'autres termes si l'on considère le territoire dépendant de la police métropolitaine, le nombre des habitants atteint plus de 5.633.000.

Si l'on compare ces chiffres à la surface occupée, on trouve que la population est à Londres beaucoup moins dense qu'à Paris, en moyenne 141 habitants par hectare, au lieu de 330 ; pour une superficie quatre fois plus grande que celle de notre capitale, le nombre d'habitants n'est pas tout à fait le double ; les Londonniens jouissent donc de deux fois plus d'espace que les Parisiens. Ce fait s'explique aussi bien par la grande étendue des parcs publics situés dans la ville même, que par la petitesse relative de la majeure partie des maisons, qui n'ont même pas toujours trois étages. Chaque habitation est réservée en général à une seule famille, et l'on remarque dans l'ensemble une certaine uniformité en même temps qu'une grande simplicité de construction. Il y a là une question de mœurs, mais aussi un effet d'organisation sociale : la grande majorité des maisons ou des groupes de villas sont bâties sur terrain loué par bail emphytéotique, d'une durée au plus de 99 ans, le fonds est pour ainsi dire inaliénable et appartient à un nombre restreint de grands propriétaires fonciers et aux principales familles princières ou ducales du Royaume-Uni. La construction de la propriété bâtie constitue donc une sorte d'entreprise ou de concession à long terme, ce qui est tout différent de ce qui se pratique en général en France.

La vaste agglomération de Londres s'agrandit constamment : c'est moins une ville qu'une réunion de villes juxtaposées sur les bords de la Tamise. Le côté nord, rive gauche, est de beaucoup le plus important, il comprend environ 2.920.000 habitants tandis que le côté sud, rive droite, n'en compte que 1.520.000.

Il ne s'agit ici que de la Métropole (non compris les faubourgs) dont l'administration est confiée depuis 1888 à un Conseil électif, le *London County Council* (Conseil de Comté de Londres) qui a remplacé à cette époque le *Metropolitan Board of Works*. Cette assemblée se compose de 137 ou 138 membres, suivant que son président est choisi ou non dans son sein ; ses membres sont élus pour trois ans. Le Conseil de Comté décide de toutes les questions d'édilité générale : de grande voirie, ponts, quais et percement de rues, d'hygiène publique, d'eau et du controle de la fabrication du gaz et il assure les voies et moyens pour la mise à exécution des projets généraux, mais il n'a pas à s'occuper des questions de petite voirie, balayage, arrosage et propreté des rues, éclairage, etc., qui sont déléguées aux Conseils de District (*District Board*) ou aux paroisses (*vestries*) dont les membres sont élus par les contribuables. Londres, à cet égard, est divisé en 43 circonscriptions ou « districts » correspondant chacun à une ou plusieurs paroisses. Cette administration locale est indépendante du Conseil de Comté, tout en restant soumise à son contrôle et à ses règlements généraux. Le district le plus important, non par son étendue mais par son influence et sa richesse, est la Cité.

Quelques paroisses sont elles-mêmes subdivisées en *wards* ou quartiers.

<h3 style="text-align:center">II. — ALIMENTATION D'EAU</h3>

L'alimentation d'eau de Londres est restée jusqu'à présent en dehors du domaine des pouvoirs publics. Elle est entre les mains de huit Compagnies particulières, dont cinq prennent leur eau dans la Tamise, deux dans la rivière Lee, supplémentée d'eau de sources et de puits, et une dans les puits artésiens du Comté de Kent.

Depuis plusieurs années déjà il est question de placer la distribution d'eau de la ville sous la dépendance d'un corps public, mais l'une des difficultés auxquelles on s'est heurté a été de trouver l'autorité à laquelle ce service pût être confié. Le Conseil de Comté de Londres, qui semble de prime abord tout indiqué, n'exerce sa juridiction que sur une superficie de 121 *miles* carrés, tandis que les compagnies d'eau desservent une surface de 500 *miles* carrés.

Quoiqu'il en soit, le Conseil de Comté s'est décidé à demander au Parlement d'être autorisé par une loi à acquérir les entreprises des huit Compagnies, par entente amiable, ou si non, après un délai d'un an, sur prononcé d'arbitres et, d'autre part, considérant les ressources actuelles comme insuffisantes, le même Conseil a fait mettre à l'étude un projet d'adduction d'eau qui aurait son origine dans les montagnes du Pays de Galles.

Voici quelle était au 31 décembre 1895 l'importance relative des différentes Compagnies de distribution, au point de vue de la population desservie.

East London Waterworks	1.213.267	personnes.
New River Waterworks	1.156.000	—
Southwark and Vaux-hall Waterworks	796.442	—
Lambeth Waterworks	641.715	—
West Middlesex Waterworks	589.305	—
Kent Waterworks	494 544	—
Grand Junction Waterworks	380.771	—
Chelsea Waterworks	272.131	—
Ensemble	5.553.235	personnes.

L'East London et la New River Compagnie prennent leurs eaux dans la rivière Lee, affluent de la Tamise, le New River n'étant en réalité qu'une dérivation de la Lee, un peu améliorée sur son parcours par l'adjonction d'eau de puits artésiens. Quant aux eaux des autres Compagnies, à part celles de Kent Waterworks, elles proviennent toutes de la Tamise et sont puisées à une trentaine de kilomètres en amont de Charing Cross, à Hampton sur la rive gauche, et à Molesey sur la rive droite.

Les Kent Waterworks sont alimentés exclusivement par l'eau de puits artésiens forés à travers la craie. C'est la seule Compagnie qui soit dispensée de faire subir à ses eaux une filtration préalable. Mais, comme les autres, elle est obligée de les relever par machines pour obtenir la charge nécessaire, le niveau du jaillissement étant trop bas pour assurer à la distribution une pression suffisante.

La consommation moyenne journalière s'est élevée en 1895

à 902.000 mètres cubes ; elle se répartit comme suit entre les différentes provenances :

Tamise.	530.000 mètres cubes.
Lee	266.000 —
Sources et puits.	166.000 —
Etangs de Hamstead et Highgate.	600 —

Les eaux d'étangs sont peu importantes et ne peuvent servir aux usages domestiques.

De ces chiffres, on déduit qu'il a été distribué, dans l'année, en moyenne par jour et par habitant 175 litres ; sur ce volume, 140 litres, soit les quatre cinquièmes de la quantité totale fournie, ont été consacrés à la consommation privée et le cinquième seulement a été absorbé par le service public des incendies, arrosages, fontaines, etc.

Jusqu'à une époque qui n'est pas encore très lointaine, le service de l'alimentation se faisait pour la majeure partie de la Ville d'une façon intermittente ; les conduites ne restaient en charge que deux heures de la journee, temps pendant lequel se remplissait le réservoir dont chaque maison abonnée était pourvue. Aujourd'hui, la grande majorité des immeubles jouit du service continu ; sur un total de 823.900 maisons que les huit compagnies réunies desservaient au 31 décembre 1895, 672.808, soit 82 0/0, étaient ainsi alimentées.

Il n'est point fait usage de compteurs ; cependant une des compagnies, celle de Southwark et Vauxhall impose le compteur pour les usages industriels. En principe, l'eau est payée suivant une taxe, établie sur la quotité du loyer, et qui varie d'une compagnie à l'autre. Voici ce que dit, à ce sujet, M. Couche, dans la notice qu'il a publiée sur les eaux de Londres en 1884 :

« Les diverses Compagnies ont des tarifs différents, selon le
« niveau moyen des quartiers qu'elles desservent. Dans chaque
« compagnie, tout robinet établi à plus d'une certaine hauteur
« au-dessus du pavé de la rue donne lieu à un supplément de
« taxe.

» Pour les habitations petites et moyennes le prix annuel est
« de 4 0/0 du loyer dans les quartiers bas et de 5 0/0 dans ceux
« à un niveau moyen. Pour les gros loyers, à partir d'une limite
« très variable d'une compagnie à l'autre, le taux diminue
« de 1/100e.

» Dans le ressort de la Compagnie de Lambeth qui dessert

« les quartiers hauts, la taxe varie de 7 1/2 0/0 pour les loyers
« de 500 francs, à 5 0/0 pour ceux de 5.000 francs et au-dessus.

» Enfin, l'alimentation de chaque water-closet, salle de
« bains ou robinet de service se paie à part, aux conditions sui-
« vantes :

« Dans les quartiers bas, 2 fr. 50 à 7 fr. 50, selon le chiffre
« du loyer. Dans les quartiers moyens de 5 à 10 fr. et dans le res-
« sort de la Cie Lambeth, de 12 fr. 50 à 18 fr. 75 pour un premier
« water-closet, cabinet de bains ou robinet haut et moitié
« pour les autres quand il y en a plusieurs. »

Les renseignements ci-dessus, si bien résumés par l'ancien
directeur des Eaux de Paris, sont encore à très peu près l'expression de la situation actuelle.

III. — LES GRANDS COLLECTEURS

Comme nous l'avons indiqué, les travaux du *grand drainage* (*main Drainage*), dont l'exécution fut commencée en 1858,
avaient pour but :

1° De recueillir par une série de collecteurs convenablement
disposés toutes les eaux des anciens égouts pour les empêcher
de se déverser dans la Tamise à la traversée même de Londres ;

2° De les conduire en aval de la ville à une distance suffisante
pour qu'elles ne puissent être ramenées par le flot montant de
la marée. Pour atteindre ce résultat, sans être obligé d'exagérer
cette distance, on décida qu'après leur réunion, les eaux seraient
emmagasinées en deux points, un sur chaque rive, dans de
vastes réservoirs, d'où elles seraient rejetées dans le fleuve à
marée descendante. On posa en principe, pour les grands collecteurs, que les pentes et les sections seraient déterminées de
manière à en assurer le curage naturel, c'est-à-dire que l'écoulement des eaux serait continu et de vitesse suffisante pour
produire l'entraînement de tout dépôt. Cette vitesse minima
fut fixée à 0^m67 par seconde, donnant pour valeur de la plus
faible pente 0^m38 par kilomètre. Mais le plus souvent on n'a pas
tenu compte de ce minimum et l'on se tient aux environs d'une
pente deux fois plus forte.

Nous devons faire remarquer ici l'importance de ces déter-
minations fondamentales. Tous les traités d'hydraulique indiquent qu'à la vitesse de 0^m67 par seconde les sables sont
entraînés par le courant de l'eau. Cette vitesse dépend non
seulement de la pente de l'égout, mais encore de la section

mouillée. On commettrait donc une erreur si l'on comparait seulement les pentes des collecteurs dans deux villes différentes; ce sont les vitesses d'écoulement qu'il faut envisager. Ainsi, à Londres, grâce à la forme circulaire ou ovoïde et à la grande section mouillée des collecteurs, on obtient la vitesse d'écoulement convenable de 0^m67 par seconde avec une pente de 0^m38 par kilomètre ; tandis qu'à Paris, une pente de 0^m30 par kilomètre ne produit, à cause des conditions du profil transversal et du faible volume d'eau écoulé, qu'une vitesse de moins de 0^m40 qui descend souvent à 0^m26 par seconde. Ces vitesses sont insuffisantes pour l'entraînement des sables et matières solides que, chez nous, l'on envoie à l'égout en beaucoup trop grande quantité. Il faut alors user de moyens artificiels, vannages, chariots mobiles, etc., sur l'ingeniosité desquels on s'extasie et que l'on montre aux visiteurs comme témoignage de science technique. Un meilleur choix des conditions d'établissement aurait permis, plus simplement, d'obtenir, comme à Londres, la vitesse d'écoulement favorable à l'entraînement des sables et au curage naturel des égouts, et eût dispensé de recourir aux chasses artificielles, onéreuses et peu efficaces, que l'on prône comme un succès et qui ne sont, en réalité, qu'un expédient et l'indice d'une erreur de conception.

Pour réaliser le programme adopté à Londres, on fut conduit à pourvoir chacune des rives de la Métropole d'un réseau d'égouts indépendant et à diviser la surface en zones correspondant à des hauteurs différentes : dans celles supérieures le drainage se fait entièrement par gravitation, tandis que dans celles inférieures on relève les eaux au moyen de machines élévatoires en certains points, afin de respecter le minimum de pente jugé nécessaire.

Collecteurs du Nord. — Trois collecteurs principaux sont établis au Nord, et sont désignés sous les noms de collecteurs de Haut, de Moyen et de Bas niveau.

Ils recueillent toutes les eaux de ce côté de la Tamise et se rejoignent pour aboutir à un exutoire commun, situé à Barking Creek.

Le collecteur du haut niveau s'étend sur une longueur de 11.260 mètres jusqu'à Old Ford, où il rejoint le collecteur moyen. Il est en grande partie de forme circulaire d'un diamètre minimum de 1^m20 ; en quelques parties, néanmoins, il est ovoïde et présente au maximum 2^m88 de largeur sur 3^m65 de hauteur.

La pente ne descend pas au-dessous de 0^m75 par kilomètre.

Le collecteur moyen, comme le précédent, conduit les eaux, par simple gravitation. Il a été rapproché le plus possible de la Tamise de manière à réduire le volume d'eau que le collecteur inférieur doit transporter et qu'il faut élever mécaniquement. Sa longueur est de 15.300 mètres, sans compter les différents embranchements qu'il reçoit sur son parcours. La section maxima est la même que celle du collecteur supérieur, mais la pente varie de 3^m30 par kilomètre jusqu'au minimum de 0^m38 par kilomètre.

Après avoir rejoint le collecteur de haut niveau, il continue son parcours à ses côtés jusqu'à Abbey-Mills. C'est en ce point qu'aboutit aussi le collecteur du bas niveau et que sont installées les machines élévatoires destinées à relever les eaux de ce dernier à même hauteur que celles des deux autres. A partir de là, l'émissaire général composé de trois galeries parallèles de 2^m75 sur 2^m75 se dirige vers Barking, franchissant encore une distance de 8 kilomètres 800 mètres avant d'arriver à cette station.

Dans les quartiers bas de la ville, quelques points sont à un niveau inférieur à celui des hautes eaux du fleuve. Pour tenir compte de ce fait, le collecteur du bas niveau a été sectionné en deux parties : la première recueille les eaux de la zone la plus basse et les conduit à une station élévatoire dite de Pimlico, où elles sont élevées de 5^m48 pour être versées dans la seconde partie plus élevée du collecteur, qui draine le surplus de la zone inférieure jusqu'à Abbey Mills, où toutes les eaux sont de nouveau pompées et élevées de 11 mètres. La longueur de ce collecteur est de 13.270 mètres, celle de ses embranchements de 6.460 mètres et sa pente varie de 0^m,56 à 0^m,38 par kilomètre.

L'usine de Pimlico, la « *Western pumping station* », comporte quatre machines à balancier de 90 chevaux actionnant chacune deux pompes à simple effet; une machine auxiliaire du type horizontal d'une puissance de 120 chevaux est destinée à parer à toute éventualité.

Cette installation mécanique peut élever par jour 245.000 mètres cubes, quoique le débit maximum ne soit atteint que lors des fortes averses; pendant l'année 1895, la moyenne du volume élevé par 24 heures n'a été que de 121.175 mètres cubes.

La seconde station élévatoire située à Abbey Mills pour la totalité du *sewage* de la zone inférieure, est naturellement plus importante. On y voit 8 machines à balancier d'une puissance de 140 chevaux chacune, accouplées par paire et commandant chacune deux pompes d'un débit total par vingt-quatre heures de 613.000 mètres cubes, chiffre maximum; en fait, pendant l'année 1895, la moyenne journalière d'eau élevée n'a été que de 288.000 mètres cubes.

A ce premier groupe de machines, le *London County Council* a fait ajouter récemment deux machines du type Worthington, à triple expansion, pour permettre d'évacuer plus rapidement les eaux venant des quartiers bas de l'*East End* de Londres et pour remédier aux inondations qui s'y produisaient fréquemment lors de grandes pluies. Ces machines sont capables d'élever en 24 heures 163.000 mètres cubes, mais leur travail journalier moyen n'a été en 1895 que de 40.100 mètres cubes.

Collecteurs du Sud. — Le drainage de la rive Sud de la Tamise comprend seulement deux zones haute et basse, desservies chacune par un collecteur spécial.

Le collecteur du haut niveau et son embranchement sud ayant pour affluent l'ancien égout d'Effra, jouent en réalité le même rôle que les collecteurs supérieur et moyen de la rive Nord : ils recueillent toutes les eaux usées de la zone élevée pour les écouler par simple gravitation jusqu'à l'émissaire général à Deptford Creek. Leur section a la forme d'un fer à cheval offrant au maximum $3^m,20$ de largeur sur $3^m,20$ de hauteur; la pente minima est de $0^m,41$ par kilomètre. La longueur de ce collecteur est d'environ 16.200 mètres et celle de son embranchement de 7.240 mètres.

Quant au collecteur inférieur, il a dû être placé très bas, car il draine des terrains dont le niveau est presque partout inférieur à celui des hautes eaux. Il se développe sur une longueur de 16.100 mètres avec une section qui varie depuis $1^m,02$ de diamètre jusqu'à $2^m,14$ et une partie même est doublée d'un aqueduc latéral de $2^m,14$ sur $2^m,14$; les pentes décroissent de $0^m,75$ à $0^m,38$ par kilomètre.

A Deptford, les eaux sont élevées de $5^m,50$ pour être jointes à celles du collecteur supérieur qui aboutit en ce point; puis la totalité du *sewage* de la rive sud s'écoule par un émissaire général de section circulaire de 3 m. 51 de diamètre avec pente de $0^m,38$ par kilomètre jusqu'à Crossness, à 12.500 mètres de distance, où se trouve le débouché en rivière.

Contrairement à ce qui se passe sur la rive opposée, les eaux arrivent ici à une cote trop basse pour pouvoir être déversées directement dans le fleuve. Elles sont donc relevées mécaniquement d'une hauteur qui variait autrefois (avant qu'elles n'eussent à subir un traitement chimique) de 3^m,05 à 9^m,15 suivant l'état de la marée; aujourd'hui ce relèvement est environ de 0^m,40, en tout temps.

La station élévatoire de Deptford comprend 4 machines à balancier de 125 chevaux actionnant chacune deux pompes à simple effet. Celle de Crossness fut créée complètement semblable comme puissance et type de machines. Mais, dès 1865, elle fut pourvue de deux machines horizontales auxiliaires, d'une puissance de 300 chevaux chacune. Cette installation peut débiter en 24 heures un volume de 695.000 mètres cubes. Pour l'année 1895, la moyenne journalière effective a été de 304.000 mètres cubes. A Deptford, le cube moyen élevé en 24 heures a été, pendant la même année, de 237.000 mètres cubes.

Les indications ci-dessus données sur les usines de relèvement des eaux des collecteurs sont réunies dans le tableau suivant.

Comme ces usines n'ont été établies que pour compenser le défaut de pente naturelle du sol, ce résumé fait voir toute l'importance que les ingénieurs anglais attachent à la condition capitale d'une inclinaison suffisante pour assurer la rapidité de l'écoulement, puisqu'ils n'ont pas hésité à la réaliser même au prix de dépenses considérables d'exploitation.

Tableau des Usines de relèvement

	RÉSEAU NORD		RÉSEAU SUD		ENSEMBLE
	Pimlico	Abbey Mills.	Deptford	Crossness.	
Machines à balancier actionnant chacune deux pompes à simple effet (Unités) . . .	4	8	4	4	20
Puissance de chaque machine (chevaux vapeur) .	90 ch.	110	125	125	90 à 110
Machines auxiliaires horizontales (Unités)	1	2	»	2	5
Puissance de chaque machine auxiliaire (Chevaux vapeur)	120 ch.	120 ch	»	300	120 à 300
Puissance totale de l'usine (Chevaux vapeur)	480	1360	500	1 100	3.110
Débit maximum par jour (Mètres cubes)	215.000	778 000	350 000	695.000	2 066.000
Volume moyen élevé par jour en 1896 (Mèt. cubes)	121 175	328 000	237 000	364 000	1 050.175
Hauteur d'élévation (Mèt.) .	5^m48	11^m	5^m50	6^m40	5^m48 à 11^m

Déversoirs. — Le réseau d'égouts dont nous venons d'esquisser les grandes lignes est complété par une série de déversoirs permettant d'écouler en rivière les eaux en excès des pluies d'orages par l'ouverture de grands clapets disposés en certains points des quais. L'établissement de ces déversoirs était d'autant plus nécessaire que dans l'étude du projet faite en 1857, on s'était basé sur des prévisions que l'avenir a démontré être insuffisantes. On avait compté sur une consommation d'eau maxima de 142 litres par jour et par habitant, sur une densité de la population de 116 personnes par hectare et sur un accroissement annuel conduisant au bout de 40 ans à une population de 3,448,500 habitants. Or, de ces 3 chiffres, le premier est actuellement atteint et les deux autres sont déjà notablement dépassés. Heureusement qu'en déterminant les sections principales, on a péché par excès de prudence, de sorte que, de fait, les émissaires généraux peuvent débiter 30 pour cent de plus que l'on n'avait supposé. D'après les observations de M. Crimp, ingénieur, jusqu'en 1894, du district nord des égouts de Londres, sur 162 jours de pluie, il y a eu, en moyenne, 48 fois déversement en rivière.

Pour l'établissement de ces déversoirs on s'est servi surtout d'anciens égouts débouchant soit dans la Tamise soit dans son affluent la Lee ; chacune des stations élévatoires comporte aussi des galeries de décharge en rivière, pour les cas où les machines ne peuvent faire face à la totalité des venues d'eau. Quelques-uns des anciens égouts dont on s'est servi débouchent à un niveau inférieur à celui des hautes eaux. Aussi y aurait-il danger d'inondation si l'on n'avait installé des machines élévatoires à côté de ces débouchés pour pouvoir écouler le trop plein même aux heures de marée haute. Celles-ci ne fonctionnent naturellement qu'à partir du moment où le déversement direct devient impossible. Ces stations de secours étaient jusqu'en 1896 au nombre de quatre, on est en train d'en construire une cinquième. Tel est l'exposé du projet des collecteurs de Sir W. Bazalgette ; son exécution a coûté plus de 115 millions de francs.

Le lecteur aura peut-être trouvé quelque peu long et aride le tableau qui vient d'être présenté du *Main drainage* de Londres, accompagné surtout des chiffres officiels que nous avons tenu à reproduire. Mais nous espérons que ces détails l'auront aidé à se rendre compte de la simplicité réelle de ce projet malgré son ampleur, de l'unité de vues qui a présidé à son élaboration et de son adaptation très convenable à l'application du système du Tout à l'Egout.

Notre réseau d'égouts parisiens a certes aussi un cachet de grandeur qui ne le cède en rien à celui de Londres ni, croyons-nous, à celui d'aucune autre ville ; mais il n'a pas été établi ni construit d'après les mêmes idées. Il devait recevoir originairement les seules eaux pluviales et d'arrosage et non pas les produits du Tout à l'Egout. Ses auteurs ne se sont pas en conséquence préoccupés de lui donner les pentes nécessaires à un écoulement rapide et il est impossible de le faire aujourd'hui.

Des vues opposées ont dominé à Londres. L'auteur même du projet, en indiquant, dans une communication à la Société des Ingénieurs Civils de Londres, le type des égouts sous les grandes voies de la Métropole, dont les dimensions sont $1^m,22$ de hauteur sur $0^m,81$ de largeur et la pente $0^m,70$ par kilomètre, ajoute : « ces dimensions et pente sont caractéristiques et « montrent bien la différence profonde des systèmes de drainage « de Londres et de Paris. »

Le résultat pratique de ces dispositions et de la vitesse de régime qui en résulte, c'est que le parcours, des points les plus éloignés jusqu'aux points d'expulsion, s'effectue en moins de vingt-quatre heures, sans stagnation nulle part, et sans fermentation sensible. On peut donc dans ces égouts à courant rapide, déverser les vidanges sans grand inconvénient.

Mais il n'en saurait être de même dans les égouts de Paris, grandement ouverts, où l'on jette les boues et les produits du balayage des rues et où l'eau s'écoule avec lenteur, à cause de leurs dimensions mêmes et de leur faible pente. Il faudrait donc reconstruire la plus grande partie de nos égouts ou renoncer à y déverser les eaux ménagères et les vidanges.

IV. — ÉGOUTS SECONDAIRES ET PETITE VOIRIE

Dans tout ce qui a été dit précédemment il n'a été question que des collecteurs et non des égouts secondaires. Ces derniers ont également un très grand développement, mais il serait difficile d'en parler en détail, parce qu'ils ne dépendent plus d'une seule administration, mais rentrent dans la petite voirie, régie par les paroisses, dont chacune (et elles sont nombreuses) opère selon ses besoins locaux.

Il est, en effet, particulier au réseau d'égouts de Londres d'être composé de deux séries distinctes de conduites : l'une, la principale, constitue le réseau collecteur, appelé *main drainage*, et ressortit au Conseil de Comté de Londres ; l'autre, le réseau secondaire, est du domaine des *vestries* et des Conseils de district. Ceux-ci ne peuvent toutefois faire établir de nouveaux égouts ou conduites, sans en soumettre au préalable les plans à l'approbation de l'Ingénieur en chef du Conseil de Comté et le raccordement de ces travaux neufs avec les égouts principaux ne peut avoir lieu que trois jours après qu'il en a été donné avis par écrit au Conseil.

La même décentralisation existe pour tout ce qui concerne l'entretien de la voie publique ; le nettoiement des rues, l'arrosage, le balayage, l'enlèvement des ordures publiques et ménagères se font par les soins des paroisses qui ont pour cela leur personnel ad hoc, leur budget et leurs moyens d'action. Il y a donc des différences sous ce rapport entre les divers quartiers. Par exemple, pour l'enlèvement et la disposition des ordures ménagères, chaque district considère ses seuls intérêts : il l'effectue en régie ou par entreprise. Là, les ordures sont transportées aux dépôts par des tombereaux, ici par bateaux, autre part par les chemins de fer. Les unes sont vendues aux agriculteurs, les autres incinérées, d'autres encore triées et utilisées d'une manière quelconque.

Certains faits généraux dominent cependant cette apparente division des services. Les administrations locales sont guidées par des règlements communs et n'exercent leur initiative qu'en observant les prescriptions d'ordre public et général.

Ainsi les petits égouts comme les grands sont soumis à des conditions de pente minimum ; les bouches ou *gullies* ne doivent pas laisser arriver dans le drainage les matières solides; et pour cela elles sont munies de puisards, d'où les matières sont extraites le plus souvent pendant la nuit. La visite et le nettoyage des égouts s'opèrent au moyen de regards latéraux aboutissant aux trottoirs. Leur ventilation est assurée, partout où besoin est, par des ouvertures rectangulaires spéciales disposées sur la voie publique. Ces évents, il faut l'avouer, sont souvent la cause de mauvaises odeurs, et l'on a tenté, dans certaines paroisses, de corriger cet inconvénient par des réactifs, permanganate de potasse ou autres, ayant pour effet de purifier, par l'oxygénation, l'atmosphère des égouts dans les égouts eux-mêmes. D'autres fois on a garni les buses d'échappement d'air de boîtes à charbon de bois pour la désinfection.

L'arrosage des rues à Londres est peu important. Il se fait au tonneau ou à la lance et généralement la nuit dans les voies très

fréquentées. Nulle part on ne voit l'eau couler dans les ruisseaux, excepté lorsqu'il pleut.

Nous terminerons ces indications sur l'assainissement urbain
par quelques remarques caractéristiques. La première est qu'on
ne voit pas à Londres les nombreux édicules, que l'on mul-
tiplie à Paris pour la commodité des passants. Il est vrai que
l'on rencontre des *bars* à chaque pas, et que ces établissements
sont pourvus de toutes les aisances désirables. Quelques places
ou carrefours très fréquentés présentent cependant, depuis
quelques années, des commodités pour le public, mais c'est toujours au-dessous du sol et ni la circulation ni les trottoirs n'en
sont jamais encombrés.

Une autre remarque se rapporte à la facilité vraiment sur-
prenante avec laquelle disparaissent, par l'enlèvement direct,
les déjections du nombre incalculable de chevaux qui parcourent les rues. De jeunes garçons de 10 à 15 ans sont chargés de
ce soin et s'en acquittent avec dextérité. Le crottin ramassé
est déposé dans des bornes creuses en fonte (*orderly-bins*), d'où
il est enlevé par les tombereaux; Berlin a suivi cet exemple.

Les chevaux sont d'ailleurs, à Londres, l'objet d'attentions et
de soins; des abreuvoirs publics leur sont destinés. Si le *cabman*,
au milieu d'une course, rencontre une de ces auges en pierre,
où l'eau coule tout le jour, il arrête votre véhicule, laisse
le cheval se désaltérer et repart le plus naturellement du monde
sans être descendu, ni même avoir quitté les guides.

Cette digression à part, le souci d'exclure de l'égout toutes
les matières de la chaussée, est très marqué à Londres. Nous
avons déjà vu que cela a lieu de même à Berlin, Bruxelles et
La Haye.

Enfin, les *sewers* ou égouts de Londres, comme ceux des
villes qui viennent d'être citées, sont exclusivement réservés à
l'écoulement du *sewage* ou eau d'égout. Nulle part, dans ces
capitales, tributaires du Tout à l'Egout, on n'y admet les conduites d'eau ou d'air comprimé, les câbles ou fils télégraphiques
ou téléphoniques. Partant, personne ni aucun ouvrier étranger
au service n'a le droit d'y pénétrer.

V. — DRAINAGE DES MAISONS

Les détails relatifs à l'assainissement des maisons de Londres
sont assez bien connus en France par de nombreuses publications qui ont été faites sur ce sujet. Il n'y a donc pas lieu d'y
insister beaucoup et nous n'en rapporterons ici que les principales dispositions.

Une école sanitaire et un musée professionnel existent à Londres, dans Margaret-Street, où sont exposés tous les appareils anciens ou nouveaux relatifs aux installations dans les maisons. La visite est des plus intéressantes. On a créé à Paris, depuis quelque temps, un musée analogue.

Dans les habitations anglaises, on sépare en général l'évacuation des eaux provenant des waters-closets de celle des eaux d'éviers, lavabos ou salles de bains; les premières sont reçues par les tuyaux de chute, les secondes sont amenées aux drains de la maison par des conduits spéciaux. D'ailleurs, les *sinks* (éviers, plombs, lavabos), ne sont pas d'habitude placés près des *closets*.

Les tuyaux de chute étaient autrefois reliés, le plus souvent, directement à l'égout public. Chaque appareil comportait un siphon et quelquefois on interposait un clapet au point de pénétration dans l'égout. Mais maintenant il est de pratique générale de réunir tous les drains dans une chambre de séparation en avant de l'égout public; c'est une sorte de regard de visite, renfermant ce que les anglais appellent *intercepting trap* (siphon disconnecteur).

Dans les maisons nouvelles, les tuyaux de chute se prolongent jusqu'au dessus des toits ; l'habitation est ainsi garantie des émanations délétères, surtout si l'on a soin, comme cela s'observe généralement maintenant, d'adapter aux siphons un tuyau d'évent bien disposé et relié à la colonne de ventilation.

Les drains qui réunissent séparément les autres eaux usées, reçoivent également les eaux pluviales et les conduisent par des tuyaux généralement en grès vernissé, jusqu'au regard précédant l'égout dont il a été question ci-dessus.

On ignore, à Londres, l'obligation d'avoir un branchement particulier d'égout réunissant la maison avec l'Egout de la rue.

Le débouché du principal drain a lieu ordinairement vers la partie supérieure de la section de l'égout ; il n'y a pas de règle fixe pour le diamètre à observer pour ces conduites, leur pente est la plus grande possible et au moins de 0^m,0083 par mètre.

La dépense d'eau des water-closets n'est pas habituellement réglée ; chacun en use à volonté en agissant plus ou moins longtemps sur un levier qui ouvre une soupape ou un robinet ; il y a aussi des réservoirs de chasse de capacité fixe qui contiennent environ 9 litres (deux *gallons*) et se vident à chaque tirage. Mais il y a souvent abus et, à ce sujet, les Compagnies d'eau interviennent périodiquement, par des inspections, pour empêcher le gaspillage qui se produit à leur détriment. Comme il n'y a pas de compteurs pour les usages privés et que la taxe de l'eau est fixée à forfait selon le loyer, l'abonné n'a aucune raison de restreindre sa consommation.

Cette situation explique même une particularité qui frappe le visiteur des cités misérables des bas-fonds de Londres. Dans les masures les plus pauvres, louées à raison de quelques shellings par semaine, où le sol n'offre pas toujours de carrelage, où la toiture n'est souvent pas intacte, on est tout surpris de rencontrer, pour le service commun de cinq ou six réduits à peine habitables, une salle de buanderie assez bien installée et, à côté, des cabinets d'aisances, le tout fort bien approvisionné d'eau. Celle-ci ne coûte pas cher au propriétaire vu la modicité du loyer, et les malheureux locataires jouissent, grâce à cela, comme les plus fortunés, des bienfaits d'une alimentation d'eau abondante.

Les observations qui précèdent font comprendre un fait qui au premier abord cause quelque surprise :

A Londres, alors que le cinquième seulement de l'eau totale sert aux services publics, tandis qu'à Paris les trois cinquièmes y sont employés, la consommation par tête est à peu près la même, 175 à 180 litres.

L'explication c'est que dans la Métropole anglaise chaque habitant dépense une proportion d'eau plus élevée pour les usages privés, parce qu'il n'est pas retenu par le prix à payer. A Paris, au contraire, chaque mètre cube dépensé dans la maison s'inscrit sur le compteur et on y regarde davantage.

CHAPITRE II

Traitement des Eaux d'égout de Londres.

I. — EXPOSÉ

L'accomplissement du projet Bazalgette eut pour effet d'améliorer beaucoup l'état de la Tamise dans la traversée de la Métropole anglaise, mais il produisit, par contre, une aggravation sérieuse de l'état de pollution à proximité des exutoires où se déversent les eaux d'égout. Une commission royale fut nommée pour étudier les moyens de porter remède à cette situation devenue intolérable et elle conclut, en 1884, à ce que les eaux fussent provisoirement soumises à une précipitation ou décantation avant de retourner au fleuve, tout en indiquant qu'il y aurait lieu, pour l'avenir, d'étudier un mode d'épuration plus parfait.

C'est à la suite de cette consultation et des nombreuses expériences de M. Dibdin, chimiste du *Métropolitan Board of Works*, qu'il fut décidé de construire à Barking et à Crossness des usines capables de traiter chimiquement la totalité des eaux d'égout de la capitale. La première de ces usines fut terminee en août 1889 et coûta, toutes installations mécaniques comprises, 12,650,000 francs ; la deuxième ne fut achevée qu'en juin 1892 et sa dépense s'est élevée à 8,225,000 francs.

Le mode de traitement employé produit, d'une part, des eaux à peu près claires que l'on écoule à la rivière, et d'autre part des boues fluides dont on se débarrasse en les transportant par bateau à l'embouchure du fleuve, où elles sont déversées en mer. Pour ce transport, on dispose d'une flotte de six bateaux citernes à vapeur, pouvant porter chacun 1.000 tonnes de boues ; ces six navires ont coûté 3,400,000 francs.

Le problème qu'il s'agissait de résoudre était celui-ci : Etant donné l'énormité du volume de *sewage* produit journellement par Londres (930,000 mètres cubes en moyenne), et les conditions particulières des débouchés des émissaires, quel était le mode de traitement le plus économique à faire subir à ces eaux ?

Dans le principe, on avait songé à l'épuration par épandage sur le sol.

Une Compagnie financière, qui avait pour but l'utilisation agricole des eaux, s'était constituée à cet effet et avait commencé la construction d'un grand aqueduc partant de Barking qui devait traverser tout le comté d'Essex et se continuer jusqu'à la mer du Nord en irriguant sur son parcours les fermes du Comté. Mais les résultats obtenus furent si peu favorables que l'entreprise sombra au bout de très peu de temps.

Le procédé de traitement dû à M. Dibdin consiste à mélanger au *sewage* une très minime quantité de chaux *en dissolution*, c'est-à-dire à l'état d'eau de chaux, et à compléter l'action par l'addition d'une quantité extrêmement réduite aussi de sulfate de protoxyde de fer.

L'auteur fixa, comme limites des proportions produisant une clarification suffisante, 3,7 *grains* de chaux et 1 *grain* de sulfate de fer par *gallon* de *sewage*, ce qui correspond à 53 grammes de chaux et 14 grammes de sulfate de fer par mètre cube d'eau d'égout. Il paraît, au premier abord, surprenant que l'apport de quantités aussi faibles puisse produire la clarification presque complète du liquide, car on avait considéré jusqu'alors qu'une proportion quatre fois plus forte de chaux était nécessaire ; néanmoins, l'expérience a confirmé pleinement les indications de l'éminent chimiste. Depuis plusieurs années que l'on applique le procédé à Barking et à Crossness, on n'a que légèrement dépassé les chiffres indiqués ci-dessus, et les résultats obtenus ont été entièrement satisfaisants.

Nous pouvons citer pour exemple l'année 1895, pendant laquelle les moyennes ont été respectivement de 4,81 *grains* de chaux et de 1,01 *grain* de sulfate de fer pour Barking et de 4,21 de chaux et 1,12 de sulfate pour Crossness, cette dernière usine fournissant même une meilleure clarification que la précédente, car le liquide écoulé à la riviere n'a renfermé que 7/100.000 de matières solides en suspension, tandis qu'à Barking la proportion a été de 11/100 000. Mais il faut dire aussi que les eaux d'égout de la rive droite venant à Crossness, sont moins chargées que celles de la rive opposée arrivant à Barking et cela probablement en raison de ce que les égouts de la rive droite reçoivent des infiltrations de la nappe d'eau souterraine.

Quoi qu'il en soit, depuis que l'on pratique la clarification du *sewage* à Barking et à Crossness, l'état de la rivière s'est considérablement amélioré et les analyses faites journellement sur des échantillons pris en 15 points déterminés du parcours, entre Teddington, en amont de Londres, et la Nore, à l'embouchure de la Tamise, le prouvent d'une manière indiscutable.

M. Dibdin indiqua qu'il fallait dissoudre la chaux à l'état d'eau de chaux, au lieu de la transformer simplement en un lait de chaux, comme cela se fait d'habitude, et il attribue à cette particularité, en grande partie, l'efficacité de son procédé. Il ne faut pas oublier, d'ailleurs, que la composition des eaux d'égout est très variable et que les proportions ci-dessus indiquées conviennent aux eaux de Londres, et seraient à modifier pour des eaux plus chargées, ou dont l'état de fermentation serait plus avancé.

A ce propos, nous rappelons ci-dessous la composition moyenne des eaux d'égout de Londres, Berlin et Paris, en faisant observer qu'il faut tenir compte des remarques suivantes :

A Berlin, le volume d'eau d'égout fourni par habitant est la

TABLEAU COMPARATIF

DE LA

composition moyenne des eaux d'égout de Londres, Berlin et Paris par mètre cube.

NOMS DES VILLES		NOMBRE D'ÉCHANTILLONS	Volume moyen d'eau d'égout fourni par jour et par tête	MATIÈRES DISSOUTES			MATIÈRES SUSPENDUES			ENSEMBLE	AMMONIAQUE		AZOTE	CHLORE
				MINÉRALES	ORGANIQUES	TOTAL	MINÉRALES	ORGANIQUES	TOTAL		LIBRE	ALBUMINOÏDE		
			litres.	gr.	gr.	gr	gr.	gr.	gr	gr.	gr.	gr	gr	gr.
LONDRES (Dibdin)	Echantillons pris a Crossness	100	»	608	271	883	167	207	3.8	»	41,6	5,23	»	180
	Echantillons pris a Barking	72	»	516	279	795	196	220	416	»	50,5	5,81	»	121
	Moyenne	181	210	562	277	839	181	214	800	1.235	46,0	5,58	»	152
						Correspond a.							42,4	»
BERLIN (Salkowski). Moyenne d'une année		»	107	731,8	313,3	1.045,1	383,6	754,9	1.738,5	2.183,6	Total 128,0			218,5
											Correspond a.		105,0	
PARIS (Durand-Claye) Moyenne d'une année		»	210	752	406	1.158	842	327	1.169	2.327	»	»	43	varib.de 50 a 100

moitié seulement de celui de Londres et Paris ; les matières y sont donc deux fois moins diluées.

A Londres, comme à Berlin, on exclut autant que possible des égouts les boues et détritus des chaussées, ce qui n'a pas lieu à Paris.

Enfin, dans cette dernière Ville, le dixième seulement des habitations est actuellement mis en communication directe avec l'égout public.

II. — INSTALLATIONS DE BARKING ET DE CROSSNESS

En arrivant à l'usine de Barking, le *sewage* passe à travers une chambre grillée où sont arrêtés tous les corps flottants un peu volumineux. On s'en débarrasse par incinération dans un four crématoire du type de ceux employés en Angleterre pour la destruction des ordures ménagères. La quantité de matières solides ainsi séparée et détruite s'élève à une centaine de tonnes par semaine.

Immédiatement après avoir franchi la grille, les eaux reçoivent leur dose d'eau de chaux et le mélange intime se fait dans le parcours jusqu'au hangar de dissolution de sulfate de fer, soit sur 300 mètres de longueur. Après addition de la solution de sulfate, le liquide se rend dans une série de treize réservoirs ou galeries de précipitation, présentant une superficie totale de près de 40,000 m² et une profondeur de 2 m. 40 environ, de manière à contenir le produit de l'écoulement de plusieurs heures.

La méthode adoptée maintenant pour le fonctionnement de ces galeries, après quelques hésitations au début, consiste à laisser le *sewage* arriver d'une manière continue; le liquide, à l'extrémité de la galerie, s'écoule en déversoir et, comme le mouvement est très lent, presque toutes les matières tenues en suspension se déposent dans le trajet d'un bout à l'autre des réservoirs.

Les eaux clarifiées vont directement à la rivière quand la marée le permet et, dans le cas contraire, elles sont emmagasinées dans de vastes bassins jusqu'au moment favorable de la journée.

Quant aux boues, on les envoie d'abord dans des cuves d'égouttement ou galeries spéciales, puis elles se rendent dans un réservoir d'une capacité de 20,000 tonnes, ce qui donne une certaine marge pour leur chargement en bateau.

L'ensemble de ces opérations a nécessité des constructions très étendues et des installations mécaniques très importantes.

Ainsi, par exemple, la préparation de la dissolution de sulfate de fer et son incorporation comportent des pompes, des moulins délayeurs, deux machines à vapeur. D'autre part, toute une petite usine est destinée à la trituration de la chaux et à l'obtention de sa dissolution dans de l'eau aussi pure que possible. Enfin toutes les vannes réglant l'arrivée du *sewage* et la sortie des eaux clarifiées, sont manœuvrées hydrauliquement par de l'eau sous pression.

L'usine de Crossness est construite exactement sur les mêmes principes. Elle reçoit seulement un tiers en moins de liquides à traiter.

En 1895, les opérations ont eu lieu à Barking sur une moyenne de 567,240 mètres cubes d'eau d'égout par jour, qui ont donné par précipitation 3,885 tonnes de boues.

A Crossness, les chiffres correspondants ont été de 364,600 mètres cubes d'eau d'égout et de 2,085 tonnes de boues.

Ces dernières, comme les premières, sont transportées en mer à une distance d'environ 80 kilomètres, à Barrowdeep, à l'entrée de la mer du Nord, au moyen de navires à vapeur spéciaux qui effectuent le voyage journellement et déchargent leur contenu sous une certaine profondeur d'eau, tout en marchant, afin de le noyer dans le plus grand volume possible d'eau salée ; le sable et les matières terreuses gagnent le fond de la mer tandis que les débris végétaux et animaux sont rapidement détruits par l'oxydation et par la vie organique de l'Océan.

III. — DÉPENSES D'EXPLOITATION

Pour compléter ce qui est relatif au traitement ci-dessus décrit, nous donnerons le résumé des dépenses qu'il a occasionnées en 1895.

1° *Usine de Barking*

Dépenses de premier établissement 506,000 £. (12,650,000 francs).

Dépenses d'exploitation :

	£.	s.	p.	Fr.	C.
Précipitation, filtration et manutention des boues	50.758	10	1	1.268.962	60
Charges annuelles : amortissement du capital	9.900	00	0	247.500	»
Intérêts	13.500	00	0	337.500	»
Total . . .	74.158	10	1	1.853.962	60

Il a été traité, dans l'année, 207 millions de mètres cubes ce qui porte le coût, à très peu près, à 0 fr. 009 par mètre cube, non compris le transport des boues à la mer.

2° *Usine de Crossness*

Dépenses de premier établissement 329,000 £ (8,225,000 francs).

Dépenses d'exploitation :

	£.	s.	p	Fr	C.
Précipitation et manutention des boues.	21.830	16	9 1/2	545.771	»
Charges annuelles :					
Amortissement du capital . .	7.800	00	0	195.000	»
Intérêts.	9.400	00	0	235.000	»
Total. . . .	30.030	16	9 1/2	975.771	»

Le volume total traité à Crossness pendant l'année 1805 a été de 133 millions de mètres cubes, ce qui porte la dépense par mètre cube à 0 fr. 0073, non compris le transport des boues.

3° *Transport des boues par bateaux à vapeur*

Capital de 1ᵉʳ établissement 136.000 £. (3.400.000 francs).

	£.	s.	p.	Fr.	c.
Dépense d'exploitation des six bateaux.	31.453	17	4	786.397	»
Charges annuelles : amortissement du Capital.	6.200	0	0	155.000	»
Intérêts	4.110	0	0	102.750	»
Total.	41.755	17	4	1.044.147	»

Il a été transporté pendant l'année 2.169.000 tonnes de boues, ce qui donne pour coût du transport à la mer 0 fr. 4814 par tonne.

En résumé, en 1805 la dépense totale relative au traitement du *sewage* et à l'enlèvement des boues qu'on en a retirées a été :

	Fr.	c.
Usine de Barking	1.853.962	60
Usine de Crossness	975.771	»
Transport à la mer	1.044.147	»
Total . . .	3.873.880	60

Ce qui représente une dépense de 0 fr. 0114 par mètre cube d'eau d'égout amenée aux usines. Par tête d'habitant ce procédé de débarras (on ne peut le dénommer autrement) occasionne une dépense de 0 fr. 874. — Ce chiffre qui résume une épuration *incomplète et stérile* est à comparer avec celui de 1 fr. 14 que nous avons constaté à Berlin pour l'épandage avec *utilisation agricole* des eaux d'égouts dans les conditions que nous avons relatées et en tenant compte de la grande différence de population et de situation des deux villes. — Comme nous le verrons plus loin, s'il fallait compléter l'épuration, le prix par tête dépasserait celui donné pour l'utilisation agricole de Berlin.

IV. — Résumé

Tels sont les procédés par lesquels la capitale de l'Angleterre se libère de ses eaux d'égouts. Ils se résument dans le jet du *Tout à la Mer* après désinfection.

On comprendra sans peine qu'une pareille solution ne puisse être acceptée que dans les conditions toutes spéciales de Londres et de la Tamise, car la désinfection n'est même pas absolue. Le liquide que l'on écoule à la rivière est bien à peu près limpide, mais il n'est pas suffisamment inodore, surtout au moment des chaleurs. Dans les premières années on se préoccupait de cet inconvénient, et, pour y obvier, on ajoutait pendant l'été du manganate de soude et de l'acide sulfurique, dans la proportion de $\frac{1}{70.000}$. On obtenait ainsi une oxydation rapide de la matière organique odorante. Mais on s'aperçut bientôt qu'avec l'amélioration de l'état du fleuve, l'oxygène reprenait dans l'eau sa proportion normale et opérait naturellement, avec le concours de la lumière, l'action obtenue par les réactifs ci-dessus indiqués. On supprima alors cette addition complémentaire.

Il faut observer aussi que l'on est en présence d'un cours d'eau salée qui de toute manière ne peut servir à l'alimentation des riverains.

En résumé, les grands travaux entrepris par le « *Metropolitan Board of Works* » d'abord, puis par le « *London County Council* » ont produit des résultats fort importants et remédié en partie à une situation qui était inacceptable.

Toutefois le problème de l'assainissement de Londres n'est pas considéré par le Conseil de Comté comme définitivement résolu. Dès son entrée en fonctions, il a chargé son ingénieur en chef, Sir A. Binnie, de concert avec Sir Benjamin Baker, de lui indiquer les améliorations dont le réseau d'égouts de la ville avait encore besoin, et il a fait continuer les travaux de recherches en vue de trouver un traitement donnant une meilleure épuration que celui actuellement employé.

Ces ingénieurs proposèrent un ensemble de travaux dont le coût total est estimé à 55 millions de francs et dont le but serait d'augmenter les facilités d'écoulement des eaux pluviales et de réduire la fréquence du déversement en rivière des eaux souillées. Leurs conclusions furent adoptées et partie de ces travaux sont déjà en cours d'exécution.

Quant aux recherches relatives à l'épuration, elles ont conduit à la découverte d'un mode de filtration, à l'aide duquel il serait possible, pense-t-on, d'épurer presque complètement toute la masse du *sewage* de Londres dans des conditions d'économie tout à fait exceptionnelles.

V. — NOUVELLES EXPÉRIENCES

Ces expériences sur la filtration furent commencées en juin 1892. On fit d'abord usage de matériaux divers : sable, gravier, débris d'argile cuite, menu coke, etc. ; mais ce dernier ayant fourni les meilleurs résultats, il fut décidé de construire un filtre au coke assez grand (un *acre* ou 4.050 mètres carrés) pour pouvoir en déduire des conclusions positives, quant au pouvoir épurateur et à la rapidité de la filtration.

Ce filtre fut établi en 1893 à Barking, et coûta 50.000 fr. La partie active est formée d'une épaisseur de menu coke de 0 m. 01, recouverte d'une couche de gravier de 0 m. 08, à l'effet d'empêcher le coke d'être soulevé et entraîné. Le fonctionnement a lieu d'une manière régulière depuis plus de deux ans ; l'épuration s'applique à un million de *gallons* par jour, en moyenne, ce qui répond à 1.12 mètre cube d'eau par mètre carré de surface ; malgré cette rapidité dans la filtration, le degré d'efficacité pour la destruction de la matière organique est encore d'environ 78 pour cent. Ce résultat n'a pas été obtenu d'emblée ; il a fallu au contraire tâtonner longtemps pour arriver à connaître les règles qui régissent la direction convenable à donner à l'opération ; quand on s'en écarte, le filtre est promptement mis hors d'usage. Mais l'expérience ininterrompue des deux dernières années démontre qu'on s'est maintenant rendu maître de la marche du filtre, et que l'on dispose par ce moyen d'un mode d'épuration des plus énergiques.

Voici comment M. Dibdin expose la théorie de son procédé :

L'action d'un filtre est double : 1° il sépare mécaniquement toutes les particules un peu grosses de la matière en suspension et rend l'eau d'égouttement claire et limpide ; 2° il effectue l'oxydation des matières organiques, tant en suspension qu'en dissolution, par l'intervention d'organismes vivants. C'est l'introduction et le développement de ces organismes que doit avoir en vue tout procédé rationnel d'épuration par filtration.

Les organismes ordinaires de la putréfaction (ceux que nous appelons en France les microbes saprogènes) commencent par décomposer les corps organiques en les ramenant à des combinaisons moins complexes, formées surtout d'eau, acide carbonique et ammoniaque. Les organismes nitrificateurs (ferments nitriques) interviennent alors pour transformer l'ammoniaque en acide nitrique, mais pour que cette action se produise, trois conditions sont nécessaires : 1° Ces organismes doivent être soumis à une aération abondante ; 2° il faut que l'action se passe en présence d'une base, telle que la chaux, par exemple, pour que l'acide se puisse combiner avec elle ; enfin, 3° la nitrification doit s'opérer dans l'obscurité, c'est-à-dire dans le corps même du filtre.

Le degré d'épuration dépendra de la durée du temps pendant lequel on laissera le *sewage* en contact avec ces organismes. A Barking, cette durée est de deux heures, et l'épuration obtenue dans ces conditions est en moyenne, comme il est dit plus haut, de 78 pour cent, c'est-à-dire qu'il a été détruit 78 pour cent de la matière organique totale. — Un contact plus prolongé donnerait une épuration plus parfaite.

Le filtre fonctionne par période de 8 heures, pendant 6 jours de la semaine, le septième étant un jour d'arrêt. Dans chaque période le remplissage dure environ 1 heure. On laisse séjourner pendant deux heures, puis les eaux d'égouttement sont évacuées lentement pendant le reste du temps. Il a été filtré, en 1895, 231 millions de *gallons de sewage ayant déjà subi la précipitation*, c'est-à-dire ayant été soumis à l'action de la solution de chaux pour séparer la plus grande partie des matières solides en suspension. Ainsi conduite, la filtration est revenue à 1 £. 15 sh. par million de *gallons*, soit à 0 fr. 0097 par mètre cube. Cette dépense, semble-t-il, n'atteint pas, pour le cas de Londres, celle qu'occasionnerait le transport des eaux à une assez grande distance et leur épandage pour l'utilisation agricole.

D'après les résultats obtenus à Barking, on estime que de

pareils filtres, maniés avec prudence, ont pratiquement une durée illimitée, à condition toutefois que les eaux soient d'abord débarrassées des matières solides qu'elles tiennent en suspension. Le *sewage* renferme en lui-même les micro-organismes qui opèrent sa transformation et l'épuration sera d'autant plus rapide et complète qu'on favorisera davantage leur dévelop· pement. On le reconnaîtra à la proportion de nitrates alcalins constatée dans l'eau d'égouttement.

On pourrait, au dire des Ingénieurs anglais, par ce procédé, épurer par jour, sur une surface de 1 hectare, jusqu'à 10,000 et même 11,000 mètres cubes d'eau d'égout, ayant subi au préalable une simple clarification par addition d'eau de chaux ; ce serait une quantité cent fois plus grande que celle que l'on épure par hectare à Achères ou Gennevilliers. Il y aurait à examiner ce que deviendraient ces appréciations pour ce qui concerne les eaux d'égout de Paris. Mais les résultats obtenus à Londres sont très frappants et méritent, à notre avis, la plus sérieuse attention.

Filtres de Hendon. — Ces résultats doivent d'autant plus faire réfléchir qu'ils viennent d'être encore dépassés dans une application nouvelle d'un filtre tout spécial, établi récemment par M. Dibdin, à Hendon, près Londres, dont le brevet ne remonte qu'au mois de février dernier. Son caractère particulier est d'agir d'une manière continue. Le *sewage* arrive par petits filets à la partie supérieure et l'appareil abandonne à sa base une eau parfaitement limpide et inodore, *sans addition d'aucun réactif*. Nous remarquerons que, dans cette localité, on pratique le système séparé. Si l'eau d'égout était chargée de matières terreuses ou sableuses, le filtre ne tarderait probablement pas à s'engorger et l'on ne pourrait, dans ce cas, s'en servir qu'après séparation de ces matières par décantation ou précipitation. Quoiqu'il en soit, les résultats obtenus jusqu'à ce jour font augurer qu'avec ce genre de filtres, on atteindra au double du volume épuré par les précédents, soit, chaque jour, plus de 20,000 mètres cubes par hectare de surface filtrante.

Il faut noter que l'eau d'égouttement reste fertilisante et propice à l'irrigation, puisqu'elle contient tous les sels minéraux et l'azote transformé des eaux d'égout qui l'ont produite.

Procédé Cameron. — Puisque nous avons été amenés à parler des dernières nouveautés que présente en Angleterre l'étude des modes d'épuration du *sewage*, nous ne saurions manquer de citer celui qu'on vient d'appliquer dans une ville de l'Ouest, *Exeter*, suivant un procédé dû à M. Cameron. Moins simple que le précédent, il repose aussi sur l'action bactériologique, tant pour l'oxydation de la matière organique en dissolution, que pour la destruction de celle tenue en suspension.

L'eau d'égout est soumise successivement à l'action de ferments anaérobies et aérobies. Dans un réservoir clos, à l'abri de la lumière et de l'air, du moins dans la mesure du possible, le *sewage* subit d'abord une attaque *septique* qui a pour effet de dissocier les éléments des substances organiques solides, en donnant de l'eau, de l'acide carbonique, de l'ammoniaque, etc.

Au sortir du réservoir, toutes les parties solides ont disparu ; le liquide a pris une couleur jaune-brun et dégage une légère odeur. Il se rend alors sur des filtres de menu coke ou de débris d'argile cuite, en passant sur une table d'aération où il perd, par le fait du commencement d'oxydation qui se produit, la faible odeur qu'il présentait. Les filtres sont calculés de façon à ne fonctionner qu'à tour de rôle et à avoir un repos de plusieurs jours, toutes les trois semaines environ. Pour opérer le remplissage et la vidange de ces filtres, M. Cameron a imaginé un appareil spécial, dont le fonctionnement est automatique.

Les matières solides minérales, telles que sable, terre, etc., que contient l'eau à son arrivée à l'usine de traitement, se déposent dans deux chambres de décantation qui précèdent immédiatement le réservoir *septique*.

Le procédé Cameron a donné des résultats très satisfaisants. L'analyse chimique a montré que l'eau d'égouttement des filtres ne contient plus que 0 gr. 66 d'azote organique par mètre cube de liquide, soit environ cinq fois moins que la limite admise en Angleterre par la Commission de la Pollution des rivières pour les eaux pouvant encore être déversées sans inconvénients dans un cours d'eau.

L'idée première de ce procédé n'est pas nouvelle ; elle appartient en réalité à un français, M. Mouras, qui dès 1881 proposait d'appliquer le même principe aux 80.000 fosses d'aisances de Paris pour y obtenir, par la décomposition résultant de la fermentation putride en vase clos, la liquéfaction des matières organiques contenues dans ces fosses. Dans le numéro du 24 août 1884 des Annales Industrielles, M. Thierry-Mieg a rendu compte d'une application qui fut faite de ce procédé aux usines de M. Herzog au Logelbach, en Alsace. L'installation desservait une population ouvrière de 150 personnes, et elle eut

un plein succès. Le liquide qui provenait de la fosse septique
était parfaitement limpide et servait à irriguer des prairies et
des vignobles.

CHAPITRE III

Emploi des Eaux d'égout dans quelques villes d'Angleterre.

1. — CROYDON

Les eaux d'égout de la Ville de Croydon sont épurées par
épandage dans deux exploitations agricoles distinctes sous la
direction de M. Walker, ingénieur de la Voirie de cette cité. —
Ce sont les fermes de Beddington et de Merton, qui sont pour
ainsi dire classiques, en ce qui concerne l'assainissement. La
première est de beaucoup la plus importante ; elle reçoit par
deux collecteurs principaux les eaux usées d'une population de
plus de 90.000 âmes, répartie sur environ 2.550 hectares. La
seconde ferme ne répond qu'à l'utilisation du *sewage* de 10.000
habitants.

Lorsqu'il fait sec, le débit des collecteurs est d'environ
15.900 mc. par vingt-quatre heures, mais quoique, pour la
majeure partie, les rues soient pourvues de drains spéciaux pour
l'évacuation des eaux pluviales, le débit total peut atteindre
lors des grandes pluies 72.500 mc. par suite d'infiltrations. Les
égouts ont été faits trop minces et non étanches et leur réfection dans des conditions meilleures s'effectue successivement.

Par ce fait, le *sewage* de Croydon est mélangé de beaucoup
d'eau et ne présente pas une grande concentration, mais il ne
contient pas de substances terreuses ou sableuses en proportion
notable, à cause du soin que l'on a de ne pas laisser entrer dans
les égouts les détritus des chaussées et d'en effectuer ainsi la
séparation préalable d'avec les eaux usées provenant des habitations.

La superficie des terrains dépendant de la ferme de Beddington est actuellement de 273 hectares ; sur ce nombre, 200
environ sont disposés pour l'irrigation. Ces terrains sont argileux
et sableux; ils descendent en pente douce d'environ 0^{m}005 par
mètre, de l'est vers l'ouest, jusqu'à la rivière Wandle, affluent

de la Tamise. Ils sont préparés et nivelés avec le plus grand
soin. La rigole d'amenée des eaux, construite en béton, domine
la partie supérieure ; des raies ou sillons, espacés de quinze
mètres environ, tracés transversalement et suivant la ligne de
plus grande pente, sont alimentés par cette rigole jusque vers le
bas du champ ; à quelque distance de leurs extrémités se trouve
une autre rigole longitudinale, destinée à recueillir les eaux
qui, par ruissellement, ont arrosé la surface supérieure.
L'opération ne se borne pas à ce premier épandage ; pour être
suffisamment épurées, les eaux sont déversées à trois reprises
différentes sur les champs d'utilisation. La deuxième rigole conduit les eaux de collature du premier champ sur un second
champ où la même méthode d'arrosage a lieu, puis, après avoir
irrigué une troisième parcelle, les eaux sortent presque pures.

Ces irrigations successives s'effectuent, en général, dans une
durée de trois heures et l'on compte que le tiers des eaux
d'égout fournies est absorbé par la prairie ou évaporé, les deux
autres tiers se retrouvant dans les eaux d'égouttement qui
s'écoulent à la rivière.

Pour obtenir de cette méthode un bon résultat, il est indispensable que les terres soumises à l'arrosage aient subi un dressement méticuleux. Les raies ou sillons sont parfaitement nivelés et entre chacun d'eux le terrain offre une surface légèrement concave pour que le *sewage* qui déborde des sillons puisse
gagner tous les points du champ sans le raviner nulle part.

La concavité maximum est de un pouce anglais (0^{m}0254) entre
deux raies écartées de 15 mètres, et le terrassement est effectué
avec toute la rigueur possible par des taluteurs très expérimentés ; l'ingénieur attache à ces soins une extrême importance.

L'origine de l'exploitation remonte à l'année 1860. Depuis lors,
ce système d'utilisation agricole s'est effectué sans interruption,
même pendant les fortes gelées ; une couche de glace se forme
alors à la surface et le ruissellement continue à se faire par
dessous ; mais le degré d'épuration est aussi bien moindre. Ce fait
est une démonstration nouvelle de l'action épuratrice du soleil
et de l'air qui interviennent évidemment dans une large mesure
à Beddington pour la purification des eaux d'égout de Croydon.

La moitié environ de ces fermes est cultivée en ray-grass,
herbage dont la végétation ne s'épuise qu'au bout de trois
années, après avoir donné cinq ou six fortes coupes par an. A
l'expiration de cette période, on effectue un labour et l'on fait
produire à la terre des betteraves et des choux ; à cette culture

succède parfois une récolte de blé, avoine ou pommes de terre, puis on revient au ray-grass. Le blé et l'avoine ne sont guère cultivés que pour la paille et les besoins de la ferme.

Au point de vue financier, si l'on ne tient pas compte de l'intérêt et de l'amortissement du capital employé à l'acquisition des terres et aux frais de premier établissement, les dépenses d'exploitation sont entièrement couvertes par la vente du produit des fermes, quoique dans certains moments on ait quelque difficulté à trouver preneur du fourrage produit en excès.

L'état sanitaire de la ville et des localités avoisinant les irrigations est excellent. Pour une population de 102.697 personnes, donnée par le dernier recensement, la mortalité moyenne pendant une série de quatre années a été de 14,7 pour mille. Ce chiffre est descendu pour certaines années à 13 pour mille seulement.

Nous n'avons pu nous procurer les renseignement précis sur le degré de pureté des eaux d'égouttement, mais l'épuration est suffisamment prouvée par le fait que la petite rivière dans laquelle s'opère le déversement est très poissonneuse et habitée par des truites qui, comme on le sait, ne hantent que les eaux vives et pures ; ce cours d'eau ne présente pas non plus sur ses bords les végétaux filamenteux que l'on observe dans les courants alimentés par des eaux souillées de matières organiques. Ces signes sont d'autant plus probants que le débit de cette rivière n'est en temps ordinaire que huit fois plus grand que celui des eaux épurées qu'elle reçoit.

II. — WIMBLEDON

Wimbledon est un des nombreux bourgs faisant partie de la banlieue de Londres. Il est situé au sud ouest de la ville, à 8 kilomètres seulement de Westminster, et comprend une population d'environ 30,000 habitants. L'étude des dispositions adoptées pour l'assainissement de ce bourg est intéressante à tous égards. D'abord, parce qu'il présente un bon exemple du système séparé et que l'on s'y est inspiré, autant que possible, du principe: la pluie à la rivière, les eaux de maison à la terre. Ensuite, parce qu'on y trouve l'application rationnelle de divers modes de traitement qui n'ont été adoptés qu'après de nombreux essais et ont servi à doter la localité des procédés devant donner les meilleurs résultats.

A l'exception des eaux provenant des toits, toutes les eaux pluviales sont recueillies dans des drains spéciaux les conduisant aux ruisseaux voisins ou à des filtres qui en permettent l'épuration avant leur déversement. Quant aux eaux souillées des maisons, elles sont reçues dans un système d'égouts fermés, se terminant par trois collecteurs correspondant respectivement aux zônes des haut, moyen et bas niveaux du bourg.

On peut compter qu'en temps sec le réseau débite 135 litres de *sewage* par habitant et par jour. Pendant les pluies, cette quantité peut aller jusqu'à 200 litres.

Les modes de traitement adoptés comprennent deux phases distinctes. Dans la première, les eaux d'égout sont partiellement épurées, soit par une filtration ascendante, imaginée par l'ingénieur M. Santo-Crimp, soit par précipitation chimique ; dans la seconde, l'épuration est complétée par l'épandage sur le sol du liquide clarifié.

La filtration ascendante s'opère dans des réservoirs à double fond. Un filtre formé de morceaux d'argile cuite est établi sur le fond supérieur ; le *sewage* qui est amené dans l'espace sousjacent, le traverse de bas en haut. Les matières en suspension se déposent sur le fond inférieur et le liquide qui surmonte le filtre finit par remplir le réservoir. Il est dès lors, non seulement clarifié, mais il a aussi subi un commmencement d'épuration, car l'analyse y décèle déjà des nitrates en proportion notable. Dans cet état, il est très propre à l'irrigation. Quant aux dépôts qui constituent une boue semi-fluide, ils vont se joindre à ceux des bassins dans lesquels le *sewage* est traité par précipitation chimique.

Les substances dont on se sert aujourd'hui pour la précipitation sont la chaux et le sulfate de protoxyde de fer, comme à Barking et à Crossness ; mais ici ils sont ajoutés en proportions plus fortes. L'addition de chaux atteint de 175 à 200 grammes et celle de sulfate de fer 60 grammes par mètre cube de *sewage* traité. On est revenu à l'emploi de ces seuls réactifs, après avoir essayé différentes autres substances, parce que, tout en produisant une clarification satisfaisante, ils donnent lieu à la moindre dépense.

Les boues fluides, noirâtres, qui se déposent dans les bassins de précipitation, sont envoyées dans des réservoirs métalliques où elles reçoivent une nouvelle addition de chaux, de 3,5 à 5 pour cent, puis sont refoulées à l'aide d'air comprimé dans des filtres-presses. Là, elles sont essorées et transformées en tourteaux facilement transportables. En général, 10 tonnes de boue fournissent 2 tonnes de tourteaux et les 8 tonnes de liquide recueilli donnent un *sewage* extrêmement concentré, très alcalin, que l'on ajoute aux autres eaux d'égout à leur arrivée, pour le traiter à nouveau.

D'après M. Santo-Crimp, qui a dirigé pendant plusieurs années les travaux d'assainissement de Wimbledon et qui y a introduit le traitement au filtre-presse, on peut estimer la dépense à 2 fr. 50 ou 3 francs par tonne de tourteaux produits.

Plus on force la dose de chaux pour la précipitation, plus la dessiccation des boues s'opère facilement, mais, par contre, plus on augmente le volume de ces boues. A Wimbledon, on compte sur une production d'environ 2,2 tonnes de tourteaux par semaine et par mille habitants, et l'on estime que chaque tonne correspond à environ 550 mètres cubes de *sewage* traité. Une partie de ces produits est vendue comme engrais au prix de 1 fr. 25 la tonne mais, sur une production annuelle de plus de 3.000 tonnes, on n'a trouvé acquéreur que pour 950 tonnes environ. Le surplus est mis en dépôt ou enterré dans le voisinage.

Les terrains destinés à l'épandage sont peu étendus, ils ne couvrent que 28 hectares ; aussi a-t-on construit tout dernièrement de nouveaux filtres devant servir d'adjuvants. Les champs d'épuration sont entourés de terrains bâtis ou à bâtir et on ne peut songer à les agrandir. Le sol est de nature argileuse et, comme il est en pente favorable, on procède à l'irrigation par ruissellement.

Les principales cultures sont le ray-grass, les betteraves et les osiers. Le ray-grass croît avec une très grande rapidité et l'on fait cinq ou six coupes par an, grâce à une culture soignée.

On est parvenu assez facilement, pendant les dernières années, à couvrir, par la vente des produits, l'ensemble des frais d'exploitation de la ferme et de l'usine.

Cette application est d'autant plus intéressante qu'elle peut servir d'exemple pour des localités n'avoisinant pas un cours d'eau important. Le plus souvent, en effet, quand on adopte la précipitation chimique pour le traitement des eaux d'égout, le liquide est écoulé à la rivière sans autre opération et ne subit point l'épuration complémentaire par épandage ou filtration. Mais alors il faut pouvoir rejeter ces eaux simplement clarifiées, retenant encore une certaine quantité d'azote organique en dissolution, dans une rivière d'un débit assez grand pour que leur addition ne constitue qu'une faible fraction de la masse totale. Dans ces conditions, on peut admettre que les dernières traces

des matières organiques dissoutes seront détruites rapidement
par l'oxygène normal contenu dans les eaux courantes. Il n'en
est plus de même lorsque le débit des cours d'eau est faible
comme à Wimbledon.

III. — EALING

Ce bourg de la banlieue de Londres fournit un autre exemple
intéressant de traitement par précipitation chimique. Il y a là
toute facilité pour se débarrasser des eaux clarifiées, la Tamise
passant à proximité ; mais, pour les boues et les ordures ménagères, on est obligé de procéder à leur disparition sans causer
d'odeur nuisible aux riches maisons de campagne entourées de
parcs et de jardins de cette villégiature.

L'ingénieur qui dirige les travaux du bourg depuis plus de
trente ans, M. Ch. Jones, l'un des promoteurs du traitement
chimique du *sewage* en Angleterre, a réalisé cette condition en
faisant usage de l'incinération. Il brûle tout : les détritus et
résidus des maisons, les boues déposées par précipitation (après
égouttement naturellement) et les gaz provenant de ces premières combustions. Il obtient ainsi 1° des scories, qu'il emploie
comme cailloux dans les bétons; 2° des cendres qui tiennent lieu
de sable et de ciment et forment un excellent mortier dont on
se sert pour les maçonneries ; 3° enfin, il développe assez de cha-
leur par la combustion des gaz pour chauffer toutes les chaudières et produire la vapeur dont il a besoin pour l'alimentation
des machines motrices de l'usine et d'une partie de celles qui
produisent l'électricité destinée à l'éclairage du bourg. —
Moyennant une dépense brute de 2 fr. 03 par tonne de matière
brûlée, il fait face à cette exploitation, et il récupère la plus
grande partie des frais par le rendement des sous-produits, de
manière à ramener à 30 et quelques centimes seulement par
tonne le coût de l'incinération.

Le traitement chimique préalable comporte l'emploi, par
mètre cube d'eau d'égout, de 146 grammes de chaux, de 163
grammes d'argile et de 29 grammes de sulfate d'alumine ; l'addition de l'argile est faite dans le but d'obtenir comme produit utile
de l'incinération le ciment dont il a été parlé plus haut. La précipitation se fait dans une série de bassins, le liquide passant de
l'un dans l'autre suivant un parcours d'environ 400 mètres. Ces
bassins sont à des niveaux différents et dans le trajet il a été
ménagé des chutes pour contribuer à l'aération du liquide et à
l'oxydation des matières en dissolution.

Les boues qui en proviennent sont stratifiées avec les cen lres et ordures ménagères du bourg, disposées convenablement sur une aire abritée par des hangars construits *ad hoc*. Au bout de quelque temps, la masse prend une certaine consistance, par suite du départ de l'eau qui s'en est écoulée et qu'on a dirigée vers les bassins de décantation.

Le produit est alors élevé sur les fours crématoires et mélangé avec environ deux fois son volume de détritus ordinaires. On ne croirait pas, au premier abord, que cette matière noirâtre qui est encore saturée d'humidité, soit capable d'entretenir la combustion et cependant, depuis 13 ans maintenant, il en est ainsi et les résultats ont toujours été satisfaisants. Il faut dire que les cendres des villes anglaises renferment toujours beaucoup de menus débris de houille et que les fours d'Ealing sont fort bien étudiés.

Les gaz provenant de la crémation de ces matières sont conduits dans un autre four où ils sont brûlés sur un feu de coke ; la température y atteint de 800 à 850 degrés centigrades et permet d'effectuer le chauffage direct des chaudières et de fournir la vapeur nécessaire à l'alimentation des machines d'une puissance de 50 chevaux.

La batterie de fours d'Ealing se compose de sept cellules. On incinère environ 4 tonnes 1/2 de matière par cellule, en 24 heures ; cette quantité est relativement faible, mais il faut considérer la grande humidité des matières enfournées. La production des scories et cendres varie de 25 à 33 0/0 du poids des matières brûlées. Comme il a été dit, les scories s'emploient pour la fabrication du béton ou même pour l'empierrement des chemins et les cendres constituent un très bon ciment pour le hourdis des maçonneries.

IV. — ACTON — HUDDERSFIELD

A côté du traitement chimique par la chaux, accompagnée ou non d'autres corps tels que les sulfates de fer, d'alumine, les chlorures de chaux, de magnésie, etc., on rencontre fréquemment en Angleterre un procédé d'épuration qui, bien que d'origine récente, est déjà fort répandu. C'est le procédé Howatson. Il comprend deux opérations successives. Dans la première, le *sewage* est clarifié par l'addition d'une matière précipitante appelée *ferozone*, dont les principes actifs sont surtout le sulfate de protoxyde de fer et les sulfates d'alumine et de magnésie, et, dans la seconde, le liquide est soumis à une filtration à travers des couches de sable, entre lesquelles est intercalée une couche d'environ 0 m. 25 d'épaisseur d'un corps spécial, appelé *polarite*, dont l'élément principal est l'oxyde de fer magnétique.

L'une des premières localités où ce procédé ait été appliqué est Acton, à quelques kilomètres de Londres. On y traite le *sewage* provenant d'une agglomération urbaine d'environ 7.000 personnes. Les eaux d'égout arrivent à l'usine par deux collecteurs placés à des niveaux différents. Celles du collecteur inférieur sont élevées d'abord par des pompes au niveau du collecteur supérieur, puis, après leur réunion, on ajoute au liquide le *ferozone*, à la dose de 115 gr. par mètre cube d'eau d'égout, et l'on envoie le mélange dans l'un des bassins de précipitation. Ceux-ci, au nombre de trois, d'une capacité de 630 mètres cubes chacun, présentent un fond légèrement concave et incliné vers l'orifice de sortie des boues. Le dépôt de ces dernières s'y effectue assez rapidement. Jusqu'à ces derniers temps cette clarification était suivie d'une filtration sur la polarité et l'on obtenait alors une eau d'égouttement fort pure ; d'après sir H. Roscoe, elle ne renfermait par mètre cube que 4 gr. 06 d'ammoniaque libre et 0 gr. 25 d'ammoniaque albuminoide. Mais lors de notre visite à Acton, en avril dernier, on avait supprimé cette filtration et l'on se contentait de l'épuration relative résultant d'une augmentation de la dose de *ferozone*, les eaux étant écoulées directement à la rivière après leur sortie des bassins de précipitation. Quant aux boues déposées, elles reçoivent une nouvelle addition de *ferozone*, puis elles sont passées au filtre-presse pour être transformées en tourteaux, dont on dispose comme engrais.

Le procédé Howatson, désigné en Angleterre sous le nom d' « *International process* », est aussi appliqué à Royton, Hendon, Swindon, Southampton, Chorley ; mais l'exemple le plus remarquable est celui de Huddersfield où le volume de *sewage* traité journellement s'élève à près de 30.000 mètres cubes. Cette ville compte 98.000 habitants et les installations destinées au traitement des eaux souillées urbaines y présentent une importance considérable. Elles comportent 24 bassins de précipitation d'une capacité totale de 5.180 mètres cubes et 24 filtres offrant une surface filtrante de 3.730 mètres carrés. Les opérations y sont identiquement les mêmes qu'à Acton. La proportion de *ferozone* ajoutée par mètre cube de *sewage* varie de 80 à 140 gr. suivant le degré de concentration de ce dernier. Les boues séparées par la précipitation sont essorées au filtre-presse, puis détruites par incinération.

Les indications données dans ce dernier chapitre et le précédent se rapportent aux spécimens des principaux modes d'emploi ou d'épuration des eaux d'égout en Angleterre; pour les compléter, nous avons résumé dans le tableau qui suit, les renseignements recueillis sur un certain nombre d'autres villes anglaises.

V. — RÉSUMÉ ET CONCLUSIONS

En résumé, l'étude de l'assainissement des villes en Angleterre fait voir que les procédés de traitement des eaux d'égout y sont fort nombreux et les tendances assez diverses. En général, la solution adoptée dépend surtout des conditions locales particulières et le point dont on se préoccupe presque exclusivement est de ramener les eaux à un degré de pureté compatible avec les limites imposées par la loi contre la pollution des rivières, laissant à peu près complètement de côté la considération d'utilisation. Ce n'est pas, croyons-nous, l'idéal à poursuivre, mais il en résulte de nombreux enseignements pratiques dont on peut faire profit dans bien des cas.

Les ingénieurs sanitaires anglais semblent d'accord pour reconnaître que le mode d'épuration le plus parfait est l'application du *sewage* au sol, que l'épandage se fasse par ruissellement, comme à Croydon, ou par infiltration, comme à Berlin. Mais ils avouent que cette solution n'est pratique qu'autant que les circonstances s'y prêtent : lorsqu'on dispose par exemple de terrains appropriés, de superficie suffisante, et pas très éloignés. Même avec des conditions aussi favorables, cette solution, dans leur opinion, aboutit généralement à une utilisation agricole peu fructueuse, ne couvrant que tout juste les frais d'exploitation par la vente des produits; l'amortissement et les intérêts du capital engagé doivent être pris sur d'autres ressources. De plus, ces exploitations ne peuvent prospérer que si elles sont dirigées par des hommes spéciaux et expérimentés; sinon, les terrains sont exposés à se colmater rapidement ou à dégénérer en marécages. Ces conclusions sont conformes à celles qui résultent de l'étude de Berlin.

En Angleterre, quelques insuccès causés par la méconnaissance de ces conditions, ont amené, il y a peu d'années, une réaction dans la pratique de l'utilisation agricole des eaux d'égout. Aujourd'hui, les faits sont mieux connus et l'on prend, lorsqu'on veut pratiquer l'épandage, les mesures nécessaires pour assurer son succès. Ce procédé devient alors applicable dans beaucoup d'endroits où les conditions locales sont propices ;

NOM DE LA VILLE	POPULATION	MODE DE TRAITEMENT	AGENTS CHIMIQUES employés.	EMPLOI des boues	SUPERFICIE des terrains EN HECTARES	OBSERVATIONS
Aldershot	12.000	Précipitation, epandage et filtration	Sulfate d'alumine et chaux.	données	3 4	
Birmingham et banlieue.	620.000	Précipitation et épandage des liquides	Chaux	enterrées	500.0	
Blackburn	116.000	Précipitation et épandage des liquides	Chaux	vendues	270	
Bradford	220.000	Précipitation et filtration	Chaux		3	Quantité de boues produites annuellement 6,000 tonnes.
Burnley	100.000	Précipitation et filtration	Chaux	données	26 3	Boues produites annuel. 22 000 tonnes
Burton-on-Trent	16.500	Epandage			220	
Chiswick	21.000	Précipitation	Chaux et sulfate d'alumine	données		Boues produites annuel. 2,200 tonnes
Crewe	31 000	Epandage			100	Dont 103 irrigables.
Leeds	400 000	Précipitation	Chaux	données	11.5	Boues produites annuel. 9,000 tonnes.
Leicester	195 000	Précipitation	Chaux	données	5 3	
Northampton	60.000	Epandage, après décantation			132 0	
Norwich	95.000	Epandage			203	
Nottingham	210.000	Epandage			263	Sur lesquels 210 pour ruissellement et 53 pour epandage par infiltration
Oxford	50.000	Epandage			150	Sur lesquels 137 pour ruissellement et 13 pour épandage par infiltration.
Reading	50.000	Epandage			312	
Rugby	12.000	Epandage après décantation		vendues	32 4	
Sheffield	310.000	Précipitation et filtration	Chaux	vendues	9.1	Boues produites annuel. 90,000 tonnes.
Wolverhampton	80.000	Epandage après précipitation	Chaux	données	133	Boues produites annuel. 21.000 tonnes.

nous pouvons citer comme preuve que, dans la seule année 1895, trente villes ou districts urbains du Royaume-Uni ont été autorisés à émettre des emprunts ayant pour objet l'acquisition de terrains destinés à l'épandage.

A côté de ce mode d'épuration, se place maintenant la filtration proprement dite, soit comme adjuvant venant suppléer au manque de terres irrigables, soit comme moyen d'épuration accessoire pendant les moments où l'épandage ne peut s'effectuer, ou pour purifier les eaux superficielles trop chargées d'impuretés, soit enfin comme moyen général de se débarrasser des eaux résiduaires après la décantation des matières solides ou leur precipitation.

En ce qui concerne les procédés de précipitation chimique extrêmement répandus, surtout dans les grandes villes manufacturières, la tendance générale semble être de réduire autant que possible la proportion des réactifs ajoutés. Il paraît généralement accepté qu'il faut éviter l'emploi de trop grandes quantités de chaux ; celle-ci produit, il est vrai, le dépôt rapide des corps solides, mais présente en même temps l'inconvénient de dissoudre une partie de la matière organique en suspension, de sorte qu'après la précipitation, le liquide résiduaire en contient une plus forte proportion en dissolution, ce qui peut nuire dans bien des cas.

Parmi les nombreux procédés dont on a fait usage, il n'y en a qu'un petit nombre qui aient pris de l'extension. Ces derniers reposent presque tous sur l'emploi de la chaux, isolément ou conjointement avec le sulfate de protoxyde de fer ou le sulfate d'alumine. On rencontre fréquemment aussi le procédé Howatson réduit à la seule action du ferozone ou complété par une épuration subséquente sur un filtre en polarite.

Les boues résultant du traitement chimique sont quelquefois séchées et incorporées aux terres cultivées ; le plus souvent, elles sont passées au filtre-presse pour les essorer et les rendre facilement transportables. Les tourteaux obtenus ainsi, constituent un engrais dont la valeur correspond, à poids égal, à peu près à celle du fumier de ferme ; mais les exemples d'exploitations qui en trouvent le placement, sont assez rares.

Par tout ce qui précède, on voit que le dernier mot n'est pas dit en ce qui concerne la transformation des eaux usées des villes, soit par leur utilisation agricole ou industrielle, soit même par simple dénaturation.

L'Angleterre qui semblait avoir, il y a trente ans, résolu le problème au moyen de l'épandage sur le sol et la création à cet effet des *sewage-farms*, est revenue depuis au point de départ de la question et elle cherche à la résoudre concurremment par d'autres procédés pouvant d'ailleurs se concilier avec l'épandage final sur les terres cultivées.

A la base de ces méthodes nouvelles figure toujours la décantation préalable, sous une forme ou sous une autre, ou la précipitation des matières solides en suspension. L'opération du traitement se divise ainsi en deux parties : l'une ayant pour objet les boues de décantation, l'autre les liquides. On se débarrasse au mieux des premières ; quant aux liquides, on les utilise pour l'épandage, ou bien on les soumet à la filtration, selon les conditions locales et l'économie qu'on y trouve ; quelquefois, on les déverse directement à la mer ou dans les rivières quand rien ne s'y oppose.

TITRE VIII

L'ASSAINISSEMENT DE PARIS

CHAPITRE PREMIER

Salubrité urbaine.

I. — APERÇU HISTORIQUE

Quand on se reporte à ce qu'était la Ville de Paris il y a cinquante ans, et que l'on compare l'état d'alors à celui d'aujourd'hui, on ne peut contester les grands progrès réalisés, pendant cette période, sous le rapport de l'assainissement.

On commençait à peine, en 1845, à distribuer l'eau de l'Ourcq au public, par des bornes-fontaines, dans le quartier Saint-Laurent ; il n'y avait que cent dix kilomètres d'egouts, dans la plupart desquels les eaux se rendaient par des grilles établies en plein ruisseau au milieu des chaussées mal pavées ; ces grilles étaient une cause d'infection par suite de leur obstruction fréquente ; les conduits souterrains étaient souvent insuffisants et déversaient lentement dans la Seine les eaux souillées en même temps que les boues des rues entraînées par les pluies.

Bon nombre de propriétés s'alimentaient d'eau par des puits munis de pompes à bras ; on en comptait trente mille. D'autres avaient recours à la corporation des porteurs d'eau et, d'une manière générale, chaque ménage était pourvu d'une fontaine filtrante procurant l'eau claire pour la boisson, en même temps qu'elle servait de réservoir qu'il fallait remplir tous les jours.

Les eaux usées de la maison s'évacuaient par des plombs, le plus souvent infects, et dans chaque immeuble se trouvait obligatoirement une fosse d'aisances, dont la vidange s'effectuait de loin en loin, pour les produits en être conduits à la voirie de Montfaucon, à peu près à l'emplacement actuel des Buttes-Chaumont.

Les Parisiens parvenus aujourd'hui à l'âge de soixante ans ne peuvent ignorer ces détails de leur enfance, ni les odeurs

nauséabondes occasionnées par la susdite voirie lorsque souf-
flaient les vents d'Est ou du Nord.

Telle était la situation sanitaire d'une agglomération urbaine
de près de 800,000 habitants. Il est à l'honneur de MM. Emery
et Mary, ingénieurs en chef *du Pavé de Paris*, comme on disait
alors, d'avoir abordé l'étude des remèdes à une organisation
aussi défectueuse et dangereuse pour la santé publique. Les épidémies de choléra de 1832, 1849 et 1851, la grande mortalité
causée par la fièvre typhoïde, qui régnait en permanence dans
la capitale, donnaient une grande importance à ces premières
études d'assainissement.

C'est à Mary surtout qu'on doit la création de la voirie de
Bondy et du dépotoir de La Villette, et la suppression de Montfaucon ; on lui doit aussi l'amélioration ou l'installation des
premières usines élévatoires et des premières distributions publiques d'eau de la Ville (pour lesquelles il créa un corps de doctri-
nes dont se sont inspirés tous ses successeurs), et la construction de nouveaux égouts. Il avait, entre temps, dirigé et
puissamment aidé de ses conseils l'entreprise du fonçage du
puits artésien de Grenelle, mené à bonne fin en 1841.

Paris doit un souvenir et un respectueux hommage à cet ini-
tiateur, à ce savant ingénieur, doué d'un zèle ardent pour le
travail et le bien public, et dont l'exemple et le professorat ont
exercé une influence considérable sur les questions qui nous
occupent.

Avec l'administration du préfet Haussmann, en 1852, s'ou-
vrit une ère nouvelle et féconde pour la salubrité de la grand de
cité. Il n'est que juste de joindre à son nom ceux de Belgrand,
Alphand et Mille, qui collaborèrent à son œuvre.

A Haussmann revient l'honneur de la transformation de la
Ville, par le percement des grands boulevards qui ont fait pénétrer partout l'air et le soleil. Belgrand fut l'artisan des premières
grandes adductions d'eau des sources lointaines et des égouts
collecteurs. Alphand sut donner aux voies publiques leur viabilité actuelle et leur beauté, dessiner les parcs des bois de Bou-
logne et de Vincennes et, par l'effet des nombreux squares et des
plantations, distribuer la verdure et la fraîcheur dans tous les
quartiers. Quant à Mille, il fut le premier apôtre, en France, du
principe de l'utilisation agricole des eaux d'égout, et l'on peut
dire que, par ses travaux et ses efforts persévérants, c'est lui
qui a déterminé le grand mouvement hygiénique soulevé par
cette question. Alfred Durand-Claye suivit d'abord, puis élargit
le sillon creusé par ce maître.

Pourquoi faut-il que nous ayions à signaler la grave erreur qui fut commise lors de l'admission dans les égouts des matières de vidange, malgré l'avis formel et contraire de la Commission de l'assainissement de Paris, instituée par le Ministre de l'Agriculture et du Commerce Tirard, en 1880, et dont faisaient partie notamment l'illustre Pasteur, Sainte-Claire Deville, Aimé Girard, Wurtz, Brouardel, Fauvel, Schlœsing.

Cette malheureuse conception, dénommée le *Tout à l'Egout*, est venue gâter le magnifique plan d'assainissement que nous venons de résumer, et elle a été la source de difficultés presque inextricables.

A quoi servait-il de supprimer la fosse d'aisances dans les maisons pour en constituer une immense et gigantesque sous toute la Ville, et qu'on mettait en communication partout avec l'atmosphère par les bouches grandement ouvertes des égouts ?

Quel besoin y avait-il de salir et contaminer toute l'eau circulant dans Paris par des matières qui, contrairement à ce qu'on a pu croire, ne se diluent pas, même dans un très grand volume d'eau? Les égouts parisiens, conçus et construits pour servir d'émissaires aux eaux de surface, n'ont ni la pente, ni le tracé, ni l'étanchéité convenables pour recevoir et expulser rapidement et sans fermentation les matières excrémentielles.

Que n'a-t-on suivi le conseil, émis par la Commission citée plus haut, de recueillir les eaux souillées de vidanges dans une canalisation close et étanche, pour les soustraire à toute communication avec l'air et les terrains environnants, et les expulser rapidement par refoulement vers les points éloignés où se ferait leur utilisation agricole ou leur traitement industriel !

On fût resté ainsi dans la donnée rationnelle du problème de l'assainissement et Paris eût été sous ce rapport une ville sans rivale.

Il est temps encore de reconnaître l'erreur commise et d'en arrêter les effets. Les travaux déjà exécutés seraient utilisés pour l'évacuation des eaux de pluie et d'arrosage relativement peu souillées, dont les égouts continueraient à être l'émissaire naturel, et il suffirait d'établir une canalisation spéciale de faible diamètre pour les eaux de l'habitation, beaucoup plus riches en principes fertilisants, qui ne forment guère que le sixième du volume total, et d'installer des usines bien placées pour leur expulsion rapide.

Au terme de ces études, notre conviction est absolue que tôt ou tard cette solution s'imposera à la Ville de Paris. Nous pouvons ajouter, qu'à notre avis, cette œuvre de bon sens serait en même temps beaucoup plus économique pour tout le monde, même pour la Ville de Paris, que le Tout à l'Egout.

II. — RENSEIGNEMENTS STATISTIQUES

Nous ne nous attarderons pas à décrire les caractères principaux de la cité parisienne, ils sont assez connus du lecteur; nous nous bornerons, pour donner une idée de sa grandeur et permettre la comparaison avec les villes précédemment examinées, à puiser dans la *Statistique municipale officielle* publiée par l'Administration, un certain nombre de chiffres sur les questions qui nous intéressent ou pouvant donner lieu à des déductions utiles. Il s'agit de l'année 1896.

Superficie, Population, Mortalité

Paris occupe une superficie totale de 7,802 hectares. Sa plus grande largeur, du nord-est au sud-ouest, est de 11,800 mètres et sa diagonale nord-sud est de 8,330 mètres. La route militaire à l'intérieur des fortifications mesure 33 kil. 300 m. La longueur totale des voies publiques est de 972,474 mètres.

Sur la surface de 7,802 hectares, on compte :

	HECTARES
Pour les voies publiques	1.647 40
Pour les squares, parcs, jardins publics et cimetières (intra-muros).	211 76
Pour la Seine et les canaux.	258 87
Pour les propriétés publiques et privées. . . .	5.683 97
ENSEMBLE.	7.802 00

En y ajoutant le territoire des arrondissements de Saint-Denis et de Sceaux qui présente une surface de 39,587 h., on obtient pour l'agglomération du département de la Seine, une superficie de 47,389 hectares.

A Paris, le nombre des propriétés bâties au 31 décembre 1896 était de 86,933.

D'après le recensement du 29 mars 1896, la population de la ville était . . . . 2.511.629 habitants dont 156.843 étrangers, et celle des arrondissements de Saint-Denis et de Sceaux . . . . 796.378 —

Soit pour le Département de la Seine . . 3.308.007 habitants

Il résulte de ces chiffres que la Ville proprement dite présente une moyenne de 321 habitants par hectare de superficie, et de 29 personnes par maison ; l'influence de la population flottante augmente, en réalité, quelque peu ces chiffres.

Au point de vue de la mortalité, on remarque une différence sensible entre la Ville et sa banlieue immédiate.

Les décès ont été en 1896, pour Paris. . . . . . . 50.509 décès
et pour les arrondissements de Saint-Denis et
Sceaux. 18.465

Total pour le Département . . .   68.974 décès

Cela donne pour la ville . . . . . 20.11 décès pour 1.000 habitants
        —   pour la banlieue . . . . 23.18   —
Ensemble pour le départ. entier . 20.85   —

Détail intéressant : on comptait à Paris, en 1896, 85 personnes âgées de 95 à 99 ans et 5 centenaires.

Pour donner une idée de l'importance de Paris comme centre de consommation, nous avons relevé le mouvement des marchandises sur les voies d'eau et dans les gares de chemins de fer en 1896 :

Canal Saint-Denis, tonnage à toute distance   1.817.111 tonnes
Canal de l'Ourcq,   —   631.738
Canal St-Martin,   —   938.297
Seine dans la traversée de Paris (12 kil.)   5.467.431

Ensemble. . . . . .   8 854.577 tonnes

Trafic dans les différentes gares de chemins de fer (non compris le transit) :

Expéditions grande et petite vitesse . .   2.493.250 tonnes
Arrivages,   —   . .   6.382.283

Ensemble. . . . . .   8.875.533 tonnes

Le port fluvial de la capitale comporte ainsi un mouvement à peu près double du port de Marseille ; et il est remarquable qu'il équivale sensiblement au trafic de toutes les gares réunies, en ce qui concerne le service commercial et industriel de la place.

Alimentation d'eau — Eaux d'égout — Vidanges

Les préoccupations que cause à l'heure actuelle la question des eaux font que nul n'ignore les ressources dont dispose en ce moment Paris pour cette branche de son alimentation. On sait qu'il y a double service, celui des *eaux de sources* amenées par les dérivations, et celui des *eaux de rivières* comprenant les eaux de Seine, de Marne et d'Ourcq, auxquelles on peut joindre le produit des puits artésiens dont les eaux chaudes et minéralisées ne peuvent guère convenir à la boisson ou aux usages domestiques.

On sait aussi qu'on distingue la consommation *privée* de la consommation *publique* pour les arrosages, lavages, fontaines, etc.

Dire quelles ont été les origines de ces divisions, et comment, d'étape en étape, on est parvenu à la situation présente, dépasserait de beaucoup notre cadre. D'ailleurs, des renseignements très intéressants et officiels sur ce sujet ont été donnés par Alphand dans son remarquable rapport de 1889 à l'appui du projet de Budget de 1890 et sont complétés par les Notes de la Direction des Travaux de Paris à l'appui du Compte des dépenses de 1893 (Imprimerie Chaix).

Voici l'Etat résumé pour l'exercice 1896 de l'alimentation d'eau de Paris, d'après les tableaux mensuels de la Statistique municipale :

QUANTITÉS D'EAU AMENÉES A PARIS		
EAUX DE SOURCES	DANS L'ANNÉE	MOYENNE PAR JOUR
Dérivation de la Dhuys, mètres cubes . . .	6.982.450	19.130
Id. de la Vanne id. . .	37.573.100	102.940
Id. de l'Avre id.	28.590.450	78.330
Id. d'Arcueil et des sources du Nord . . . . mètres cubes	127.750	350
Eau de Marne filtree . . id .	379.600	1.040
TOTAL DES EAUX DE SOURCES	73.653.350	201.790
Eaux de rivières et des puits artésiens		
Puits artésien de Grenelle, mét. cubes. . . .	156.950	430
Id. de Passy. . id . . .	1.551.250	4.250
Eau de la Seine . . . . . . id. . . .	43.686.850	119.690
Eau de la Marne. . . . . . id. . .	25.579.200	70.080
Eau de l'Ourcq . . . . . . id. . . .	50.851.800	139.320
TOTAL DES EAUX DE RIVIÈRES ET PUITS ARTÉSIENS . .	121.826.050	333.770
TOTAL GÉNÉRAL	195.479.400	535.560

La répartition de la moyenne journalière de 535,560 mètres cubes est indiquée dans le tableau qui suit, où l'on a fait figurer pour comparaison les chiffres de consommation moyenne de juillet et août 1897 :

CONSOMMATION D'EAU PAR JOUR	MOYENNE JOURNALIÈRE			MOYENNE par tête et par jour
	EAU de source	EAU de rivière	TOTAL	
Consommation domestique et industrielle	m c	m c.	m c.	lit
Perçue sur les Abonnés.	81.141	60.603	141.744	57.65
id sur les établissements publics.	7.537	40 926	48.463	19 30
Évaluation des pertes, fuites, non-valeurs	20 322	26.471	46.793	18 60
Totaux . . .	112.000	128.000	240.000	95 55
Consommation du service public	89 790	205.770	295.560	117.68
Ensemble en 1896	201.790	333.770	535.560	213.23
Consommation moyenne en Juillet et Août 1897 . . .	205 650	387.670	593.320	236 20

La nouvelle dérivation du Loing et du Lunain, qui pourrait être effectuée pour 1900, doit amener un supplément de 40,000 à 50,000 mètres cubes d'eau de sources par jour.

Mais là n'est pas encore la solution définitive pour mettre la fourniture d'eau potable à la hauteur des besoins sans cesse croissants, non seulement de la ville, mais de la banlieue.

Il ne nous appartient pas de préjuger quelle sera cette solution, mais il apparaît clairement qu'il faut la chercher ailleurs que dans le bassin de la Seine, qu'on finirait par assécher au détriment des campagnes, de l'agriculture et de la navigation fluviale.

Déjà le débit d'étiage du fleuve a baissé de moitié depuis 60 ans. Il était estimé en 1840, à plus de 70 mètres cubes par seconde; il se réduit dans l'été à 30 ou 35 mètres cubes, et en 1895 il a atteint le minimum de 22 mètres cubes pendant près d'un mois. Ces faits ont pour l'avenir une gravité qui ne peut échapper à tout esprit clairvoyant.

Les pluies ont donné en 1896 une hauteur d'eau de 0 m. 6411 au pluviomètre de la tour Saint-Jacques, ce qui correspond pour la Ville entière à un volume d'eau tombée dans l'année de 50,018,622 mètres cubes, correspondant seulement au quart

environ des eaux amenées pour l'alimentation. Une partie de
toutes ces eaux se perd par évaporation, par absorption dans le
sol, ou s'écoule par les ruisseaux jusque dans la Seine ; le surplus
est recueilli par les égouts.

A la sortie des égouts on a constaté les faits suivants :

	DANS L'ANNÉE	MOYENNE PAR JOUR
Eaux débitées par les collecteurs d'Asnières et du Nord . métres cubes	194.343.170	530.993
Eaux deversées à Gennevilers et Achères sur les terrains d'épandage métres cubes.	15.023.144	123.120
La différence, soit . . . . métres cubes	149 320.026	407.873

ou les 77 % environ du volume total ont été rejetés dans la
Seine sans épuration aucune.

La statistique officielle fournit aussi sur l'importance du
service des vidanges des renseignements dignes d'intérêt. Ce
service est appliqué :

	DANS L'ANNÉE	MOYENNE PAR JOUR
Pour les *fosses fixes* à mètres cubes .	1.207.004	3.307
Pour les fosses mobiles a id.	32.894	90
Pour les lunettes filtrantes a id	46.957	128
ENSEMBLE MÈTRES CUBES .	1 286.855	3.525

On voit que la pratique du Tout à l'Égout n'a pas encore pénétré profondément dans la masse des maisons parisiennes, et
l'on peut juger, par ses premiers effets, quelles en seraient les
conséquences, si toutes ces matières venaient aujourd'hui
s'ajouter aux eaux d'égout. En tout cas, on peut heureusement
encore aviser.

III. — LE RÉSEAU DES ÉGOUTS

Sans entrer dans de trop longs détails, que l'on trouvera
d'ailleurs dans les publications officielles que nous avons déjà
citées et dans une notice que MM. Bechmann, chef du service, et
Launay, ingénieur en chef de l'assainissement de Paris, ont
publiée dans les Annales des Ponts et Chaussées, en mars 1895,
il est nécessaire d'indiquer le caractère général du système de
drainage adopté, ainsi que les principaux éléments dont il est
constitué.

La particularité qui le différencie des réseaux des autres capitales de l'Europe, c'est d'être formé d'un ensemble de conduits

souterrains, non seulement visitables, mais de sections exagérées dans le but d'y loger les conduites d'eau, les câbles téléphoniques, et d'autres installations telles que les tubes de la
poste pneumatique et les canalisations d'air comprimé. Il en
résulte des galeries très encombrées (puisque les tuyaux d'eau
ont quelquefois jusqu'à 1 m. 10 de diamètre), et d'un coût exces-
sif, où les conditions les plus favorables pour l'écoulement des
eaux ne se trouvent pas réalisées parce qu'on ne les avait pas
exclusivement en vue.

Au point de vue du drainage de ses eaux usées, Paris se divise
en trois zones ou bassins, desservis chacun par un réseau
d'égouts indépendant, dont toutes les eaux se réunissent en
fin de compte dans une seule galerie principale appelée *grand
collecteur* ou collecteur général. Ces trois bassins sont :

1° *Le bassin du Sud*, comprenant à peu près toute la rive
gauche et la partie de la rive droite qui s'étend depuis Auteuil
jusqu'à la Madeleine et aux Batignolles. Son grand collecteur,
appelé d'abord collecteur de la Bièvre ou de la rive gauche, traverse la Seine en siphon près du pont de l'Alma, puis prend le
nom de collecteur Marceau et va rejoindre dans Levallois-Perret, à peu de distance de la Seine, le collecteur général du
deuxième bassin, appelé collecteur d'Asnières. Dans ce premier
bassin on distingue : sur la rive gauche, les grands égouts de la
Bièvre, Saint-Michel, Bosquet et de Grenelle ; sur la rive droite,
les collecteurs Debilly et Montaigne.

2° *Le bassin du Centre*, formé de la majeure partie de la rive
droite de la Seine jusqu'à la ligne des boulevards extérieurs.
Cette zone a pour émissaire général le grand collecteur d'Asnières qui prend naissance à la place de la Concorde et va regagner le fleuve à l'aval du pont d'Asnières. Ses principaux affluents
sont, d'une part, les galeries des quais rive droite, de Rivoli et
de Sébastopol et, d'autre part, le collecteur dit des coteaux
recevant les eaux de toute la partie Nord de Paris qui se trouve
en contrebas du collecteur général du Nord.

3° *Le bassin du Nord*, composé des hauteurs et versants de
cette région drainée par le collecteur général du Nord. Celui-ci
part des boulevards extérieurs, sort de Paris à la porte de la
Chapelle, et va se jeter dans la Seine à St-Denis. Ce collecteur
recueille aussi dans son parcours extra muros des eaux usées
de la banlieue. Une dérivation établie à sa sortie de la ville, dite
dérivation de St-Ouen, permet d'envoyer directement à Genne-

villiers tout ou partie de ses eaux. Il ne reçoit pas, à proprement parler, de collecteurs secondaires.

Les deux premiers des trois collecteurs principaux furent dans ces dernières années reconnus insuffisants ; aussi une partie des ressources financières, créées par la Loi du 10 juillet 1894, a-t-elle été appliquée à construire :

1° Un nouveau collecteur général, appelé collecteur de Clichy, destiné à soulager aussi bien le collecteur Marceau que celui d'Asnières. Il partira de la place de la Trinité, suivra la rue de Clichy, et ira regagner directement l'usine élévatoire de Clichy ; ces travaux sont en cours d'exécution :

2° Un deuxième siphon franchissant la Seine en amont du pont de la Concorde et venant en aide à celui de l'Alma. Il ramène dès à présent vers la rive droite, dans le collecteur d'Asnières, une partie des eaux de la rive gauche ; il sera relié plus tard au collecteur de Clichy, prolongé à cet effet jusque sous la place de la Concorde et qui recueillera alors les eaux des grands égouts de Provence et du boulevard Haussmann.

La plus étendue des trois zones ci-dessus désignées est celle du Sud ; elle dessert une surface de 3109 hectares, tandis que celle du Centre ne correspond qu'à 2627 hectares, et celle du Nord à 1298 hectares. Toutes les eaux recueillies s'écoulent par simple gravitation jusqu'aux exutoires de Levallois et de Saint-Denis. Ne font exception que celles provenant des îles St-Louis et de la Cité ; ces îles sont à un niveau trop bas pour pouvoir écouler directement leurs eaux dans les collecteurs du réseau général. On a en conséquence établi des machines élévatoires place Mazas et quai des Orfèvres pour envoyer ces eaux, par l'intermédiaire des siphons Morland et de la Cité, dans les collecteurs des quais de rive droite et de rive gauche.

L'ensemble du réseau parisien comprend plus de vingt types d'égouts différents. Ils sont presque toujours de forme ovoïde et leur radier est disposé en cunette, avec une ou deux banquettes latérales suivant leur importance. L'égout de section la plus réduite présente à l'intérieur au moins 1^{m}80 de hauteur et au droit des naissances de la voûte 0^{m}90 de largeur. Le type de section maxima est le collecteur de Clichy ; la voûte, de forme elliptique, a 6^{m}00 d'ouverture au niveau des naissances, et la cunette mesure 4^{m}00 de largeur sur 2^{m}00 de profondeur, les banquettes de part et d'autre ont chacune 0^{m}90 de largeur. Le collecteur d'Asnières, qui était auparavant l'égout de plus grande section, mesure aux naissances de la voûte 5^{m}30 de largeur ; les dimensions de sa cunette sont 3^{m}50 sur 2^{m}00.

D'une manière générale, ces constructions luxueuses pèchent par défaut de pente. Ainsi le collecteur d'Asnières n'a, jusqu'à sa jonction avec celui des Coteaux, qu'une inclinaison de 0^{m}20 à 0^{m}30 par kilomètre ; il en est de même pour les collecteurs Marceau et ceux des quais de rive droite et rive gauche.

Il résulte de cette insuffisance de pente, combinée avec une section mouillée peu favorable, une vitesse d'écoulement très faible, surtout aux moments de minimun de débit. D'après M. Humblot (Les égouts de Paris en 1885), ces vitesses varient : dans la partie supérieure du collecteur d'Asnières, de 0^{m}30 à 0^{m}40 par seconde ; à l'aval du collecteur des Coteaux, de 0^{m}70 à 0^{m}90 ; dans le collecteur Marceau, de 0^{m}25 à 0^{m}45, et dans les collecteurs à rails et à large cunette, de 0^{m}30 à 0^{m}90. Les égouts ordinaires ou élémentaires, formant l'origine des ramifications du réseau, présentent généralement des vitesses plus grandes, leur pente descendant rarement au-dessous de 1^{m}00 par kilomètre.

Les bouches d'égout sont toujours placées sous trottoir. Elles ont habituellement 1^{m}20 de largeur et sont reliées à l'égout par un branchement constituant un accès largement ouvert, sur la voie publique, à l'air vicié des égouts. Les regards, établis généralement aussi sous les trottoirs, sont de même reliés à l'égout par une galerie transversale. Enfin, d'après la loi du 26 mars 1852, les maisons en bordure des rues doivent être reliées à l'égout par un branchement particulier. L'ensemble de ces galeries accessoires, en les ajoutant les unes aux autres, arrive à former une longueur d'à peu près la moitié en plus du développement des égouts utiles. Au 31 décembre 1893, la longueur totale des égouts de Paris s'élevait à 945.235 mètres, sur lesquels les collecteurs entraient pour 59.831 mètres. Le réseau comprenait alors 11.200 bouches dont les branchements développaient 93.680 mètres, 15.500 regards et 46.500 branchements particuliers représentant une longueur de galeries accessoires de 305.900 mètres. Par suite des travaux exécutés depuis 1893, on peut compter que le réseau général des égouts s'étend aujourd'hui sur plus de 1000 kilomètres et comporte, en outre, plus de 450 kilomètres de branchements accessoires.

Ce réseau comprend, d'ailleurs, des ouvrages spéciaux pour déversoirs en Seine ; des chambres à sable et des grilles destinées à retenir les corps flottants que l'on désigne sous le nom de *fumiers*; des réservoirs de chasse alimentés par les conduites d'eau d'Ourcq et de rivière. Le nombre de ces derniers s'élevait à 1.607 au 31 décembre 1893, mais il devra être porté à plus de 3.000 pour que le curage du réseau puisse se faire dans de meilleures conditions.

IV. — CONSIDÉRATIONS CRITIQUES

Tout cet ensemble est loin d'être à l'abri de la critique.

On se demande, en premier lieu, à quel besoin répond l'exagération des branchements latéraux qui sont une cause de dépenses excessives, imposées aux propriétés riveraines et à la ville elle-même pour ce qui concerne les cent kilomètres de galeries correspondant aux bouches d'égout, alors qu'une simple conduite en grès vernissé, de diamètre suffisant, aurait rempli le but bien plus économiquement.

Ces coupures transversales sont toujours exposées à arrêter les matières en suspension par leur disposition même, et parce que les fluctuations du niveau des eaux y déposent les immondices, ce qui augmente notablement les frais de curage et de nettoiement.

Ces inconvénients ont été tels, que l'on a dû revenir sur les prescriptions de la loi de 1852 qui enjoignait de fermer les branchements particuliers au droit du mur de face des maisons, et que cette fermeture est demandée aujourd'hui (règlement du 16 juillet 1895) au droit de la paroi de l'égout public.

A quoi sert dès lors cette galerie souterraine, placée sous le sol de la voie publique entre l'égout et l'habitation, dont la propriété indécise peut être une source de conflits avec l'Administration qui peut en faire l'objet d'ordres contradictoires et même de suppression totale, après avoir rendu sa construction obligatoire? Elle sert tout simplement à loger un conduit d'évacuation des eaux de l'immeuble, qui serait aussi sûrement et plus économiquement placé dans la terre. Bien plus, le propriétaire n'a pas le droit de conduire directement dans le tuyau protégé par cette galerie, établie à ses frais, les eaux de sa cour ou de son toit; il doit faire rentrer dans l'intérieur de la maison les conduits de descente extérieurs, pour les joindre, en avant de l'origine du branchement, au conduit unique d'évacuation.

Il suffit d'énoncer ces clauses des règlements pour faire reconnaître combien elles sont abusives et draconiennes, autant qu'inutiles et illogiques.

La seconde critique est capitale ; elle s'applique à la faible
vitesse et aux difficultés d'écoulement des eaux, qui donnent lieu
à des procédés de curage compliqués et coûteux et qui, en réalité, ne sont guère satisfaisants.

Cette question du curage des égouts acquiert à Paris une très
grande importance. Nous avons insisté à diverses reprises,
dans le cours de cette étude, sur les précautions multiples que
l'on prend à l'étranger pour prévenir le plus possible l'entrée
dans les conduits souterrains des sables et autres détritus de la
rue, afin de ne pas ralentir le courant liquide. A Paris, le principe suivi est tout autre. On se débarrasse d'une partie des
immondices et balayures de la voie publique en les envoyant à
l'égout. Cette façon de procéder repose évidemment sur l'idée que
toutes ces matières seront entraînées par les eaux et emportées
hors de la Ville moyennant moins de gêne et de dépense que si
elles étaient enlevées par des tombereaux. Or, il n'en est rien
avec les faibles vitesses que nous avons signalées plus haut.

Les ingénieurs du service municipal sont obligés d'avouer,
dans leurs rapports officiels, qu'au-dessous d'une vitesse d'écoulement de 0^m00 par seconde, les sables ne sont plus entraînés
dans les égouts parisiens, et qu'au dessous de $0^m 30$ les vases
elles-mêmes se déposent et, dit M. Humblot dans le mémoire
précité :

« Toutes les matières lourdes, dont les densités sont com-
« prises entre la vase et le sable caractérisé, ont ainsi une ten-
« dance continue à se déposer dans les collecteurs, qui s'encom-
« breraient rapidement si on les abandonnait à eux-mêmes. Il
« est donc nécessaire d'y organiser un mode de curage perma-
« nent. »

La dépense de ce curage est très élevée. D'après le même document, il revient annuellement, pour les collecteurs, en moyenne,
tous frais compris, à 9 fr. 42 le mètre linéaire et pour les petites
galeries à 1 fr. 82 ; en comptant d'une autre manière, le mètre
cube de sable enlevé revient à 11 fr. 27 dans les collecteurs et
a 28 fr. 10 dans les autres égouts. Ces prix devraient même être
augmentés si, dit l'auteur, « le régime des égouts était modifié
« par la libre admission des matières fécales sur leurs radiers.
« Pour satisfaire à ces conditions nouvelles, il faudrait faire
« subir au crédit du curage une augmentation notable ».

Ces citations démontrent que, dans la construction et l'établissement des égouts de Paris, on n'a nullement prévu l'admission des vidanges. A Londres, à Berlin, à La Haye et à

Bruxelles au contraire, ils ont été combinés dans cette pré-vision.

Non seulement ce système conduira à une augmentation démesurée des dépenses de curage, mais il va contre les principes de l'hygiène en ce que les dépôts qui se forment dans les égouts et y séjournent assez longtemps retiendront les matières excrémentielles et putrescibles dont la fermentation s'opérera en pleine cité et dans les plus beaux quartiers.

Car le mode de curage par chasses d'eau au moyen de vannages est extrêmement lent. Le wagon-vanne partant du faubourg du Temple met dix jours pour arriver à la Pépinière ; et de là il faut trente autres jours pour conduire les dépôts dans le collecteur d'Asnières, jusqu'à l'extrémité ; c'est en tout quarante jours de voyage.

Est-il possible, de bonne foi, d'admettre le Tout à l'Egout dans de pareilles conditions? Il faut ou y renoncer ou reconstruire les collecteurs sur d'autres bases.

V. — ENTRETIEN ET PROPRETÉ DES VOIES PUBLIQUES

La Ville de Paris est réputée pour le luxe et le bon entretien de ses chaussées.

Modes de pavage. — Tous les sytèmes de pavage y ont été successivement employés, essayés, améliorés, et un judicieux emploi est fait des divers modes de construction des chaussées, selon l'importance et la nature de la circulation dans les différents quartiers. Aux gros pavés de grès cubiques des routes ordinaires, ont succédé d'abord les pavés de porphyre, trop glissants pour les chevaux de trait ou de luxe, puis l'empierrement qui ne put se maintenir dans les principales artères à cause de ses inconvénients par les temps trop secs ou trop pluvieux. C'était ou la poussière ou la boue qui incommodait les passants ; le nom caractéristique lui fut donné de *macadam fangeux* et sa suppression fut décidée avec d'autant plus de raison que les sables qui en provenaient encombraient les égouts d'une manière tout à fait insolite. Actuellement, les nouvelles chaussées sont presque exclusivement constituées de pavés de grès parallélipipédiques de largeur réduite, d'asphalte ou de pavage en bois.

Nettoiement et balayage. — Le nettoiement de ces chaussées, autrefois confié à la Préfecture de police, et celui des trottoirs, le plus ordinairement dallés de granit ou de bitume, ont donné lieu, en 1859, à la création d'un service municipal urbain

fort important, dont le budget atteint près de douze millions
de francs (en dehors de l'entretien proprement dit qui dépasse
vingt millions de francs). Il comprend l'achat et l'entretien du
matériel de balayage et d'arrosage, le personnel des cantonniers
et des ouvriers auxiliaires, l'arrosement, l'enlèvement des boues
et immondices.

Depuis la promulgation de la Loi du 26 mars 1873, la Ville
a pris la charge du balayage incombant aux propriétaires riverains des voies publiques qui subissent une taxe spéciale dite de
balayage. Cette taxe qui, de par la loi, ne devrait pas « dépasser
les dépenses occasionnées à la Ville de Paris par le balayage
de la superficie mise à la charge des habitants », produit plus
de trois millions de francs, par l'application d'un tarif que le
Conseil d'Etat a approuvé et qui divise les voies de Paris en
huit catégories et les immeubles en trois classes, suivant la
nature des constructions et leur mode de clôture.

L'arrosage s'effectue régulièrement du 15 mars au 15 octobre;
en hiver, il n'a lieu que dans des circonstances exceptionnelles.
Il se fait, en grande partie maintenant, à la lance et cela coûte à
Paris, d'après Alphand, moitié moins cher que l'arrosage au tonneau dont on faisait usage exclusivement à l'origine, mais qui
n'est plus conservé que pour une faible partie des chaussées.

Il paraît inutile de décrire le matériel destiné à ce service :
machines balayeuses, balais à bras, raclettes, etc., ni la manière
dont se pratique le nettoiement des rues, selon les saisons et les
conditions atmosphériques qui exigent un arrosage plus ou moins
intense ; il suffit de faire une promenade matinale dans les principaux quartiers pour s'en rendre compte. Mais il faut louer la
bonne organisation de cette toilette journalière de la grande
cité.

Dès quatre heures du matin, une armée d'employés se répand
par toute la Ville, et, à six heures et demie, la superficie entière
des trottoirs et chaussées est lavée, nettoyée, sablée dans les
points où cela est nécessaire pour la tenue des chevaux. De six
heures et demie à huit heures et demie s'enlèvent les produits
du balayage et les ordures ménagères. De huit heures et demie à
onze heures on procède au lavage des ruisseaux, au crottinage
en recherche sur les chaussées, au nettoyage et à la désinfection
des urinoirs.

Dans l'après-midi, il n'y a plus qu'à compléter, suivant la
nécessité, le balayage mécanique, l'arrosage, le balayage des
trottoirs à balai traînant, pour éviter la poussière, en même

temps qu'on nettoie les bancs, les édicules, candélabres, etc. On fait souvent aussi un second lavage des ruisseaux à quatre heures, et, de sept heures à neuf heures, pendant cinq mois d'hiver, le sablage des chaussées asphaltées ou pavées en bois.

Ordures ménagères. — Un grand sujet de préoccupation pour la Voirie parisienne est la question des ordures ménagères.

Personne n'ignore que, depuis l'arrêté préfectoral du 7 mars 1884, ces produits sont obligatoirement descendus sur la voie publique une heure avant le passage des tombereaux d'enlèvement, dans des boîtes spéciales auxquelles la malice populaire a donné le nom de *poubelles,* consacrant ainsi l'innovation heureuse du préfet de la Seine signataire de l'arrêté.

Mais il reste, pour la Ville, à se débarrasser économiquement de ces ordures, car le temps n'est plus où les maraîchers des environs, grâce à une combinaison ingénieuse imaginée par la Préfecture de police, les enlevaient au retour dans les voitures servant à apporter leurs denrées, et payaient même une redevance au profit du budget municipal, en raison de l'engrais qu'ils se procuraient ainsi.

L'enlèvement est aujourd'hui onéreux pour la Ville et lui coûte 3 fr. 80 par 1,000 kilogrammes, soit annuellement 2 million 250,000 francs pour 590,000 tonnes. représentant plus de 1 million de mètres cubes de gadoues. Les adjudications actuelles se poursuivent jusqu'en 1900.

Les véhicules employés à cet enlèvement, au nombre de plus de sept cents, sont des tombereaux ouverts, cubant quatre mètres cubes, attelés de deux chevaux ; ils sont d'un aspect désagréable et leur circulation est encombrante et peu hygiénique, surtout dans les quartiers où ils viennent déposer leur contenu aux gares de chemins de fer. Nous avons vu qu'à Berlin les voitures à ce destinées sont couvertes et n'ont rien d'offensant pour la vue ou l'odorat. Il y a, sous ce rapport, un progrès à réaliser.

Un autre progrès consisterait à utiliser mieux que cela n'a lieu ces produits qui renferment des substances fertilisantes pour l'agriculture ; mais la question est très complexe. Il nous revient d'Amérique que plusieurs villes des Etats-Unis y ont réussi par l'emploi du procédé Arnold, qui comporte une sorte de cuisson en vase clos par la vapeur sous pression, et d'où l'on retire un liquide qui restitue les huiles et graisses, et un produit solide, sec et pulvérulent, qui se vend avantageusement comme engrais.

Ce système a été étudié et même perfectionné par un constructeur de Paris, M. Le Blanc ; mais il faut compter avec la composition des ordures ménagères, très différente suivant les villes. En Angleterre, par exemple, elles contiennent une forte proportion de menu coke et sont auto-comburantes ; les Anglais n'ont pas manqué de profiter de cette propriété pour s'en débarrasser par incinération dans des fours spéciaux. A Paris, ces produits ne brûleraient pas sans l'emploi de 100 kilos environ de houille par tonne de gadoue fraîche et les essais dirigés à Javel, par MM. les ingenieurs de la Ville, Boreux et Petsche, n'ont pas fourni de résultats concluants, préférables à leur avis au *statu quo*.

Nous pensons que c'est dans la voie de l'utilisation industrielle qu'il y a le plus de chance de succès. Une destruction stérile d'un produit utile à l'agriculture, ne saurait être, en bonne économie, une solution à recommander.

VI. — SALUBRITÉ INTÉRIEURE DES MAISONS

Dans une ville où la population est aussi dense qu'à Paris, où les maisons à loyer sont hautes et contiguës, il était nécessaire de protéger l'hygiène des habitations par des règlements assurant, autant que possible, la salubrité des logements. Aussi les constructions sont-elles assujetties à des prescriptions nombreuses, non seulement comme alignement, hauteur, nivellement, mais aussi pour la disposition et les dimensions des cours et courettes, le minimum de hauteur des étages, l'établissement des tuyaux de fumée, l'écoulement des eaux pluviales et ménagères, enfin, pour ce qui concerne plus spécialement la salubrité, les fosses et cabinets d'aisances, les puisards, trous à fumier, et l'entretien de propreté des bâtiments.

Tout propriétaire qui veut construire, ou son architecte, doit soumettre ses plans à l'Administration et en solliciter l'approbation.

En outre de ce contrôle, dont le but est de s'assurer que les maisons neuves remplissent les conditions imposées par les règlements, la proprieté bâtie est soumise, d'une manière générale, à la surveillance des Commissions des logements insalubres instituées en France par la Loi du 13 avril 1850.

L'influence de ces commissions a été salutaire, on ne peut le nier, pour améliorer la salubrité des logis malsains et pour faire disparaître des cités évidemment nuisibles à la santé de leurs habitants comme à l'hygiène publique. Cette institution peut continuer à être bienfaisante tant qu'elle se renfermera dans son rôle, qui est d'améliorer les conditions sanitaires des habitations insalubres. Il faut espérer que lesdites Commissions sauront résister par contre aux tentatives, qui souvent se sont produites, de mettre en jeu leur action pour servir des intérêts tout autres que celui de la salubrité exclusivement.

Un des plus grands bienfaits qui aient été rendus à l'hygiène des habitations de Paris a été incontestablement la création du *service de la désinfection* des locaux où se sont produits des décès par suite de maladies infectieuses. Point n'est besoin de faire ressortir les conditions fâcheuses de ces logis qui restaient imprégnés des germes de contagion, surtout dans les maisons à loyer des quartiers peu aisés. Aujourd'hui les médecins sont tenus de déclarer à l'Administration les cas de mort survenus par les maladies transmissibles. Immédiatement celle-ci fait procéder à la désinfection du logement, des meubles, tentures, literies, vêtements, qui ont pu être contaminés. On comprend, sans qu'il soit besoin d'insister, les bons effets pour la santé publique de cette pratique ; ils sont la conséquence naturelle des théories de l'immortel Pasteur.

C'est à des mesures de cette nature, jointes à une plus abondante alimentation d'eau pure et saine, qu'il faut attribuer, pour la plus grande part, la disparition à peu près complète de la fièvre typhoïde à Paris et la diminution notable de la mortalité causée par d'autres maladies infectieuses.

Quant à ce qui regarde l'expulsion des eaux usées et des vidanges, malgré les tergiversations des Ingénieurs de la municipalité de Paris qui, pour remplacer les fosses fixes, ont tour à tour préconisé les fosses mobiles, les tinettes filtrantes, puis le jet direct à l'égout, on ne peut contester que le mouvement créé dans le public, par leurs essais successifs, n'ait été favorable à l'assainissement des habitations.

Des dispositions plus judicieuses ont été adoptées pour l'établissement des cabinets d'aisances et des tuyaux de chute, pour les appareils de départ de ces cabinets et des cuisines, pour la ventilation et pour la défense des logements habités contre les émanations malsaines. Sous ce rapport le concours des architectes et des entrepreneurs de plomberie instruits a été le plus efficace. De nouvelles habitudes ont été prises et, en principe, la maison à Paris peut aujourd'hui être considérée comme assainie ou bien près de l'être.

Mais en est-il de même du sous-sol et du sol même de la cité ? Là est la question.

Ce qu'on a fait pour l'habitation en la délivrant du séjour des eaux putréfiables et des matières excrémentielles, en recevant les unes et les autres dans des conduites closes et étanches, à l'abri de toute communication avec l'air respirable, il faut, pour être logique, le faire aussi pour la grande maison de tous, la ville entière, dans laquelle ne doivent pas séjourner les déjections des habitants. Or, dans les égouts actuels la stagnation a lieu ; il faut donc la faire cesser et, comme pour la maison, établir une canalisation spéciale de la rue, entièrement close, pour conduire rapidement au loin les eaux ménagères et les vidanges.

VII. — DÉPENSES RELATIVES AUX SERVICES DE SALUBRITÉ URBAINE

On ne trouve établis nulle part, à notre connaissance, pour Paris, les comptes annuels des dépenses qui nous intéressent et que nous désirons comparer avec ceux publiés par d'autres grandes villes. Lorsqu'on cherche à connaître ce que coûte à la Ville le fonctionnement de ses différents services, on consulte naturellement le budget municipal. Mais ce document, très touffu de chiffres et de développements, ne révèle pas de prime abord ses secrets au profane qui n'en possède pas la clef. Quand on est parvenu à se reconnaître dans ce dédale de chapitres et d'articles, il faut procéder à un laborieux travail pour en extraire le bilan, en recettes et en dépenses, des différentes opérations de voirie ; et, malgré tout, on n'est jamais certain de n'avoir rien laissé passer de ce que comporterait la comptabilité industrielle des exploitations faites par la Ville.

Nous avons entrepris l'étude, à ce point de vue, du budget de 1896 pour les services suivants : Eaux, canaux et dérivations ; Égouts et assainissement ; Nettoiement et balayage de la voie publique. Le groupement des dépenses de chacun d'eux fournira au moins un aperçu de ce que coûtent l'assainissement et la salubrité de la ville.

En ce qui concerne les eaux, nous avons évalué séparément ce qui regarde les eaux de sources et les eaux d'autre provenance afin d'en tirer des conclusions utiles. Nous nous sommes servis pour cela des chiffres de la consommation des différentes eaux, établis par les renseignements statistiques relatés plus haut. (§ 2.)

I. — SERVICE DES EAUX, DES CANAUX ET DES DÉRIVATIONS

	EAUX de sources	EAUX autres
	fr. c.	fr. c.
A. — Annuité de rachat des anciennes eaux, des canaux, des usines de Saint-Maur	» »	1.794.737 50
B. — Frais de personnel et frais généraux, indemnités diverses au personnel auxiliaire, aux anciens employés, frais de bureau, d'imprimes et d'affranchissement, etc.	286.245 »	557.990 »
C. — Frais de régie de la Compagnie générale des eaux, sur un total de recettes de 13.401.000 francs . . . . 1.725.000 » et consommation des établissements municipaux par abonnement . . . . . 880.000 » Ensemble . . . . . 2.605.000 »	1.215.000 »	1.390.000 »
D. — Entretien du matériel et des travaux :		
a. des aqueducs et dérivations	330.400 »	» »
b. des canaux et dépendances (pour les eaux)	» »	211.160 »
c. des canalisations et appareils de distribution . . .	388.075 »	620.025 »
E. — Exploitation des usines hydrauliques dans Paris, et annexe	» »	1.809.000 »
Somme annuelle des dépenses . . .	2.219.730 »	5.981.112 50
F. — Intérêts et amortissement des emprunts réalisés ou des sommes votées pour l'exécution des dérivations, des réservoirs et des canalisations et appareils, au taux moyen de 4 0/0, amortissement compris, sur 150.000.000 de francs pour les sources et 50.000.000 de francs pour les autres eaux . .	6.000.000 »	2.000.000 »
Totaux . . .	8.219.730 »	7.981.112 50
Ensemble		16.203.852 50

Cela représente par tête, pour une population de 2.500.000 habitants :

Alimentation en eaux de sources . . 3 fr. 287   ⎱
     —   en autres eaux . . . . 3 fr. 193   ⎰ 6 fr. 480

Prix de revient de l'eau consommée à Paris en 1896

Pour établir ce prix de revient, il y a lieu de défalquer des chiffres ci-dessus ceux relatifs à la consommation des établissements publics, dont la dépense spéciale 880.000 francs, s'applique aux quantités suivantes :

Eaux de sources . . . . 2.685.305 mètres cubes.
Autres eaux . . . . 14.937.990   —

<table>
<tr><td rowspan="2">Dans ces conditions :</td><td>EAUX</td><td>EAUX</td></tr>
<tr><td>de sources</td><td>autres</td></tr>
<tr><td>Des depenses totales precedentes . . . . .
il faut retrancher 880,000 francs, soit</td><td>fr.
8.219.720
210 000</td><td>fr
7.984 112 50
670 000 »</td></tr>
<tr><td>Il reste à considérer comme dépenses. . . . .
Celles-ci s'appliquent a la consommation annuelle
de :</td><td>8 009 720</td><td>7 311 112 50</td></tr>
<tr><td>Eaux de sources, 73 653 350 — 2 685 305 = . . .
Autres eaux . 121 826.050 — 14.937.990 = ...</td><td>m c
70 968 045
»</td><td>m. c»
»
106 888 060</td></tr>
<tr><td>Le coût du mètre cube livre a la consommation
est. . . . .</td><td>0 fr. 1128</td><td>0 fr. 0684</td></tr>
</table>

Ces prix de revient sont sensiblement les mêmes que ceux
avoués par Alphand lors de la discussion devant le Parlement
du projet d'adduction des eaux de l'Avre.

Produits de l'Exploitation des Eaux

	Fr.	c.
La recette des eaux accusée au budget est:	13.400.000	»
On peut y ajouter divers produits accessoires pour.	200.000	»

D'autre part, la Ville de Paris emploie pour
le service public les quantités d'eau suivantes qui, comptées à leur prix de revient ci-dessus, représentent en valeur industrielle :

L'eau de sources. . . . 32.773.350^{mc} ×0.1128 =	3.696.833	90
Les autres eaux. . . . 75.106.030^{mc} × 0.0684 =	5.137.253	80
Total du produit industriel annuel de l'eau livrée à la consommation, soit privée, soit publique. . . . . , ...	22.434.087	70
Si on rapproche la depense annuelle de ce service	16.203.832	50
Il en résulte un boni pour la Ville de . .	6.230.255	20

Ce bénéfice constitue en réalité une imposition prélevée sur
les abonnés de la distribution d'eau, au profit de la collectivité.

En outre, si l'on considère :

1° L'exagération du tarif de l'eau à Paris :

    0.35 le mètre cube d'eau de sources ;

    0.60 le mètre cube d'eau employée pour les ascenseurs ;

    0.16 environ le mètre cube d'eau de rivière ou industrielle ;

2° Les conditions défectueuses de la distribution des eaux
de rivière qui ne peuvent parvenir aux étages élevés;

3° L'insalubrité de ces dernières eaux ;

Il devient évident qu'un très grand progrès reste à réaliser
pour l'alimentation d'eau de Paris.

II. — SERVICE DES ÉGOUTS ET DE L'ASSAINISSEMENT

	fr. c.
A. — Frais de personnel et frais généraux, indemnités diverses au personnel auxiliaire, aux anciens employés, frais de bureau, d'imprimés, d'affranchissement, de perception de taxes. etc.... ? . . .	730 510 »
B. — Travaux sanitaires, salaires et matériel : Exploitation du depotoir municipal et de la voirie de l'Est; abonnement des établissements municipaux pour l'écoulement a l'égout . . .	415.130 »
C. — Entretien et curage des égouts : Salaires 2.070.000 »; Entretien du matériel et travaux 611.620 »; Grosses réparations 200 000 »; Curage des branchements municipaux 45 000 »	2.956.620 »
D. — Assainissement de la Seine : Dragages aux embouchures des égouts 192 500 »; Epuration et utilisation des eaux d'égout, salaires et matériel, y compris 98 100 fr. pour location des terrains d'Achères non exploités en 1896 858.100 »; (Les 4/5 des eaux d'égout ont été déversés en Seine sans épuration en 1896)	1.050.600 »
E. — Intérêts et amortissement des emprunts réalisés ou des sommes votées pour l'exécution des égouts, des canalisations, usines et terrains pour l'épuration au taux moyen de 4 0/0 compris amortissement, sur 200.000 000 fr. . . .	8 000.000 »
Total . . .	13 189 160 »

Cela représente par tête, pour une population de 2.500.000 habitants, une dépense annuelle de 5 fr. 275.

III. — SERVICE DU BALAYAGE, DU NETTOIEMENT ET ARROSEMENT DE LA VOIE PUBLIQUE

A. — Frais de personnel et généraux, indemnités diverses, personnel auxiliaire, anciens employés, frais de bureau, d'imprimés, d'affranchissement, de perception de taxes, etc.	669.918 »
B — Entretien des *chaussées empierrées* (en dehors des travaux neufs), cantonniers, traction des machines balayeuses, enlèvement et décharge des produits du balayage . . .	1.300 000 »
C — Nettoiement des *chaussées pavées et asphaltées*, des trottoirs et contre-allées, et service de l'arrosement (non compris le coût de l'eau d'arrosage), salaires . . .	5.668.800 »
D — Enlevement des boues et immondices et leur transport; traction et entretien du matériel . . .	2 750 000 »
E. — Traction des tonneaux d'arrosage et leur entretien 421.500 »; Enlèvement des neiges et glaces et divers 243 000 »	664.500 »
F — Ateliers de reparation du matériel et des balais, salaires et fournitures . . .	486.200 »
Dépense annuelle totale . . .	1.521.118 »

Cela représente par tête 4 fr. 610.

La taxe du balayage et diverses contributions qui s'y rattachent rapportent à la Ville une somme de 3.250.000 francs en moyenne, soit par tête 1 fr. 30.

La charge de ce service pour la municipalité se réduit donc par tête d'habitant à 4 fr. 61 — 1 fr. 30 = 3 fr. 31.

IV. — RÉSUMÉ

En 1896, les sommes annuelles afférentes aux dépenses des services examinés s'établissent de la manière suivante :

Pour les eaux.	16.203.832 50
Pour les égouts et l'assainissement	13.189.160 »
Pour le balayage et nettoiement de la voie publique.	11.524.418 »
Ensemble	40.917.410 50
Soit en nombre rond	41.000 000 »

ou par tête d'habitant 16 fr. 40.

Les recettes provenant du service des eaux, s'élèvent à.	13.600.000 »	
et celles du balayage à. . . .	3.250.000 »	
On peut y ajouter pour l'écoulement à l'égout et divers, en 1896	350.000 »	
Ensemble . .	17.200.000 »	ci : 17.200.000 »

soit par tête 6 fr. 88.

Il est donc resté à la charge de la Ville, en 1896, pour ces trois services, une dépense de 23.800.000 »

soit par tête 9 fr. 52.

Si l'on met en regard les dépenses pour lesquelles nous avons relevé à Berlin des chiffres correspondants :

On trouve par habitant :	à Berlin		a Paris
	fr.	fr.	fr.
Service des égouts.	0.708 ⎫		5.275
Epuration des eaux d'égout.	1.110 ⎭ 1.818		
Balayage, arrosage et nettoiement des voies publiques, et enlèvement des ordures urbaines	1.702		3.310
Totaux	3 550		8.585

C'est-à-dire que les services généraux de salubrité que l'on peut comparer dans les deux villes coûtent beaucoup plus cher à Paris qu'à Berlin.

Il est vrai que, dans notre capitale, la tenue des voies publiques se fait avec un luxe dont on n'approche dans aucune autre ville du monde ; l'excédent de dépenses pour cet entretien s'explique facilement ; mais, en ce qui concerne les égouts, la grande différence que nous constatons est certainement l'indice d'une erreur dans le système adopté, qui se traduit par une dépense excessive et il serait opportun d'y remédier.

CHAPITRE II

Épuration des Eaux d'égout.

I. — EXPOSÉ

Par la loi du 4 avril 1880, le Parlement a adopté le principe de l'épuration des eaux d'égout de Paris par épandage sur le sol, en limitant à 40.000 mètres cubes le volume d'eau à déverser annuellement sur chaque hectare de terre cultivée. Pour pouvoir épurer la totalité des eaux usées que la Ville produit actuellement, il faudrait donc une surface irrigable de $\frac{191\ 313.170}{40.000} = 4.858$ hectares, soit en nombre rond 5.000 hectares. Pour le moment, la Ville dispose de :

1° 800 hectares de terrains domaniaux dans la presqu'île de Saint-Germain, que l'Etat lui a concédés et pour lesquels elle paye une redevance annuelle de 98.400 francs représentant l'intérêt à 3 0/0 de la somme fixée pour l'achat, jusqu'au moment où elle s'acquittera du capital de 3.280.000 francs ;

2° Un domaine de 200 hectares, dit des Hautes-Plaines et des Fonceaux, acquis pour la somme de 875.800 francs, contigu aux terrains ci-dessus et constituant avec eux le parc agricole d'Achères ;

3° 800 hectares situés dans la commune de Gennevilliers, terrains dont la presque totalité est restée la propriété des cultivateurs qui sont libres de ne prendre l'eau qu'à leur volonté.

En dehors de ces surfaces, la Ville possède encore un domaine de 500 hectares à Méry-sur-Oise et quelques terrains dans le voisinage de Carrières-sous-Poissy, mais l'irrigation n'y sera possible que lorsque l'émissaire général sera prolongé au-delà d'Herblay.

L'ensemble de la superficie irrigable n'est donc actuellement que de 1.800 hectares qui comprennent, il faut le remarquer encore, des surfaces inertes affectées aux routes, chemins, fossés de drainage, etc. Il en résulte que, pour la majeure partie, les eaux d'égout sont déversées en Seine sans épuration aucune. Le fait est d'ailleurs constaté par la statistique municipale officielle de la Ville de Paris, d'où nous extrayons les chiffres suivants :

Moyennes journalières des Eaux				
ANNÉES	EAUX débitées par les collecteurs	EAUX deversées a Gennevilliers	EAUX déversées a Achères	EAUX restant sans épuration
	met. cubes	mèt. cubes	mèt. cubes	mèt. cubes
1885 . .	378.342	63.189	» »	315.153
1889.	354.829	65.062	» »	289.767
1893.	147.912	91.565	» »	356.347
1894.	486 586	100.091	» »	386.495
1895.	524.140	93.272	» »	131.168
Mars 1896 (1) .	583 070	21.351	21 331	540 385
Septembre 1896 .	560.001	77 064	75 273	109.661
Octobre 1896	587.346	50.333	49 725	487 288
Novembre 1896	571.493	70.198	5 959	495.336
Decembre 1896 .	561.081	77.633	36.344	147.101
Janvier 1897 . . .	597.859	85.044	73.352	189.163
Février 1897.	» »	49.820	19 554	» »
Mars 1897.	488.088	61.910	85.431	340.717
Avril 1897.	598.032	74.013	71.665	452.354

Il est vrai que la loi du 10 juillet 1894 a consacré une somme importante à la continuation des travaux d'adduction et à l'extension des terrains d'épandage, mais elle a stipulé, en même temps, que la Ville devra cesser tout déversement direct d'eau d'égout en Seine dans un délai de cinq années à partir de la date de la promulgation de la loi, c'est-à-dire au 10 juillet 1899.

Cela sera-t-il possible, et dans quelles conditions ?

Quoi qu'il en soit, rappelons sommairement quelles sont les installations actuellement affectées à l'épuration.

---

(1) Le déversement à Achères a commencé en mars 1896. Pendant les premiers mois il a été très irrégulier.

II. — INSTALLATIONS DE GENNEVILLIERS ET D'ACHÈRES

Gennevilliers. — Les terrains de Gennevilliers sont alimentés d'eaux d'égout, du côté de Clichy, par l'usine élévatoire qui refoule le produit des collecteurs d'Asnières et Marceau, et du côté de Saint-Ouen, par la dérivation du collecteur du Nord, dont les eaux sont amenées par gravitation. Chacune de ces provenances fournit sensiblement le même apport. Un réseau de conduites de distribution répartit les eaux dans la plaine, que l'on a divisée en trois zones, pour lesquelles l'irrigation n'a lieu que successivement, selon l'ouverture des clapets à vis placés sur les prises d'eau qui servent à alimenter les rigoles d'arrosage.

L'irrigation a lieu par infiltration. Le terrain est disposé par raies et billons, de manière que l'eau, arrivant dans les raies, pénètre graduellement dans le sol et ne baigne que les racines des plantes. Un système de drainage a été établi pour assurer l'abaissement de la nappe souterraine et recueillir les eaux d'égouttement.

La quantité d'eau d'égout distribuée à Gennevilliers varie beaucoup avec les saisons, ainsi que le montre le tableau qui précède. Mais l'examen des chiffres qui y sont consignés donne lieu à une autre remarque : les eaux absorbées en 1885 et 1886, alors que les surfaces irriguées n'étaient que de 633 et 750 hectares, étaient de 63,000 et 65.000 m. cubes en moyenne par jour ; ces absorptions se sont élevées en 1894 à 100,000 m. c., puis se sont amoindries, quoique la superficie d'irrigation fût parvenue à 800 hectares. On ne déverse plus à Gennevilliers que 25,000 m. c. à 30,000 m. c. environ par hectare et par an.

Serait-ce que le sol s'est colmaté ou bien que les cultivateurs refusent de recevoir davantage d'eaux d'égout ? De toute manière, il y a dans ce fait, résultant d'une expérience de dix années, une indication qui donne à réfléchir, d'autant plus que les champs de Gennevilliers sont les plus favorables qu'il soit possible de rencontrer et qu'ils sont affectés à la culture maraîchère, de toutes la plus avide d'eau. Le chiffre de 40,000 m. c. porté dans la loi de 1889 est donc exagéré ; nous le démontrerons plus loin.

Usines élévatoires et aqueduc principal. — L'usine élévatoire de Clichy ne servait primitivement qu'au refoulement des eaux d'égout destinées à l'irrigation des terrains de Gennevilliers, mais depuis le commencement des irrigations d'Achères elle répond aussi aux exigences de ce second service et refoule les eaux destinées à Achères jusqu'à l'usine de relais de Colombes.

La hauteur manométrique des refoulements est respectivement, pour la distribution de Gennevilliers, de 13 m. 00, et pour le refoulement jusqu'à Colombes, de 6 m. 40.

La puissance totale de l'usine est actuellement de 1,200 chevaux, représentés par quatre groupes de machines et pompes, pouvant chacun être affecté indistinctement à l'un ou l'autre service. Quand le refoulement a lieu sur Gennevilliers, chaque groupe élève un volume d'eau de 900 litres par seconde ; leur débit atteint 1,550 litres, quand les eaux sont envoyées sur Colombes.

L'aqueduc d'Achères prend son origine à l'usine même de Clichy. Il franchit la Seine au moyen d'un siphon construit en souterrain, à 15^{m}81 au dessous du niveau d'étiage de la rivière, puis traverse les communes d'Asnières et de Colombes pour aller gagner l'usine élévatoire dite de Colombes.

En ce point sont installés jusqu'à présent quatre groupes de machines pouvant développer ensemble une puissance de 1200 chevaux. La hauteur manométrique du refoulement est de 42^{m}00, pour élever les eaux jusqu'à la cote 60^{m}10 sur le haut du plateau d'Argenteuil. Cet ensemble peut évacuer 2,000 litres par seconde, soit par heure 7.200 mètres cubes. Les agrandissements prévus comportent l'établissement de vingt autres groupes de machines et pompes, et l'usine, dans son plein développement, pourra fournir une puissance totale de plus de 6.000 chevaux.

La conduite de refoulement traverse la Seine en face d'Argenteuil sur un pont en acier, qu'on a utilisé pour la circulation. Du plateau d'Argenteuil, l'aqueduc continue en conduite libre jusqu'à Herblay, se tenant en souterrain dans la dernière partie de son trajet.

Dans le projet municipal, cet aqueduc forme le premier tronçon de *l'émissaire général* des eaux d'égout de Paris, lequel doit être prolongé éventuellement jusqu'aux Mureaux en traversant la vallée de l'Oise, à Conflans, et celle de la Seine à Triel. La conduite forcée qui descend par le val d'Herblay jusqu'à la rivière et la franchit en siphon pour gagner ensuite les champs d'épuration d'Achères, n'est qu'une branche spéciale destinée à l'irrigation de ces terrains et du parc agricole qu'on y a établi.

La longueur du parcours, depuis l'usine de Clichy jusqu'à la branche d'Achères, est de 14.490 mètres. Sur cette longueur, 11.164 mètres sont en conduite à écoulement libre, avec pente uniforme de 0^{m}30 par kilomètre, et de section circulaire de 3 mètres de diamètre. Le débit maximum calculé est de 9^{m}75 à la seconde, soit 842.000 mètres cubes en 24 heures.

La branche d'Achères est composée de deux conduites forcées de 1 mètre de diamètre et de 1.209 mètres de longueur, depuis les vannes d'Herblay jusqu'à l'entrée des champs d'épuration.

Champs d'épuration d'Achères. — L'ensemble du domaine d'Achères forme une longue bande curviligne, d'environ 1 kilomètre de largeur, longeant la Seine depuis Maisons-Laffitte jusque vis-à-vis Conflans, sur 10 kilomètres de développement. On a partagé cette surface en quatre zones distinctes pouvant chacune être mises séparément en communication avec la distribution générale. A cet effet la conduite principale occupe à peu près la ligne médiane des champs d'épandage, d'où partent, dans le sens transversal, des conduites secondaires s'étendant jusqu'aux limites des domaines.

Ces conduites transversales sont à une distance moyenne de 400 mètres l'une de l'autre; elles portent, tous les 75 à 100 mètres, des bouches fermées par des clapets à vis. Le système d'irrigation est le même qu'à Gennevilliers; il a lieu par infiltration.

Pour éviter le relèvement de la nappe souterraine et favoriser l'écoulement des eaux d'égouttement, il a été établi un réseau de drains, soit à ciel ouvert, soit souterrains. Les travaux de drainage n'ont été exécutés qu'au fur et à mesure des besoins; on ne peut les considérer comme terminés et ils devront prendre dans la suite beaucoup plus de développement.

Exploitation du domaine. — L'exploitation du parc agricole d'Achères est faite partie en régie et partie par affermage. La Ville s'est réservé, pour la régie directe, une surface de 205 hectares comprenant, en dehors des chemins, routes, ruisseaux et autres parties non irrigables, le jardin anglais à l'entrée du parc du côté d'Herblay, des pépinières et des bois devant recevoir en partie les eaux que les cultures ne pourraient absorber.

Les terres affermées couvrent une surface de 701 hectares,

formant trois lots qui ont été adjugés pour une période de six années à partir du 11 novembre 1896, aux conditions suivantes :

DESIGNATION DES LOTS	SUPERFICIE affermée	PRIX a L'HECTARE	PRODUIT
	hectares	fr c.	fr. c.
Ferme de Fromainville	288	130 »	37.440 »
Ferme de Garenne. .	273,5	151 »	11.298 50
Domaine des Fonceaux	139 5	132 »	18.114 »
	701		97 132 50

Il y a trop peu de temps que cette exploitation est inaugurée pour qu'on puisse en juger par les premiers résultats obtenus. Les irrigations ne s'étendent pas encore à tous les points du domaine, l'aménagement des deux derniers lots vient à peine d'être achevé. Les travaux de drainage sont encore en cours et le dressement et le nivellement des surfaces laissent beaucoup à désirer, même dans le premier lot. On ne peut donc s'étonner d'une assez grande irrégularité dans la répartition des eaux, dans la végétation et la production des récoltes.

Les eaux distribuées sont encore très chargées de matières en suspension, malgré leur passage dans un bassin de dégrossissage à l'usine de Colombes ; les raies et rigoles se colmatent rapidement et les bouches d'irrigation elles-mêmes ne tarderaient pas à s'engorger, si l'on n'avait soin de laisser couler l'eau tous les jours pendant quelques instants. Ces conditions exigent des labours fréquents et s'opposent à l'adoption rationnelle de certaines cultures. Mais ces inconvénients de détail disparaîtront certainement et ils ne peuvent pas faire pour le moment l'objet d'une critique raisonnée.

C'est la base même de l'opération qui est attaquable.

Sans attendre le terme suffisant pour la manifestation des résultats normaux de l'exploitation, on peut, pour les apprécier, se reporter à l'exemple fourni par les champs d'utilisation agricole de Berlin que nous avons précédemment étudiés.

On peut aussi comparer utilement le parc agricole d'Achères avec les champs d'épandage de la ville de Reims, dont on semble s'être inspiré pour la disposition générale des champs d'épuration. Dans les deux cas il s'agit de terrains inclinés, tantôt sableux, tantôt argileux, disposés en parcelles de grande étendue, présentant peu de chemins de desserte, le transport des produits s'effectuant au moyen de voies Decauville que l'on déplace de proche en proche.

Nous avons recueilli à Reims des renseignements fort intéressants.

III. — IRRIGATIONS DE LA VILLE DE REIMS

Lorsque cette ville de 105.000 habitants a installé ses champs
d'épuration, il ne s'agissait pas pour elle de son assainissement
proprement dit, mais de celui de la petite rivière la Vesle qui la
traverse, dont le cours était infecté par les eaux résiduaires des
fabriques, chargées du suint des laines et autres matières organiques. La Ville n'y ajoutait que les eaux de ses ruisseaux et
celles des ménages jetées sur la voie publique. Les vidanges sont
encore sous le régime des fosses d'aisances, malgré la tentative
faite sans succès, il y a quelques années, de l'introduction du
Tout à l'Egout. On reconnut à temps que les égouts anciens
n'étaient pas propices pour cette application et l'on y renonça.

Il existe même, dans les cartons de l'administration vicinale,
un projet de canalisation séparée et close pour recueillir les
vidanges et les eaux ménagères qu'on joindrait aux eaux provenant des égouts à l'origine des champs d'épandage, mais sans
les mélanger dans la Ville.

En attendant ce complément d'installation, Reims a d'abord
résolu, et très bien, le problème de l'épuration des eaux très
chargées que fournissent les deux grands collecteurs qu'elle a
construits pour dériver d'une part les eaux industrielles des
quartiers hauts et d'autre part celles des bas quartiers.

On remarque une différence notable dans la composition de
ces eaux, ainsi qu'il résulte du tableau qui suit:

POUR UN LITRE D'EAU ARRIVANT AUX BASSINS DE RECEPTION	ÉGOUT SUPÉRIEUR		EGOUT INFÉRIEUR	
	gr	gr.	gr	gr.
Matières insolubles organiques	0.623 ⎫		0.172 ⎫	
— minérales.	0 498 ⎭	1.121	0.201 ⎭	0.373
Matières solubles organiques . .	0 3.0 ⎫		0 160 ⎫	
— minérales .	0.652 ⎭	1.012	0 372 ⎭	0.532
Matières fixes totales		2.133		0.905
Azote ammoniacal.	0.030		0.032	
Azote organique et nitrique	0.011		0.018	
Chlore	0.041		0.051	

Par une heureuse disposition des localités, les champs d'épandage, situés à 4 ou 5 kilomètres de la ville, sont divisés naturellement en trois zones : supérieure, moyenne et inférieure, et

l'égout de la haute ville est à un niveau assez élevé pour amener ses eaux, par simple gravitation, jusqu'aux terrains à irriguer dans la zone moyenne, tandis que le collecteur inférieur envoie les siennes dans un bassin de dégrossissage d'où elles sont reprises par des pompes et refoulées sur les terrains de la zone supérieure, à une hauteur de 12 à 13 mètres. Quant à la zone inférieure, elle reçoit toutes les eaux de trop plein des deux collecteurs et celles en excès que les parties irrigables situées au-dessus ne peuvent utiliser.

Le produit journalier des égouts de Reims est de 45.000 m. c. environ, la superficie des champs d'épuration est de 650 hectares actuellement. Si la répartition des eaux était uniforme, cela correspondrait à une dose d'arrosage de 25.000 m. c. par hectare et par an, mais il est loin d'en être ainsi et l'on a soin au contraire de modérer les irrigations suivant la saison, la nature et l'exigence des cultures, et de ne donner à chacune d'elles que la quantité d'eau qu'elle comporte rationnellement. On fait réellement de l'utilisation agricole.

Pour les betteraves, par exemple, qui constituent un des principaux produits de l'exploitation, les irrigations sont interrompues quelque temps avant la période de maturité, car l'arrosage intensif à ce moment aurait pour effet de réduire sensiblement leur teneur en sucre.

Pour pouvoir agir ainsi, il faut disposer de terrains assez étendus et, en outre, de surfaces spéciales où l'eau puisse être déversée en excès pour compenser la restriction d'arrosage sur les terres qui ne peuvent recevoir la dose moyenne. C'est à cela que répond très judicieusement la zone basse, constituée justement de terres de nature tourbeuse où l'on a eu l'excellente idée de planter des osiers. Ces plantations supportent très bien un grand volume d'eau; il en résulte que les cultures agricoles peuvent ne recevoir que 8,000 à 12,000 m. c. d'eau par hectare et par an, tandis que les oseraies en absorbent plus de 50,000 ou 60,000 m. c.

Cette installation peut être citée comme un bon exemple à suivre, d'autant plus que les venues d'eau exceptionnelles, par suite de pluies intenses, vont dans les parties basses sans apporter de trouble aux cultures courantes; les osiers, abreuvés d'une manière abondante, prennent un développement remarquable et donnent un profit réel.

Les terrains des zones supérieure et moyenne sont pour la

plus grande partie calcaires. Le carbonate de chaux y domine dans la proportion de 80 0/0 environ, le sable siliceux y entre pour 15 0/0 et l'argile avec un peu d'humus pour 5 0/0. Ce sol est très perméable, il repose sur la craie fendillée ou compacte qui forme le sous-sol champenois.

Les eaux épurées sont drainées par un canal d'assainissement et retournent à la rivière dans un état de purification très satisfaisant; leur analyse indique un titre hydrotimétrique de 16°,5.

Malgré ces résultats très favorables, le fermier qui dirige très habilement cette exploitation, comme sous-traitant de la Compagnie des eaux-vannes, déclare que, pour obtenir une utilisation satisfaisante, il lui faudrait disposer du double de surface, soit de 1.300 hectares, et il ne manque pas, chaque fois que l'occasion s'en présente, de louer ou d'acquérir de nouveaux espaces pour agrandir le domaine irrigable.

Si l'on fait la proportion des 45.000 m. c. journaliers d'eaux d'égouts de Reims aux 500.000 m. c. atteints à Paris dans les six premiers mois de 1897, et qui représentent treize fois plus, on voit que l'utilisation agricole des eaux parisiennes exigerait au moins $1300 \times 13 = 16.900$ hectares. C'est une nouvelle confirmation de ce que nous avons conclu de l'étude de Berlin.

Nous ajouterons que la ville de Reims a traité avec la Compagnie des eaux-vannes pour cette exploitation, pour une durée de 36 années; la Ville paye un prix de fr. 0.0045 par mètre cube d'eau épurée et abandonne sans loyer la jouissance de 180 hectares de terres lui appartenant; d'autre part elle doit pourvoir à des augmentations de surface irrigable en proportion de l'accroissement du volume d'eau à épurer. De son côté, la Compagnie a exécuté tous les travaux d'installation et de canalisation et elle a la charge de toutes les dépenses d'exploitation, y compris celles de l'usine élévatoire, comme aussi elle profite des produits récoltés.

Cette organisation est d'un grand enseignement et les résultats prouvent combien elle est excellente. Chacune des deux parties a un intérêt direct à la fidèle exécution du contrat et exerce sur l'autre contractant un contrôle efficace. Si les profits pécuniaires immédiats sont pour la Compagnie exploitante, la Ville a trouvé, sans grands débours, la possibilité de résoudre de la manière la plus satisfaisante une grave question d'hygiène publique, et, à la fin de la concession, elle retrouvera pour elle-même les profits de l'exploitation, en même temps qu'une plus-value certaine des terrains qu'elle aura momentanément aliénés.

IV. — CRITIQUE DE L'OPÉRATION D'ACHÈRES

Après l'indication de cet exemple d'une opération rationnelle et bien conduite, revenons au parc d'Achères et recherchons quels résultats on peut attendre, soit au point de vue agricole, soit en ce qui concerne les finances de la Ville de Paris, de l'irrigation intensive qu'on veut y faire à la dose de 40.000 m. c. d'eau d'égout déversés par hectare et par an.

Résultat agricole. — Les principes dont l'influence est prédominante sur la production des récoltes sont : l'azote, l'acide phosphorique, la potasse et la chaux. Bien que les mêmes récoltes puissent présenter des variations importantes dans leur composition, on peut établir, par un calcul de moyennes, ce qu'une récolte ordinaire enlève d'éléments fertilisants au sol. Ainsi pour le blé, par exemple, la chimie agricole nous fait savoir que, dans une récolte moyenne, représentée par 2.050 kilos de grains et 4.050 kilos de paille à l'hectare, il est pris au sol :

64^k3 d'azote ;
27^k0 d'acide phosphorique ;
33^k5 de potasse ;
13^k2 de chaux.

Le seigle en vert, avec une production moyenne de 20.000 kilos d'herbes vertes à l'hectare, enlève :

86^k0 d'azote ;
48^k0 d'acide phosphorique ;
120^k0 de potasse ;
24^k0 de chaux.

Les plantes légumineuses, oléagineuses, fourragères, et celles cultivées pour leurs racines appauvrissent le sol dans des proportions analogues. En ce qui concerne l'élément dont la valeur est la plus recherchée, c'est-à-dire l'azote, il n'y a que peu de cultures qui en enlèvent plus de 100 kilos à l'hectare.

Or, si nous nous reportons aux analyses des eaux d'égout de Paris, nous voyons que celles-ci renferment en moyenne de 40 à 50 grammes d'azote par mètre cube ; elles en contiennent donc de 1.600 à 2.000 kilos dans les 40.000 mètres cubes que l'on déverse à l'hectare. Il n'est donc retenu par les plantes qu'une minime quantité de l'azote renfermé dans l'eau distribuée et quant au surplus, les sels produits par la nitrification sont entraînés avec les eaux d'égouttement sans rester acquis au sol.

Nous ne pouvons nous empêcher de citer textuellement l'opinion de MM. Muntz et Girard sur cette question, leur compétence en ces matières étant universellement reconnue (*Traité des Engrais*. Tome I, page 438) :

« On voit donc que les procédés d'épuration, tels qu'on les
« emploie dans la plaine de Gennevilliers, constituent, au point
« de vue agricole, un véritable gaspillage, puis qu'ils amènent
« au sol une quantité de matières vingt fois supérieure à celle
« que la culture la plus intensive peut utiliser...

« Les récoltes ne seront pas en rapport avec les éléments
« fertilisants introduits et ne dépasseront pas un maximum,
« quel que soit, au-dessus d'une certaine limite, l'apport d'en-
« grais. Non seulement la végétation ne profite pas de cet excès
« de nourriture, mais encore le sol lui-même ne s'enrichit
« pas ; car les eaux, traversant la terre en si grande abondance,
« opèrent un lavage qui entraîne, à peu de chose près, les élé-
« ments qu'elles avaient apportés. »

C'est donc commettre une grossière erreur que de parler *d'utilisation agricole* quand on irrigue à la dose fixée comme maximum par la loi de 1889. Il ne s'agit plus alors que *d'épuration*, et encore faut-il examiner si celle-ci est faite dans des conditions rationnelles et économiques.

Résultat financier. — La plus grande partie des terrains d'Achères est affermée et les fermages représentent un produit annuel de 97.152 fr. 50 c. Les terrains que la Ville exploite en régie comprennent : des bois, des pépinières et le jardin modèle. Il n'est guère admissible que ces derniers terrains puissent rapporter davantage que leurs frais de culture. Pour la Ville, l'opération agricole du parc d'Achères se traduit donc par une recette annuelle brute de 97.152 fr. 50 c.

Essayons de chiffrer ce qu'elle coûte.

Il y a : 1° la redevance à payer sur les terrains domaniaux, se montant à 98.400 francs et les intérêts du capital employé à l'acquisition du domaine des Fonceaux, soit au taux de 3 0/0, 26.275 francs, ensemble 124.675 francs pour 1.000 hectares, ou, en nombre rond, 125 francs par hectare;

2° Le coût de l'élévation et de la distribution de l'eau, la manœuvre des robinets-vannes et l'ouverture des bouches de distribution, incombant à un personnel soldé par l'administration municipale.

La hauteur dont il faut relever l'eau, pertes de charge comprises, est de 6ᵐ40 à l'usine de Clichy et de 42 mètres à l'usine de Colombes, soit en tout une hauteur manométrique de 48ᵐ40, *en deux reprises*. A Gennevilliers, où cette hauteur n'est que de 13 mètres, le mètre cube d'eau distribuée revient à 0 fr.0121, dont 0 fr. 0099 pour l'élévation des eaux par l'usine de Clichy, et 0 fr. 0022 pour leur distribution dans la plaine. (Notes de la Direction des travaux à l'appui des comptes de 1893.)

On peut donc estimer qu'à Achères, pour une élévation trois fois et demie plus grande, le prix de revient sera au moins double, soit de 0 fr. 025. Dans ces conditions, l'élévation et la distribution de 40.000 mètres cubes représentent par hectare une dépense de 1.000 francs par an.

3° Il faudrait y ajouter encore l'amortissement et les intérêts de la dépense d'établissement.

Par tout ce que nous avons relaté des villes allemandes et anglaises qui pratiquent l'épandage, on ne peut espérer d'ordinaire récupérer les intérêts et amortissement de premier établissement, en plus des frais d'exploitation. Nous ne considérons donc pas ici les annuités relatives aux articles 1° et 3° ci-dessus (intérêts et amortissement des dépenses d'établissement) que la ville de Paris couvrira d'ailleurs par le produit des taxes de vidange.

Mais on reste en présence d'une dépense annuelle d'exploitation de 1.000 francs par hectare pour la surélévation des eaux d'égout et leur distribution sur le domaine d'Achères. En compensation, la ville reçoit un fermage de 133 à 150 francs par hectare; l'opération de l'épandage à la dose de 40.000 mètres cubes se traduit donc par une perte sèche annuelle de 850 à 867 francs par hectare.

Que l'on suppose maintenant ces 40.000 mètres cubes répandus sur une superficie cultivée six fois plus grande; les frais annuels d'élévation et de distribution, au mètre cube, seront toujours les mêmes, quoique la répartition des eaux ait lieu sur de plus vastes champs d'épandage; la dépense de premier établissement des canaux seule variera, sans modifier celle d'exploitation.

Mais d'un autre côté la production serait sextuplée, car

chaque hectare rapportera encore de 133 à 150 francs de fermage, sinon davantage ; la recette totale deviendrait donc 800 à 900 francs par an, en présence d'une dépense d'exploitation invariable de 1.000 francs. Cette dépense repartie sur six hectares au lieu d'un ne représente plus que 166 francs par an pour chacun d'eux, soit presque le prix du fermage.

Il est donc évident qu'en visant à l'utilisation agricole au lieu de l'épuration, c'est-à-dire en épandant par hectare et par an de 6.000 à 8.000 mètres cubes au lieu de 40.000 mètres cubes, on sera bien près d'atteindre, par les produits obtenus de l'exploitation, la compensation des frais annuels de l'opération. La méthode actuellement pratiquée cause au contraire un déficit annuel de 850 francs par hectare.

C'est une démonstration nouvelle et topique de nos conclusions en faveur de l'utilisation, basées sur l'expérience de Berlin et corroborées par l'application de l'épandage faite par la ville de Reims.

Les conséquences de ce fait doivent être sérieusement méditées, car, telle qu'elle se présente, la perte occasionnée par l'opération d'Achères constitue un mauvais emploi des deniers des contribuables, et toute administration soucieuse de ses devoirs a l'obligation de chercher à l'éviter.

CHAPITRE III

Conclusions.

Si l'on se reporte aux raisons qui ont été invoquées pour justifier l'application, à Paris, du Tout à l'Égout avec épandage, on voit figurer comme arguments les nécessités de l'hygiène, l'intérêt de l'agriculture, l'exemple de l'Angleterre, la simplicité et l'économie de ce procédé d'assainissement.

Or, tel qu'il est en voie d'organisation, ce système ne remplit aucune des conditions de son programme.

Il ne donne pas satisfaction à l'hygiène publique. On a cru que, jetées à l'égout, les matières de vidange se dilueraient dans la masse d'eau ; il n'en est rien, l'exemple des canaux d'Amsterdam et de l'exutoire des collecteurs de Bruxelles le démontre, et cette projection ne contribue qu'à salir et contaminer les eaux et à rendre l'atmosphère des égouts plus malsaine.

Faut-il rappeler l'avis de la Commission de 1880, composée de Pasteur, Brouardel, Shlœsing, et autres savants illustres, qui disaient :

« La Commission ne peut admettre que des matières fécales « provenant d'individus sains, ou d'individus atteints de mala- « dies infectieuses (fièvre typhoïde, choléra), puissent pénétrer. « circuler ou stagner dans les égouts de Paris, sans danger pour « la santé publique.

« La Commission ne pourrait approuver qu'un système de « vidange par canalisation étanche, qui aurait pour effet de . « supprimer toute communication entre les matières excrémen- « tielles d'une part, l'air et les terrains environnants d'autre « part. »

L'agriculture est-elle intéressée réellement à l'épandage que l'on fait à Gennevilliers et à Achères des eaux parisiennes ? Certainement non. On retirait autrefois pour 8 à 10 millions de francs d'engrais divers qui seront supprimés et ne seront pas remplacés, car il faudrait pour cela, dans le système du Tout à l'Egout, répartir les eaux fertilisantes sur plus de 20.000 hectares, tandis que la Ville de Paris n'en prévoit que moins de 4.000, et qu'ainsi la loi de 1889 pour l'épuration n'est même pas satisfaite.

Nous avons démontré que l'opération d'Achères est non seulement un gaspillage des produits fertilisants contenus dans les eaux d'égout, dont les cultures ne profitent que pour une part très minime, mais que l'irrigation à la dose de 40.000 mètres cubes par hectare et par an, avec des eaux qu'il faut surélever par machines de près de 50 mètres de hauteur, est une opération ruineuse pour les finances de la Ville.

Nous avons vu que le Tout à l'Egout, tel qu'on le comprend à Paris, ne peut guère se recommander de l'exemple de l'Angleterre ; il ne peut non plus le faire de la pratique de Berlin qui est basée sur des principes tout différents. La seule application qui s'en approcherait serait celle de Bruxelles ; encore faudrait-il observer que, dans la cité belge, les égouts sont exclusivement réservés à l'écoulement de l'eau et ne servent pas à des canalisations d'eau, électriques, pneumatiques ou autres, qu'ils sont clos, et ne reçoivent pas les boues et détritus des chaussées. Malgré cela, cette application n'est pas un exemple à suivre.

D'ailleurs, le réseau des égouts de Paris n'a été ni conçu, ni construit pour recevoir les vidanges; son but était d'écouler les eaux pluviales et de surface dans la Seine, à l'aval de Paris.

De là, la création de vastes galeries formant collecteurs et leur réunion en un canal principal aboutissant à Asnières. Mais il en résulte une pente générale très faible, une grande longueur de circulation, une vitesse d'écoulement très réduite qui occasionne le dépôt des matières sableuses et vaseuses et, comme conséquence fatale, la fermentation inévitable qui se produit pendant la durée du parcours, et de grandes difficultés de curage.

La simplicité de cette solution n'est donc qu'apparente et la preuve en vient d'être donnée tout dernièrement par la demande faite par un Conseiller municipal d'ouvrir un concours, en vue d'améliorer le mode actuel de curage des égouts collecteurs qui est insuffisant, car, dit-il, « les engins ne parcourent en moyenne « qu'une longueur de 100 mètres par journée de 10 heures; dans « ces conditions l'envasement actuel de nos grandes artères n'é- « tonnera plus personne. » (*Bulletin municipal officiel*, séance du 26 mai 1897.)

Il faut donc conclure en résumé que le système actuel de l'assainissement par le Tout à l'Egout avec épandage, tel qu'il est pratiqué à Paris, est basé sur des principes erronés, aussi bien au point de vue de l'hygiène, qu'à celui de l'utilisation agricole des eaux d'égout, et des finances municipales.

Principes à appliquer. — Il nous paraît ressortir de tous les faits que nous avons recueillis et examinés dans notre laborieuse analyse que les égouts, à Paris, n'étant pas établis dans les conditions convenables pour admettre le Tout à l'Egout, et ne pouvant être ni modifiés ni reconstruits, les principes rationnels à adopter devraient être les suivants :

1° Séparer les eaux de ménage et de vidanges, provenant des habitations, d'avec les eaux pluviales et d'arrosage de la rue qui, lorsqu'elles ne reçoivent pas les produits du balayage de la voie publique, sont moins impures et moins nocives;

2° Recueillir les premières, qui ne forment à Paris qu'une fraction, environ le sixième du volume total des eaux usées, dans une canalisation spéciale étanche et close, et les expulser rapidement hors de la maison et loin de la ville et des campagnes d'agrément;

3° Prendre les dispositions nécessaires pour que les ordures, balayures, sables, boues et détritus des chaussées soient le moins possible envoyés à l'égout, où ces matières se déposent, fermentent et gênent l'écoulement des eaux, ce qui nuit à l'hygiène et nécessite de grands frais pour le curage de ces galeries;

4° Conserver au réseau actuel des égouts la fonction pour laquelle il a été combiné et construit, c'est-à-dire celle d'émissaire des eaux de surface, sans nuire aux autres services urbains auxquels il est affecté ;

5° Réserver pour l'utilisation agricole, au besoin dans les régions élevées et éloignées, les eaux riches et fertilisantes de la canalisation spéciale, et les épandre sur le sol en proportionnant les doses d'irrigation aux exigences des cultures;

6° Diriger les eaux des égouts, débarrassées des matières de la chaussée, et par conséquent moins souillées, au plus près et sans grands frais, en profitant des installations déjà faites, et les épurer par les moyens les moins coûteux.

Résultats à prévoir. — Dans le système basé sur ces principes, les dépenses d'assainissement se trouveront notablement diminuées. Il ne serait plus nécessaire d'élever et envoyer au loin la totalité des eaux, mais seulement la fraction formée par les eaux des habitations, soit environ le *sixième du volume;* les surfaces de terrains à se procurer pour l'épandage pourraient être moindres, tout en permettant une meilleure et plus complète utilisation des produits fertilisants.

La canalisation spéciale, que nous supposons pneumatique, serait de dimensions très restreintes, donc elle pourrait être logée le plus souvent dans les grands égouts. Au lieu de suivre l'interminable ligne des collecteurs, les conduites aboutiraient, suivant la topographie des divers quartiers, en un certain nombre de points bas et bien choisis. Là, des pompes de moyenne puissance seraient installées pour refouler rapidement, vers les régions agricoles, les eaux fertilisantes qui seraient d'autant plus riches que les matières seraient moins diluées et n'auraient pas eu le temps de fermenter. L'exploitation pourrait alors être avantageuse.

Il va sans dire que pour toute la région située à l'ouest de Paris, les produits de la canalisation spéciale pourraient être dirigés vers le domaine d'Achères et ses extensions, en utilisant les travaux actuels, dont le seul inconvénient serait de présenter une ampleur exagérée pour ce service réduit; mais l'on comprend très bien que l'usine de Colombes serait notablement diminuée d'importance, et que d'autre part les prolongements d'aqueducs restant à exécuter seraient beaucoup moins coûteux.

Quant aux eaux des égouts, provenant de la pluie et des arrosages ou lavages des rues, elles arriveraient à Clichy en général très peu chargées d'impuretés, ne recevant plus en mélange les eaux ménagères, et n'étant plus souillées par les matières excrémentielles, ni par les détritus des chaussées. Elles seraient peu fertilisantes, et leur épuration n'aurait d'autre importance et ne serait plus motivée que par l'obligation de ne pas polluer la Seine.

Dans ces conditions, l'*intérêt agricole n'étant plus en jeu*, puisqu'il serait assuré d'autre part, cette épuration pourrait se faire sur une surface très restreinte, au plus près de la Ville, et au minimum d'élévation possible, par conséquent, avec le maximum d'économie. Pour cela, il suffirait de faire subir à ces eaux, formant les cinq sixièmes du volume total des eaux usées dans Paris, une filtration après décantation, comme on en a vu l'application en Angleterre. On se rappellera que les filtres anglais permettent une épuration de 10.000 mètres cubes d'eau d'égout par hectare et *par jour*. Pour les 500.000 mètres cubes arrivant journellement à Clichy, une surface filtrante de 50 hectares serait donc suffisante, et il serait facile de la trouver à proximité.

Dans quelques cas cependant, lors des premières pluies survenant après une période de temps sec, les eaux des égouts entraîneraient en plus grande proportion des substances organiques provenant du délavage des chaussées. Rien n'empêcherait alors momentanément de joindre ces eaux anormales à la fraction de celles de la canalisation spéciale qui serait envoyée à Achères, en appliquant pour cela une disposition analogue à celle déjà en usage à l'usine de Clichy, pour l'envoi facultatif des eaux sur Gennevilliers ou sur Colombes.

Dans cette solution, les propriétaires de maisons ne trouveraient pas moins d'avantages que les contribuables, car, au lieu de subir les charges excessives qui ont été ou seront la conséquence de l'imposition du Tout à l'Egout, les propriétés ne seraient grevées que des frais peu importants causés par le jonctionnement des tuyaux de chute avec les conduites d'expulsion. Sans qu'il soit besoin de la chiffrer, il est évident que l'économie serait considérable, puisque la plus grande partie des dépenses de transformation des immeubles serait ainsi évitée. Cela aurait

une influence également favorable sur le revenu de la propriété
bâtie parisienne, que le Tout à l'Egout, tel qu'il est réglementé,
atteint gravement par suite de la perte des intérêts du capital
d'installation, du surcroît de consommation d'eau et des taxes
spéciales dont ce système est la cause.

On voit donc en définitive que l'adoption du principe de *la
séparation* pour les eaux ménagères et les vidanges, sans néces-
siter l'abandon de ce qui a été fait jusqu'à présent, constituerait
de toute façon, pour Paris, un système d'assainissement plus
hygiénique, plus rationnel, plus économique que le Tout à
l'Egout et infiniment préférable.

FIN

Paris, 31 *mai* 1897

APPENDICE

Au cours de l'impression de ce travail, nous avons eu connaissance d'un rapport de M. le baron Haussmann, daté de 1858, où
l'éminent Préfet de la Seine indiquait la solution que nous pré-
conisons aujourd'hui. — Les objections qu'il prévoyait alors, sont
maintenant résolues, et si les égouts n'ont pas été disposés avec
l'addition des tubes en ciment qu'il imaginait, il est facile et
économique d'établir des conduites en métal ou même en sidéro-
ciment remplissant le même but.

Voici l'extrait du Rapport en question :

« Depuis 1854 la recherche du meilleur système de vidange a été poursuivie par l'Administration, comme par la science et l'industrie, et de grands

« pas ont ete faits vers une bonne solution. L'une des combinaisons indiquées
« consistait dans la suppression des fosses et la mise en communication
« directe des tuyaux de descente avec des *conduites spéciales*, posées dans
« les egouts. Des pompes à vapeur agissant par aspiration sur l'ensemble
« de ces conduites, devaient refouler les matieres debitees par elles dans
« des reservoirs eloignes, pour qu'elles y fussent traitees et offertes à
« l'agriculture.

« Deux objections s'elevaient :

« La première était la depense, supposée très considérable, des conduites
« spéciales à poser ; mais les ingénieurs savent aujourd'hui pratiquer sous
« la banquette des egouts, dans l'epaisseur même de la maçonnerie, des tubes
« en ciment d'un assez grand diamètre, très solides, impermeables, et dont
« les frais, ajoutes à ceux qu'entraine la construction de l'egout même,
« sont très peu eleves.

« La seconde objection était la quantité d'eau jetée dans les fosses, quan-
« tite dejà très grande, qui le sera bien plus encore lorsque chaque maison
« et chaque etage seront approvisionnes avec abondance par les nouvelles eaux
« de distribution. Les vidanges, disait-on, en seront trop étendues pour être
« transformées en engrais utile et productif. Or les experiences faites au nom
« d'une Compagnie que la Ville a subventionnee, dans la ferme de Vaujours,
« sur l'usage de l'engrais liquide, par M. l'Ingenieur en chef Mille, et par
« M. Moll, professeur au Conservatoire des Arts et Métiers, ont constate
« que, pour feconder le sol, cette sorte d'engrais doit être tres largement
« etendue d'eau ; qu'employe, sans cette precaution, il brûle en quelque sorte
« les récoltes.

« S'il en est ainsi, plus la proprete domestique mêlera d'eau aux vidanges,
« plus la preparation de l'engrais sera economique et rapide. Dans un rayon
« assez prolonge autour de Paris, les agriculteurs comprendront bien vite le
« parti qu'ils peuvent tirer de ce guano, beaucoup moins cher et tout aussi
« precieux que celui qu'on va chercher à travers l'Ocean, et le probleme sera
« bien près d'être resolu.

« Mais une serieuse difficulte subsiste encore ; on doute que l'emploi des
« engrais liquides que debiteront quotidiennement les tuyaux d'evacuation
« des fosses de Paris puisse avoir lieu avec une certaine regularite ; on craint
« que les intermittences de l'arrosage des pres et des champs, forcement
« suspendu pendant les froids et pendant les récoltes, ne rendent necessaire
« la construction de bassins de reserve, bien autrement grands et aussi
« desagreables pour le voisinage que ceux de Bondy. .

« En l'etat des etudes, il importe de disposer les egouts pour l'un ou
« l'autre systeme, et cela peut se faire presque sans depense...

« Si le système de l'emploi direct par l'agriculture des matières etendues
« d'eau est un jour adopte, les *conduites spéciales* seront preparées et
« n'attendront plus que l'action des machines »

(*Rapport au Conseil Municipal, à la date du 16 Juillet* 1858).

BARON HAUSSMANN

INDEX BIBLIOGRAPHIQUE

— Documents recueillis à Berlin

1. — Rapports annuels à la municipalité de Berlin, par la Commission administrative de la canalisation et des champs d'épandage, années 1882-83, puis 1892-93, 1893-94, 1894-95.
2. — Règlements et ordonnances concernant la canalisation, l'évacuation des eaux de maison, l'établissement des branchements sur les égouts et l'exécution des travaux.
3. — Tarifs et règlements de la distribution d'eau de Berlin.

II — Ouvrages allemands.

1. — Die Verwertung der städtischen Abfallstoffe, par le Dr J. H Vogel. — 1896
2. — Die Verwertung der städtischen Fäcalien, par MM. Heiden, Muller et V. Langsdorff. — 1885.
3. — Die canalisation von Berlin, par J. Hobrecht. — 1884.
4. — Rationalle Staëdteentwässerung, par Liernur. — 1879.

III. — Documents recueillis à Amsterdam et La Haye.

1. — Plans et description des nouveaux égouts de La Haye — 1894.
2. — Rapports sur les egouts et le service du nettoyage de La Haye, par M. Lindo, ingenieur en chef. — 1895.
3. — Verslag van den Toestand der Gemeente Amsterdam, rapports officiels pour l'annee 1895.
4. — Algemeene Politie-Verordening voor Amsterdam. Etat au 5 février 1897.
5. — Verslag van den Stads reinigingsdienst. — Amsterdam 1895.
6. — Notes sur le système Liernur, par W. A Power. — 1876.

V. — Documents recueillis à Bruxelles.

1. — Notice, description et historique concernant les egouts et la *Senne*, à Bruxelles, par Ch. Van Mierlo. — 1884.
2. — Rapports presentés annuellement au Conseil communal de Bruxelles par la Commission du service du nettoyage et de la voirie. — Exercices 1888-1893-1894-1895.
3. — Le service du nettoyage de la voirie, historique, rapport, vues et plans. Administration communale de Bruxelles. — Avril 1897.
4. — Reglement sur les bâtisses de la ville de Bruxelles. — 8 janvier 1883.
5. — Notes sur la destruction des immondices par le feu. — 1891 et 1897.
6. — Rapport à la Commission d'enquête sur l'épidémie typhoïde de 1869.
7. — Travaux de la *Senne* et reseau général des egouts. Notice sommaire à l'occasion du Congres de medecine de 1875.
8. — Pieces diverses sur l'etablissement des embranchements d'egout.
9. — Les engrais, par J. Lefebvre. — Bruxelles 1896.

V. — Documents recueillis à Londres.

Rapports au Conseil de Comté de Londres

1. — Main drainage of London. Joint report, par Sir B. BAKER and the chief Engineer of the council. — 1891.
2. — The London water supply. — Novembre 1895.
3. — The treatment of sewage at the Barking, and Crossness Outfalls and the conveyance of sludge to sea during the year 1895, par Sir A.-R. BINNIE, chief Engineer. —12 mars 1896.
4. — Third annual return showing the quantity of sewage pomped, etc., during the year 1895, par Sir A. R. BINNIE. — 26 mars 1896.
5. — Annual estimate 1894-1895, par M. H.-E. HAWARD, comptroller.
6. — Reports of sewer air investigations, par J. PARRY LAWS. — 7 decembre 1893.
7. — Recueil de lois relatives à l'alimentation d'eau.

VI. — Ouvrages anglais

1. — Sewerage and sewage disposal, par H. ROBINSON. — 1892.
2. — Sewage purification, par BAILEY-DENTON. —1896.
3. — Refuse destructors, par Ch. JONES. — 1894.
4. — Sewage disposal works, par W. SANTO-CRIMP. — 1894.
5. — Sanitary-House drainage, par T.-E. COLEMAN. — Septembre 1896.
6. — Whitaker's almanack. — 1897
7. — Annual report of the local government Board. — 1895-1896.
8. — The main drainage of London, par J.-E. WORTH and W. SANTO-CRIMP. — 1897.
9. — Purification of the Thames, par W.-J. DIBDIN. — 1897.
10. — Minutes of procedings of the Institution of Civil Engineers. — 1896-1897.
11 .— Sewage irrigations by farmers, par R. W. PEREGRINE BIRCH. — 1879.
12. — The water waste of London, par W. G. KENT and H. HARCOURT-KENT. — 1892.
13. — Lectures of Scavenging and Disposal of refuse, par John PRICE. — 1892.

VII. — Ouvrages américains.

1. — Sewerage and Land drainage, par G.-E. WARING Jr, 4º edition. — 1896.
2. — Modern methods of sewage disposal, par G.-E. WARING Jr. — 1896.
3. — The Engineering Record (journal hebdomadaire). — 1897.

VIII. — Documents officiels français

1. — Commission de l'assainissement de Paris, Ministere de l'Agriculture et du Commerce. — 1880.
2. — Commission technique municipale de l'Assainissement de Paris, procès-verbaux, rapports et resolutions. — 1883.
3. — Note du Directeur des travaux de Paris sur la situation des services des eaux et égouts.

4. — Notes de l'Inspecteur general des Ponts et Chaussees, Directeur des travaux de Paris, à l'appui du projet de budget de l'exercice 1890.

5. — Notes à l'appui du compte des depenses de la Direction des travaux, pour l'exercice 1893.

6. — Projet du budget municipal pour l'exercice 1896.

7. — Les egouts de Paris à la fin de 1885 par M. HUMBLOT, ingenieur en chef.

8. — Les eaux de Paris en 1884, par M. COLCHE, ingénieur en chef.

9. — Rapport de l'Ingenieur en chef du departement au Conseil general de la Seine, session de 1892.

10. — Reponses aux questionnaires de la Commission technique municipale de l'assainissement de Paris. — 1884.

11. — Compte-rendu des travaux et des resultats du service des eaux et égouts, annee 1869, par MILLE et A. DURAND-CLAYE.

12. — Rapports de A. Durand-Claye sur l'état de la question des eaux d'egout. — 1873 à 1877.

13. — Achèvement des egouts et emploi de leurs eaux dans l'agriculture, par E. BELGRAND. — 1871.

14. — La question des egouts, reponse de M. Alphand à M. Aubry-Vitet. — 1880.

15. — Bulletins de la statistique municipale officielle. — Annee 1880 à 1897.

16. — Rapport au Senat de M. Cornil sur le projet de loi de 1889.

IX. — **Ouvrages français.**

1. — Principes de l'assainissement des villes, par Ch. de FREYCINET. — 1870.

2. — De l'assainissement extérieur et intérieur des villes, par PIGNANT. — 1892.

3. — Principes techniques d'assainissement, par A. WAZON. — 1893.

4. — Distribution d'eau, salubrite urbaine, assainissement, par BECHMANN. — 1888.

5. — Hygiène generale et hygiène industrielle, par le Dr DUCHESNE. — 1896.

6. — Traité pratique de la construction des égouts, par J. HERVIEU. — 1897.

7. — Compte-rendu des travaux du Congrès d'assainissement et de salubrite de 1895.

8. — Les engrais, fumiers, engrais des villes, etc., par MUNTZ et GIRARD. — 1891.

9. — La production fourragère par les engrais, par H. JOULIE. — 1890.

10. — Les irrigations, cultures arrosees, economie, histoire, etc., par RONNA. — 1889.

11. — Note relative aux engrais-vidanges de Paris, par Maurice PALLET. — 1872.

12. — De l'utilisation des eaux d'egout en Angleterre, par A. DUDOUY. — 1865.

13. — Sur le mode d'assainissement des villes en Angleterre et en Ecosse, par MILLE. — 1862.

14. — De l'evacuation des vidanges dans la ville de Paris; rapports de MM. GUÉNEAU DE MUSSY, Emile TRÉLAT et HUDELO. — 1880 1882.

15. — Les systèmes d'évacuation des eaux et immondices d'une ville, par le Dr Van Overbeck de Mejer. — 1883.

16. — Mémoire sur l'assainissement de Berlin, par A. Durand-Claye et A. Petsche. — 1886.

17. — L'assainissement de la ville de Berlin en 1894, par F. Launay. — 1895.

18. — Notice sur les travaux de l'aqueduc et du parc agricole d'Achères (annales des Ponts et Chaussées), par MM. Bechmann et Launay. — 1897.

19. — Note sur le traitement des eaux d'égout, sur l'évacuation des vidanges, sur la distillation de ces vidanges, etc., applicables à Paris, par Lancalchez. — 1885.

20. — Etudes d'hygiene et d'administration pour la ville de Reims, par le Dr Henrot, maire. — 1896.

21. — Epuration des eaux d'égout de la ville de Reims, rapport par M Langlet, directeur de la voirie. — 1897.

22. — Du tout à l'egout par le moyen d'une double canalisation, par MM. Portevin et Langlet. — 1891.

23 — De l'utilisation des vidanges de Paris, par M. C. Ducaux — 1881.

24. — La Seine, le bassin parisien aux Ages antehistoriques, par Belgrand. — 1869.

25. — Revue d'hygiene et de police sanitaire. — Annees 1880 à 1897.

26. — Memoires et comptes-rendus de la societe des Ingenieurs civils de France. — 1874 à 1878.

27. — Bulletins de la Societe d'encouragement pour l'Industrie nationale. — 1890-1897.

28. — Annuaire de l'observatoire municipal de Montsouris. — 1892 à 1896.

TABLE DES MATIÈRES